动物饲料加工与利用

主　编　谷微微　王若绮

副主编　李晓娜

参　编　岳玉妍　王　刚

北京理工大学出版社
BEIJING INSTITUTE OF TECHNOLOGY PRESS

内 容 提 要

本书以岗位能力需求为导向，以项目驱动，突出工学结合，直接对接如生产部的饲料保管员与车间中控、饲料投料员与车间中控、饲料制粒工、成品打包工，品控部的采样员和检测员等实际岗位，主要包括饲料生产与利用基础知识认知、饲料原料的识别与利用、饲料的加工与生产、饲料的品质控制、新型饲料的配方设计与研发、饲料的利用与畜禽养殖实用技能6个项目。本书采用实训活页，每个项目都设置了相应的任务，每个任务的任务书都可以与主教材分离，在真实的项目情景下，引导学生边学边做，完成任务，学习知识技能，提升职业素养。

本书可作为畜牧兽医专业的专业核心课程和宠物相关专业拓展课程的教材，也可作为农民培训手册。

图书在版编目（CIP）数据

动物饲料加工与利用 / 谷微微，王若绮主编.

北京：北京理工大学出版社，2024.10.

ISBN 978-7-5763-4549-0

Ⅰ. S816.34

中国国家版本馆CIP数据核字第2024LA6950号

责任编辑：阎少华　　　　　文案编辑：阎少华
责任校对：周瑞红　　　　　责任印制：王美丽

出版发行 / 北京理工大学出版社有限责任公司

社　　址 / 北京市丰台区四合庄路6号

邮　　编 / 100070

电　　话 / （010）68914026（教材售后服务热线）

　　　　　　（010）63726648（课件资源服务热线）

网　　址 / http://www.bitpress.com.cn

版印次 / 2024年10月第1版第1次印刷

印　　刷 / 河北鑫彩博图印刷有限公司

开　　本 / 787 mm × 1092 mm　1/16

印　　张 / 17.5

字　　数 / 370千字

定　　价 / 79.00元

前言

本书以岗位能力需求为导向，以项目驱动，突出工学结合，直接对接如生产部的饲料保管员与车间中控、饲料投料员与车间中控、饲料制粒工、成品打包工，品控部的采样员和检测员等实际岗位，主要包括饲料生产与利用基础知识认知、饲料原料的识别与利用、饲料的加工与生产、饲料的品质控制、新型饲料的配方设计与研发、饲料的利用与畜禽养殖实用技能6个项目。本书采用实训活页，每个项目都设置了相应的任务，每个任务的任务书都可以与主教材分离，在真实的项目情景下，引导学生边学边做，完成任务，学习与掌握知识技能。本书的知识和技能部分、操作和评价等部分留有空白，方便学生做好读书笔记和任务总结。通过一个个生产实践任务的完成，培养学生知农、懂农、爱农的情怀，树立其致力于农业农村工作的信心和决心，鼓励其勇于创新、探索，力争成为拥有校训中"乐农精术，知行合一"的"三农"情怀，真正成为能为农民实现增产增收的匠心农人。

本书创新性地加入行业咨询、创新创业、农民科普、案例分析等特色内容，着眼于现代养殖业发展趋势，加入"无抗养殖""阳光猪舍""人畜共患病"等热点前沿内容，从动物生产实际出发，丰富专业视角，扩大开放课程受众，将畜牧养殖专业知识全面输送、普及到广大养殖农户，并设置了"项目6 饲料的利用与畜禽养殖实用技能"特色助农项目，既可作为教师和学生开展"校企合作、工学结合"人才培养模式的特色教材，又可作为企业技术人员及广大农民的培训手册。

在本书编写过程中，编者付出了辛勤的劳动，课程组建设完成了校级精品在线开放课程"动物营养与饲料"，通过6个期次的线上开放学习，不断完善教学资源，以二维码的形式穿插本书中。本书由吉林工程职业学院谷微微、王若绮担任主编，吉林工程职业学院李晓娜担任副主编，参与编写的人员还有吉林工程职业学院岳玉妍、公主岭禾丰牧业有限责任公司王刚。其中，项目1由岳玉妍编写，项目2、项目3由王若绮编写（王刚参与项目3内容指导和修正），项目4由谷微微编写，项目5任务5.1由李晓娜编写、任务5.2由王若绮编写，项目6由李晓娜编写。全书由谷微微和王若绮统稿、审定。

　　本书在编写过程中，吉林工程职业学院生物工程学院的领导和教师给予了大力帮助和支持，生物工程学院领导大力推进校企合作，实践工学结合的人才培养模式，这也为我们课程组的教学改革提供了宝贵的实践经验。书中引用了合作企业及同行许多资料和图片，在此一并表示感谢!

　　由于时间仓促，编者水平有限，书中遗漏之处在所难免，恳请读者批评指正。

编　者

目录

Contents

项目1 饲料生产与利用基础知识认知

📛 知识框架

本项目以"饲料厂厂区规划与部门岗位认知"和"饲料生产规范"两个任务进行驱动，包含饲料厂建筑物和设施、饲料厂厂区规划原则、饲料厂组织结构、饲料厂岗位设置及各岗位职责和饲料生产规范等学习内容。

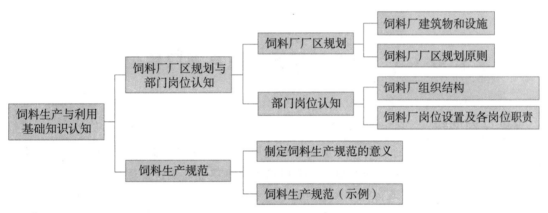

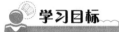 **学习目标**

知识目标

1. 了解饲料厂厂区规划的基本原则和要点。

2. 理解各种不同的部门职责和岗位设置，以及这些岗位在整个企业运营中的重要性和作用。

3. 掌握一般饲料生产企业的饲料生产规范。

技能目标

1. 了解饲料厂的企业文化、职业要求、经营策略及饲料生产的生产工艺、原料组成、质量管理措施等。

2. 分析一个实际饲料厂的厂区规划，指出其优点和不足之处。

3. 根据一个饲料厂的部门设置情况，为其设计合理的岗位结构。

4. 培养协调不同部门之间的工作、为员工提供培训和指导等方面的能力。

5. 可对饲喂结果中不良饲料在生产环节可能出现的问题进行分析，并能给出合理化建议。

素养目标

1. 树立正确的态度和价值观，包括尊重员工、重视产品质量和环保要求、关注客户利益、积极参与团队协作等方面的要求。

2. 培养和提升在饲料厂工作中的职业素养，包括遵守规章制度、诚实守信、勤勉尽责、积极主动等方面的要求。

📖 项目导入

本项目是一个针对厂区规划、岗位认知及饲料生产和利用过程中所需基础知识的培训和认知项目。该项目通过学习相关的基础知识，帮助学生更好地了解和掌握厂区规划、岗位及职责划分、饲料生产与利用的基本原理、技术和方法，提高饲料生产效率、降低成本，培养学生在实际工作中解决问题的能力，同时确保饲料质量和安全，促进饲料工业的可持续发展和提高动物生产性能。

任务 1.1 饲料厂厂区规划与部门岗位认知

💼 任务描述

作为一名饲料厂新进员工，为了更快地适应工作环境，提高工作满意度和忠诚度，首先要熟悉厂区内各组成部分及功能，并明确各岗位职责。本任务通过对一小型饲料厂（50 人）组织构架的设置及岗位的设定和岗位职责的确定来完成相关知识的学习。

在饲料厂中，厂区规划和部门岗位认知是确保生产顺利进行的关键因素。良好的厂区规划可以提高生产效率，减少运输和搬运成本，并确保原材料和成品的顺畅流动。合理的布局还可以提高工作安全性，减少操作员之间的沟通障碍，提高对突发事件的处理效率。同时，环保性的厂区规划可以帮助饲料厂满足法规要求，提高企业形象和社会责任感。而清晰的部门职责和岗位设置可以确保各部门之间的工作不重叠，提高协同效率。对于员工个人而言，明确的岗位职责可以使他们更好地了解自己的工作内容和职责范围。通过合理的规划和认知，可以确保饲料厂的各个部门和员工能够更好地协同工作，提高生产效率、产品质量和服务水平，从而实现企业的可持续发展和长期成功。

通过任务分析、设计完成方案、完成知识储备和技能训练，并通过二维码为其提供相关三维动画、知识点讲解微课和"锦囊妙计"等立体化学习资源，突破学习障碍，顺利完成任务和综合评价。

👤 学习目标

1. 了解饲料厂厂区规划的基本原则和要点。

2. 理解各种不同的部门职责和岗位设置，以及这些岗位在整个企业运营中的重要性和作用。

3. 根据饲料厂实际情况，设计合理的岗位结构。

📇 知识储备

一、饲料厂厂区规划

1. 饲料厂建筑物和设施

(1)生产车间：饲料加工车间(主车间)及预混料加工车间。

(2)辅助车间：机电、仪表修理、弱电控制室、化验室等。

(3)库房：原料库、立筒库(钢板仓)、成品库、器材库等。

(4)动力设施：配电房、锅炉房、空压站等。

(5)行政生活建筑：行政楼、食堂、宿舍、洗澡堂等。

(6)运输设施：道路、汽车库等。

(7)工程技术管网：上下水道、供电、压缩空气、蒸汽等各种管线。

(8)绿化设施和建筑小品：围墙、大门、门卫室、水池、草地、花台、宣传公告栏、自行车棚、消毒池、消防设施等。

2. 饲料厂厂区规划原则

饲料厂厂区规划需要考虑多方面因素，包括工艺流程、物流、人流、原料和成品储存、环保和安全等。具体设计原则如下。

(1)遵循相关法规：在规划过程中，要遵循国家和地方的相关法规和规定，确保合法合规。

(2)明确生产规模和工艺流程：根据企业的生产规模和工艺流程，确定厂区的用地规模、建筑物布局、生产线设置等，加工主车间为多层式钢筋混凝土结构，并充分考虑方位体型与主导风向及日照关系，有良好的天然采光和自然通风。原料库、成品库围绕加工主车间集中布置，立筒仓便于装卸机械化和倒仓，又节约用地。生产作业线要通顺、连续和短捷，避免了作业线交叉往返。

(3)合理划分功能区域：将厂区划分为生产区、办公区、生活区等，并根据实际需要设置相应的辅助设施，如仓库、原料入口、成品出口等。行政楼、办公室与化验室、医务室、宿舍等要居于安静、清洁地方；食堂、锅炉房等要布置于厂区下风处，压缩空气要布置在靠近负荷中心并远离生活区的清洁上风处。

(4)考虑物流和人流：合理规划物流路线，避免交叉和拥堵，同时设置人行通道，保证员工安全和便捷地通行。

(5)环保和安全：饲料生产过程中会产生废气、废水等污染物，需要进行相应的处理和排放。同时要注重安全措施，如防火、防爆等。

(6)智能化管理：考虑引入智能化管理系统，提高生产效率和管理水平。

(7)建筑风格和绿化：建筑风格要符合企业的形象和文化，同时进行适当的绿化和美化，提高厂区的环境质量。

(8)预留发展空间：考虑到企业未来的发展需求，在厂区规划中预留一定的发展空间。

（9）定期评估和调整：厂区规划是一个持续的过程，需要定期评估规划的合理性和实施效果，并根据需要进行调整。

二、饲料厂部门岗位认知

1. 饲料厂组织结构

饲料厂的组织结构可以根据企业规模、业务需求和运营管理等因素进行调整和优化。以下是一个常见的饲料厂组织结构的参考。

（1）管理层：由董事会、总经理、副总经理等组成，负责全面管理和决策，制订生产、销售、财务、人事等策略和发展规划。

（2）人力资源部：负责人力资源管理，包括员工招聘、培训、考核和福利管理等。

（3）技术层：负责饲料生产的技术管理，包括饲料配方设计、生产工艺控制和质量监管等工作。

（4）生产部门：负责饲料生产过程的管理和实施，包括生产线管理、原材料采购、加工及仓储管理等。

（5）销售部门：负责饲料产品的销售和推广，与客户建立和维护良好的合作关系，拓展市场和渠道。

（6）采购部门：负责原材料和其他物资的采购，与供应商建立和维护良好的合作关系，确保采购质量和供应稳定。

（7）财务部门：负责财务管理和会计核算工作，包括预算编制、成本控制、税务申报等。

（8）其他部门：根据企业规模和业务需求，可能还有其他辅助部门，如行政部、市场部、研发部等。

2. 饲料厂岗位设置及各岗位职责

饲料厂具体的岗位设置及各岗位职责可以根据企业的需求和规模进行调整和优化。表1-1-1是一个适用于一般饲料厂的岗位设置及各岗位职责的参考。

表1-1-1 饲料厂的岗位位置及各岗位职责

部门名称	岗位名称	主要职责分工
管理层	总经理	（1）全面领导和管控企业的日常运营。 （2）管理企业的战略规划。 （3）发掘和拓展市场机会。 （4）推进企业高效率运营。 （5）维护企业声誉及文化
	副总经理	（1）协助总经理管理公司整体运营。 （2）负责企业管理工作的实施。 （3）参与企业市场推广。 （4）管理企业人事和企业构架。 （5）与外部合作伙伴建立良好关系

部门名称	岗位名称	主要职责分工
人力资源部	经理	根据公司的发展战略，通过人力资源的管理、开发、服务，激励员工，提升员工的工作绩效，为公司的可持续发展提供人力资源管理及服务保障
	招聘专员	规划、建立、实施和维护公司的招聘体系
	人事文员	(1)协助部门其他岗位人员进行人力资源管理。 (2)人事档案的建立和管理。 (3)负责办理员工的入职手续、离职手续、社保手续及其他有关人事事务
销售部	经理	根据公司经营决策，完成经营计划，建立市场经营网络和稳定的客户关系，实现公司的长远经营战略目标
	开票员	(1)负责开票室的管理。 (2)负责销售合同及各类销售表单的分类保管与数据处理。 (3)协助销售员处理客户的来电及咨询、对账事宜。 (4)协助销售员进行销售合同的审批传递工作。 (5)负责销售部与门岗、收款室之间的信息传递工作
	销售员	负责产品相关购销业务、售后及客户维护工作
运输部	经理	紧贴公司销售计划，负责做好运输协调工作
	储运统计员	负责货物的仓储数量、费用、仓储日报表的制作和管理，协调、调度司机
	司机	根据部门经理的指令，完成原料和成品的运输工作
安全环保部	安全总监	协助正职管理公司安全生产工作，对分管的安全工作负直接领导责任，具体领导和支持安全环保部门开展工作
	安全助理	协助安全总监做好生产中每一个环节的安全工作
行政部	经理	负责公司行政事务、后勤服务、安保等的管理，为公司正常运作提供服务
	保安队长	在行政经理的指导下，带领公司安保队伍维护公司和员工宿舍区域内的安全保卫工作，保障生产和生活有序进行
	保安员	负责公司的安全保卫工作
	车队长	负责公司生活车辆的调度和管理工作
	司机	负责公司车辆的驾驶工作
	行政专员	负责公司各项证件管理、宿舍管理、清洁卫生、日常零星修缮等工作，协助部门经理处理办公事务等
	网络管理员	负责公司网络和信息化管理，对公司的计算机、打印机、传真机、电话线路等进行维护、保养和更新等
	行政文员	负责处理各种文件及传真件的收发、通信录的更新、客人接待、会议记录等服务事宜
	前台	负责前台接待、邮件收发、电话转接等工作
	厨师及厨工	为员工提供一日三餐服务

部门名称	岗位名称	主要职责分工
财务部	财务经理	负责对财务部进行全面管理，完善核算体系，健全财务制度，为公司发展提供支持
	会计主管	负责财务核算，编制、审核财务分析报表，指导、规范财务人员的工作，进行纳税申报等
	产品销售与费用会计	负责产品销售与费用核算、分析等
	成本会计	负责成本核算、财务分析等
	出纳	负责公司的货币资金核算、往来结算、工资核发等
	现金出纳	按相关业务流程办理公司现金收付业务
	银行出纳	按相关业务流程办理公司银行收付业务
	收款岗位	执行公司的销售出库流程，审核货物放行工作
档案室	档案室主管	负责公司的科技档案(包括项目档案)、文书档案、会计档案等的归档接收工作，负责组织、协调、监督、指导各部门的归档工作，负责对本公司提供档案利用等
	档案员	负责对公司各种档案进行归档、接收、利用、管理等工作
生产部	生产厂长	全面负责工厂的安全生产工作
	品管课长	(1)品管课长是品质的专业管理者，凡有关入库原料质量、库存原料质量变异、产成品质量都由品管课长最终监督管理，负管理责任。 (2)对于流入市场的质量事故，品管课长负连带责任，生产带班长负主要责任。 (3)品管课长在生产及成品库发现的成品质量事故，责任由生产带班长及操作工当事人承担。 (4)原料库中品管课长发现质量问题，责任由保管员承担。 (5)原料库中技术经理及相关人员发现质量问题，责任由品管课长、保管员承担
	带班长	(1)带班长是生产全过程的组织者和质量监控者，生产过程中出现的问题带班长负管理责任。 (2)负责本班操作人员的调配及工作安排；协调销售部，做好生产计划的安排。 (3)负责监督生产各岗位执行生产工艺标准，并检查核对配方的执行情况。 (4)负责生产车间安全管理、质量管理、计量管理、现场管理、设备管理，以及包装、标签等的最终管理。 (5)负责生产车间本班计件工管理。 (6)每天必须到生产各岗位巡查2～6次，对重点、关键岗位要加强巡查力度。 (7)上班前召集生产人员开班前会，总结昨天的工作，安排今天的工作，提出今天工作应注意的问题。 (8)下班时做好交接，填写好交接班记录：注明生产计划完成情况、设备运行情况、生产过程中出现的问题及注意事项；停产时检查电器设备、门窗等是否关好锁好。 (9)经常性检查打包前饲料的感观、质量、验重，并检查包装、标签、品种、日期等是否相符，发现异常立即查明原因，及时处理，行使质量的一票否决权。 (10)经常性检查各设备的运行情况，组织处理设备故障

部门名称	岗位名称	主要职责分工
生产部	带班长	(11)安排生产，保证产品的安全库存量，并监督成品发货执行推陈出新的原则。 (12)检查成品库、生产车间的虫害、鼠害、漏雨及门窗损害情况，及时进行防虫、灭鼠、防漏维修工作。 (13)负责退货料的验质工作，并及时安排处理退货料、回机料、过期料、地角料等。 (14)安排高水分原料的翻晒、抢收及原料用完后立筒库的清理。 (15)及时处理质量事故、安全事故，把损失降到最低。 (16)带班长实行走动式管理，及时发现问题并立即处理，不能处理的问题及时上报，做到办事干脆、果断。 (17)负责生产报表的核对及签字。 (18)就有关生产事宜向有关部门主管汇报、协调
	分析班长	带领化验员负责对产品、原料、中间物等的化验分析工作
	化验员	负责对装置原料、产品、中间物料的分析化验工作
	中控员	(1)负责熟悉饲料生产流程、工艺规程、产品质量标准、操作规程等，实时掌握生产情况，并能灵活运用各种工艺参数和控制措施调整生产流程，确保饲料生产过程的稳定、连续和可控。 (2)监督小料添加工作。 (3)执行生产配方，并按品管的要求处理回机料、返工料、退货料、过期料。 (4)负责配方保密管理，做好生产记录并核对。 (5)执行生产工艺标准，以文字的形式通知计件工进行进料、粉碎、添加投料，通知各岗位做好开机准备工作，核对、检查物料情况。 (6)换品种时，通知各岗位清理检查输送设备、料仓、缓冲仓，以免混料。 (7)每周安排清理一次配料仓、待制粒仓。 (8)每班上班时检查各料仓的库存情况
	原料保管员	(1)负责原料入库的验质、验包数。 (2)负责办理原料入库手续。 (3)组织计件工进行原料的装卸车。 (4)指导计件工堆放原料，清理工作现场，处理散落料、废料。 (5)经常检查原料库的虫害、鼠害、漏雨、损坏情况，并汇报或处理。 (6)每周两次全面检查原料的品质变异，做好记录，并及时处理原料品质变异问题。 (7)做好防火、防盗、卫生、下雨时检查等现场管理工作。 (8)挂好原料的货位牌，且安排原料的加工货位。 (9)抽取入库原料样品，送化验室检测。 (10)每天做好原料的库存报表。 (11)每月做好原料的盘点工作
	电气管理	负责工厂的电气设备管理及维护工作
	投料工	(1)负责接中控进料单，按要求核对后组织进料。 (2)将所进原料中的杂质、结块料、变质料挑出处理。 (3)确保记录准确。 (4)保持工作场所整洁

部门名称	岗位名称	主要职责分工
生产部	小料添加工	(1)接中控小料添加单，按品种、数量等要求运送添加剂，核对后按要求摆放好。 (2)接中控投料指令后，执行投料，完成该批投料后反馈投料信息到中控。 (3)将杂物、结块料等挑出。 (4)按要求投放回机料。 (5)及时清理工作现场散落料、包装袋等
	制粒工	(1)负责制粒机的操作，使物料流量、蒸汽压力有机结合，制粒达到最佳效果。 (2)经常性维护保养制粒机(如制粒机压轴承 1.5 h 加油一次，主轴轴承 3 h 加润滑油一次)，延长机器及环模的使用寿命。 (3)监督回机料的摆放、投料
	设备管理	(1)负责电器设备的维护保养、安全检查。 (2)负责生产设备检修，制订零配件购买计划，做好库存管理。 (3)负责生活用水、电设施的维护保养和检修。 (4)巡回检查各项设施的运行情况，避免设备故障的发生。 (5)负责设备的存档管理
	叉车工	负责叉车的操作工作，辅助完成原料的投放及成品的入库等
	司磅员	(1)负责公司进出货物的重量监控，对与进出公司货物重量有关的问题，司磅员负主要责任。 (2)过磅的程序： 出库：称皮重(车体)，称毛重，折算包装重量净重。 入库：称毛重，称皮重，折算包装重量净重。 (3)过磅时，车上所有人员必须下车，磅单必须打印(不能手写，除特殊情况)，且记录车牌号码。 (4)必须监督司机盖好篷布，否则不能放行。 (5)对过磅重量有疑虑的货物必须及时查明原因，及时处理。 (6)负责地磅的维护及现场管理
	包装工	(1)按要求(品种、规格、标重、包装、标签、日期)进行盖标签日期、领包装袋等打包过程。 (2)按要求进行产品的入库、堆码。 (3)执行换包作业。 (4)每打完一定包数，按要求进行一次包重校验。 (5)打包时及时发现饲料中的感观不合格，并汇报处理。 (6)换品种时，及时清理工作现场。 (7)完成打包作业后，将剩余包装袋、标签等物品归位或协助处理
	卸车工	(1)公司所有原料必须经品质管理人员感官检验合格后方可卸车，卸车工必须听从保管员的安排，按要求进行卸货。 (2)认真堆码，确保货物堆码整齐规范，离墙 30~40 cm 距离。 (3)轻拿轻放，避免割破包装、损坏包装。 (4)原粮进立筒库时，必须将杂物、线头、石头、铁块等挑出。 (5)及时清理散落料、地角料，并协助保管员处理，整理卸货现场

部门名称	岗位名称	主要职责分工
生产部	上车工	(1)按成品保管员指定的货位及成品出库单中品种、规格、数量的要求进行上车操作。 (2)装车时，轻拿轻放，摆放整齐。 (3)及时发现成品库中饲料的质量变异、超库存期等问题，上车时不让不合格饲料上车出厂。 (4)帮助司机整理好车厢，车板湿时垫好谷壳粉，装好车后帮司机盖好篷布。 (5)及时清理成品库的货物架、货位牌及现场。 (6)对未盖生产日期的饲料准确盖上日期

备注：化验员、叉车工、电工、机修工、会计、中控员需要持有相应资格证书。

技能训练

通过参观饲料厂，了解饲料厂的企业文化、职业要求、经营策略及饲料生产的生产工艺、原料组成、质量管理措施等。

一、技能获得步骤

(1)参观厂区，了解厂区布局。

(2)参观原料及成品库，熟悉饲料的原料种类及原料、成品堆放的原则与要求。

(3)参观生产车间，熟悉饲料生产工艺及生产过程中产品质量控制措施。

(4)参观饲料质量检测实验室，熟悉实验室的布局、各类饲料原料和产品的检测项目及检测方法。

(5)与厂领导、技术工作管理人员和销售管理人员一起开座谈会，了解产品质量管理、生产管理和销售管理的措施及经营策略。

(6)以小组为单位完成以参观内容为主题的技能报告，并进行PPT汇报。在报告中结合专业知识，分析该饲料厂的成功经验与不足之处，提出初步改进措施，并确立自己的职业定位，分析自己该具备的知识体系和职业素养。

二、技能考核

本技能以小组为单位进行考核，考核时主要从技能书面报告(40分)、PPT汇报(40分)及团队成员的态度、合作等(20分)进行考核评分。

 任务书

一、任务分组

填写任务分组信息表，见表1-1-2。

表 1 - 1 - 2　任务分组信息表

任务名称			
小组名称		所属班级	
工作时间		指导教师	
团队成员	学号	岗位	职责
团队格言			
其他说明	分组任务实施过程中，各组可组内分工、集体协商，培养学生团队合作和人际沟通的能力		

二、任务分析

饲料厂的组织设置、岗位安排及各岗位职责可以根据企业的需求和规模进行具体调整和优化。本任务是为一家 50 人的小型饲料厂设计一份组织构架书，在此构架书中要落实岗位，具化人员，明确职责。

三、任务实施

(1)确定组织结构。

(2)落实组织内岗位，并明确各岗位人数。

(3)设定岗位职责，使本饲料厂运行过程合理且顺畅。

（4）完成设计工作记录表。根据任务完成过程，记录小组分工情况，选出组长，填写小型饲料厂组织设置及岗位设计工作记录表1-1-3。

表1-1-3　小型饲料厂组织设置及岗位设计工作记录表

组织设置	岗位设计	职责	完成人
工作总结			

恭喜你已完成小型饲料厂组织设置及岗位设计工作。如果对于某些知识和技能要点仍有疑问，可自行查找资料，并完成本任务的相关习题，借助课程信息化资源（课程视频、课件、动画、文字资料）复习任务设计的关键知识点和技能点，寻找存在的问题，利用线上资源进行互动，寻求解决问题的方法并进行自检。

四、任务评价

1. 小组自检

首先进行个人自检，即每名组员按照任务实施步骤进行复盘，回顾自己在任务实施过程中承担的任务和角色，并在下方空白处记录任务实施过程中自己的优势和不足。

个人自检记录：

完成个人自检的组员可以向组长提交任务完成审核申请。组长参照任务分组信息表（表1-1-2），根据任务要求进行组内检查，并组织开展组员间检查，填写组内检查记录表（表1-1-4），完成组内检查。

表1-1-4　组内检查记录表

任务名称			
小组名称		所属班级	
检查项目	问题记录	改进措施	完成时间
任务总结			
组员个人提出的建议		说明：如果本次任务组内检查中未提出建议，则不需要填写	
组员个人收到的建议		说明：如果本次任务组内检查中未收到建议，则不需要填写	

2. 提交验收

各任务小组完成组内检查后，将组内检查记录表提交至教师处。教师在各小组抽调学生组成任务验收组，针对各任务小组提交的材料进行验收，并指出各小组存在的问题，给予改进意见，并填写任务验收表（表1-1-5）。

表1-1-5 任务验收表

任务名称			
小组名称		验收组成员	
任务概况	问题记录	改进意见	验收结果（通过/撤回）
组员个人提出的验收建议		说明：如果未参加本任务验收工作，则不需要填写	
组员个人收到的验收建议		说明：如果本任务验收中未收到建议，则不需要填写	
完成时间			
是否上传资料			

3. 结果与评价

各小组根据验收意见进一步整改后，将任务相关材料上传至线上课程资源库，方便实时查阅。教师组织结果与评价会议，各小组展示任务完成结果（选一名组员介绍任务完成过程，可以配合任务完成过程中录制的视频或配合讲义、图片等辅助完成展示过程），教师组织完成组内自评、组间互评和教师评价，并填写任务考核评价表（表1-1-6）。

表1-1-6 任务考核评价表

评价项目	评价内容	分值	组内自评（20%）	组间互评（20%）	教师评价（40%）	第三方评价（20%）	总分
职业素养（40%）	工作态度积极	10					
	服从小组决定	10					
	尽职尽责完成工作任务	10					
	沟通能力良好，主动与他人合作	10					
岗位技能（50%）	根据企业需要进行组织设计	10					
	依据组织框架，设计岗位人员	15					
	熟悉饲料厂运行过程，合理分配岗位职责	15					
	任务记录及时、准确，材料整理快速、完整	10					
创新拓展（10%）	高效应用办公软件进行方案设计	10					

饲料厂安全生产管理制度（案例）

1. 安全保卫管理制度

为贯彻执行国家有关劳动保护，树立"安全第一，预防为主"的方针，加强企业管理，实现安全生产，保护劳动者在生产过程中的安全和健康，自觉遵守劳动纪律，维持正常的生产秩序，促进和提高本企业的经济效益，特制定安全保卫管理制度。

安全保卫管理制度

2. 生产设备管理制度

为保证公司生产设备能保持正常的生产能力，避免设备遭受不应有的磨损等损坏，延长设备使用寿命，发挥设备潜力，特制定生产设备管理制度。

生产设备管理制度

3. 危险品管理制度

危险品管理制度

4. 原料采购验收制度

为了严格执行对原料、半成品及成品进行规定的检验，以保证产品质量符合要求，防止不合格原材料流入生产流程，特制定原料采购验收制度。

原料采购验收制度

拓展任务收获：

任务 1.2　饲料生产规范

🧰 任务描述

　　标准的饲料生产规范可确保饲料的安全、质量和有效性，以满足动物的营养需求，保障动物的健康和生产效益。吉林省四平市梨树县某养猪厂长时间购买某品牌饲料，在饲养过程中，发现猪生长速度慢，母猪产仔率低，淘汰率、流产率高，产后缺奶，猪仔常发生饿死的现象，且多次出现仔猪白痢或黄痢，后养殖员偶然发现饲料内掺杂配方上没有的方便面样成分，且有少量霉变。联系其他购买此品牌饲料的养殖户，发现同样问题。经检验发现，饲料中大肠杆菌数也略有超标。请学生针对上述案例，分析饲料生产过程中可能存在的违反饲料生产规范的环节。

　　清晰的思路可以有效提升任务的完成效果，通过任务分析、完成知识储备、丰富案例等，顺利完成任务和综合评价。

📖 学习目标

　　1. 掌握一般饲料生产企业饲料生产规范。

　　2. 可对饲喂结果中不良饲料在生产环节可能出现的问题进行分析，并能给出合理化建议。

　　3. 在饲料生产过程中，要秉持认真、严谨、负责的态度。

⌨ 知识储备

一、制定饲料生产规范的意义

1. 保障饲料质量

　　饲料生产规范对饲料企业的生产流程、原料采购、加工过程、仓储管理等环节进行了明确规定，以确保饲料的质量和安全性。通过规范饲料生产，可以减少饲料中出现的有害物质和微生物含量，提高饲料的安全性，保障动物的健康和生产性能。

2. 促进行业健康发展

　　随着人们对饲料质量的要求不断提高，制定饲料生产规范能够规范饲料生产和销售行为，加强监管和管理，避免出现不合格饲料，降低其对动物和人类的损害。同时，通过规范的引导和推动，可以促进饲料行业的健康发展，提高整个行业的竞争力和水平。

3. 引导企业技术创新

　　制定饲料生产规范不仅是对饲料生产者的一种要求，还是对他们的一种鼓励。为了达到饲料生产规范的标准，企业需要采用先进的生产技术和设备，不断创新和完善自己的生产模式和技术，从而提高产品质量和竞争力。这有助于引导企业进行技术创新，推动整个行业的技术进步。

4. 保障食品安全

饲料是动物性食品生产的源头，其质量直接关系到动物性食品的安全性和卫生质量。制定饲料生产规范，不仅可以保障饲料的安全性，还可以通过规范饲料添加剂的使用等措施，保障动物性食品的安全性和卫生质量。这对于保障人民群众的身体健康具有重要意义。

5. 节约资源成本

规范的饲料生产可以优化资源配置，提高资源利用效率。通过科学的配方设计和合理的原料采购，可以降低饲料生产的成本，提高企业的经济效益。同时，规范的饲料生产还可以减少对环境的污染，有利于可持续发展。

总之，制定饲料生产规范对于保障饲料质量和食品安全、促进行业健康发展、引导企业技术创新、节约资源成本等方面都具有重要的意义。

二、饲料生产规范(示例)

饲料生产规范

第一章　总则

为规范饲料生产行为，提高饲料生产效率和质量，保障畜禽健康生长，制定本标准操作规程。

本操作规程所称"饲料"指的是畜禽饲料。

第二章　生产准备

2.1　生产车间设施

(1)生产车间要求明亮、干燥，通风良好，温度适宜。

(2)生产车间要实行分类生产，确保不同种类饲料不混。

(3)生产车间内要有专用设备、桶、罐、勺、量杯等，严禁混用。

(4)生产车间内无尘土和杂质。

(5)生产车间内的货架、仓库要干净整洁，无异味和杂质，离地面应不低于 50 cm。

2.2　生产设备

(1)生产设备要定期保养，确保其有效运行。

(2)操作人员要保证生产设备干净卫生，使用后要即时清洗。

(3)生产设备的维修和保养要有定期记录。

2.3　原料准备

(1)原料要购自正规渠道。

(2)原料要按照种类、批号进行货到验收。

(3)原料应在货品专用区域分类存放、标识，严禁混用。

2.4　人员准备

(1)操作人员要经过培训且证明合格方可上岗。

（2）操作人员应穿戴整洁的衣帽鞋袜，不穿拖鞋、凉鞋，戴防护口罩和手套。

（3）操作人员应经常洗手、勤换手套、防止操作人员手部污染饲料。

第三章　原料分析

3.1　原料检验

原料要按照成分、微生物等多个方面进行检验，合格标准详见规定。

3.2　原料分析

根据原料含量等情况制定配合比例，进行原料分析。

第四章　饲料配合

4.1　配料准备

（1）按照合理的配合比例准备原料和配合剂。

（2）按照特定规则将原料、配合剂等配料准备好。

4.2　制作配合饲料

（1）按照合理的生产流程制作饲料。

（2）饲料制作完成后要检验。

（3）饲料制作过程要确保无异味和杂质。

第五章　饲料储存

5.1　储存方法

（1）根据不同种类饲料的特点选择相应的储存方法。

（2）储存设备、设施要专业化。

5.2　环境要求

（1）存放的饲料应保持干燥，通风良好，侵入的霉菌会受到抑制。

（2）饲料存放堆高不宜过高，堆高不应超过 1.5 m。

（3）不同种类饲料分开存放，不得混装。

第六章　饲料使用

6.1　投料方式

投料应涵盖全天饲料和定量饲料，投料方式视动物种类、生长阶段等条件设定。

6.2　投料量和投料频率

按照不同动物种类的不同需求合理设置每日投料量和投料频率。

6.3　饮水管理

（1）供水必须符合饮用水标准。

（2）水氧化反应必须达到指定水平。

（3）根据不同动物及其生长周期，合理安排饮水时间和频率。

6.4　加工饲料

（1）加工饲料前进行必要的检查。

（2）加工饲料要遵循规定的配方、比例。

（3）加工的饲料必须存放在适当的地方，并根据不同动物的饲养要求合理安排。

第七章 洁净卫生

7.1 车间环境卫生

（1）车间配备卫生工具、消毒用品、洁净用品等，并保证定期更换。

（2）车间内墙、地表、顶棚、设备等要保持洁净卫生。

（3）车间内保持干燥，不得有积水。

7.2 个人卫生

（1）操作人员要穿戴工作服及必要的防护设备。

（2）操作人员工作前，应规范洗手，消毒手套。

（3）操作人员有传染病或接触疑似病例，要暂时离职接受医生的诊治。

7.3 饲料卫生

（1）饲料内禁止混杂异物和有害物质。

（2）储存饲料的仓库要保持干燥清洁。

（3）饲料应在发布时检测，一旦发现饲料产品质量问题要立即下线，并禁止售卖。

第八章 环境保护

8.1 废水处理

废水要进行初步处理后，再送往专业处理机构。

8.2 有害废弃物处理

对饲料生产过程中所产生的有害废弃物，要进行分类处理，送往专业处理机构。

第九章 记录控制和管理

9.1 统计记录

（1）记录不同阶段的生产工序，记录生产过程和质量检验数据。

（2）对于重要工序要进行详细记录，及时发现问题并及时解决。

9.2 管理和考核

（1）制定管理制度，保证生产工艺规范化，人员科学化。

（2）定期考核，及时发现差错，制订相关整改措施。

第十章 附则

10.1 本标准操作规程是有效的标准管理手段，必须整合到安全、质量体系内，作为合同的一部分。

10.2 本标准操作规程经制定和实施后有效。如发现不合理的地方，要根据实际需要进行修订。修订后应重新制定和实施。

10.3 本标准操作规程由饲料生产企业负责整个操作过程的管理。

本标准操作规程的制定、实施和修订，由饲料生产企业主管部门及相关部门参与，确保标准管理得到有力的推进和监督。

一、任务分组

填写任务分组信息表，见表1-2-1。

表1-2-1 任务分组信息表

任务名称				
小组名称		所属班级		
工作时间		指导教师		
团队成员	学号	岗位		职责
团队格言				
其他说明	分组任务实施过程中，各组内采用班组轮值制度，学生轮值担任不同岗位，确保每个人都有对接不同岗位的锻炼机会。针对自己的实时岗位，分析自己在生产过程中可能出现的与案例相关的不合规操作，在提升个人能力的同时，促进小组协作，培养学生团队合作和人际沟通的能力			

二、任务分析

饲料生产规范对饲料企业的生产流程、原料采购、加工过程、仓储管理等环节进行了明确规定，以确保饲料的质量和安全性。通过规范饲料生产，可以稳定饲料的成分，减少饲料中出现的有害物质和病原性微生物，提高饲料的安全性，保障动物的健康和生产性能。本任务就是让学生以饲料生产规范为出发点，设定自己的生产岗位，进行岗位自省，发现生产过程中可能出现的问题。

三、任务实施

(1)分析饲料可能出现的问题，并填写表1-2-2。

表1-2-2 饲料问题分析

饲料问题	完成人

（2）根据饲料出现的问题，确定引发饲料问题的生产环节原因，并落实到各岗位，填写表1－2－3。

表1－2－3　饲料问题原因分析及责任落实

饲料问题	相关生产环节原因	相关责任岗位	完成人

恭喜你已完成饲料生产规范任务的全过程实施。如果对于某些知识和技能要点仍有疑问，可自行查找资料，并完成本任务的相关习题，借助课程信息化资源（课程视频、课件、动画、文字资料）复习任务设计的关键知识点和技能点，寻找存在的问题，利用线上资源进行互动，寻求解决问题的方法并进行自检。

四、任务评价

1. 小组自检

首先进行个人自检，即每名组员根据自己所在岗位，按照任务实施步骤进行复盘，并在下方空白处记录任务实施要点。

个人自检记录：

完成个人自检的组员可以向组长提交任务完成审核申请。组长参照任务分组信息表（表1－2－1），根据任务要求和实验室安全规范，进行组内检查，并组织开展组员间检查，填写组内检查记录表（表1－2－4），完成组内检查。

表1－2－4　组内检查记录表

任务名称			
小组名称		所属班级	
分析问题	过程记录	改进措施	完成时间
任务总结			
组员个人提出的建议		说明：如果本次任务组内检查中未提出建议，则不需要填写	
组员个人收到的建议		说明：如果本次任务组内检查中未收到建议，则不需要填写	

2. 提交验收

各任务小组完成组内检查后，将组内检查记录表提交至教师处。教师在各小组抽调学生组成任务验收组，针对各任务小组提交的材料进行验收，并指出各小组存在的问题，给予改进意见，并填写任务验收表(表1-2-5)。

表1-2-5　任务验收表

任务名称			
小组名称		验收组成员	
任务概况	问题记录	改进意见	验收结果(通过/撤回)
组员个人提出的验收建议		说明：如果未参加本任务验收工作，则不需要填写	
组员个人收到的验收建议		说明：如果本任务验收中未收到建议，则不需要填写	
完成时间			
是否上传资料			

3. 结果与评价

各小组根据验收意见进一步整改后，将任务相关材料上传至线上课程资源库，方便实时查阅。教师组织结果与评价会议，各小组展示任务完成结果(选一名组员介绍任务完成过程，可以配合任务完成过程中录制的视频或配合讲义、图片等辅助完成展示过程)，教师组织完成组内自评、组间互评和教师评价，并填写任务考核评价表(表1-2-6)。

表1-2-6　任务考核评价表

评价项目	评价内容	分值	组内自评(20%)	组间互评(20%)	教师评价(40%)	第三方评价(20%)	总分
职业素养(40%)	工作态度积极、认真	10					
	沟通能力良好，主动与他人合作	10					
	尽职尽责完成工作任务	10					
	对生产流程熟悉，岗位认知清晰，生产规范明了	10					
岗位技能(50%)	根据实际情况分析饲料问题	10					
	依据饲料问题分析生产问题	15					
	根据生产问题落实岗位责任	15					
	任务记录及时、准确，材料整理快速、完整	10					
创新拓展(10%)	通过案例分析，提出新的解决方案和改进措施，创新管理方式，推动技术革新等	10					

饲料安全直接关系到所喂养动物的安全，进而影响到人类的健康。微生物污染是最主要的饲料安全问题，因此应了解有害微生物的生存条件与特点，尽可能地做好相应对策，减少饲料安全问题。

微生物污染主要是指由霉菌、细菌及其产生的毒素造成的生物性污染。饲料含有丰富的碳水化合物、蛋白质、维生素和脂肪等多种营养物质，这使其在加工及贮藏过程中极易被微生物污染。饲料感染微生物后会导致饲料中的营养成分分解，营养价值降低，甚至会在饲料中产生带有毒性的毒素。

1. 霉菌与霉菌毒素

霉菌与霉菌毒素

2. 细菌与细菌毒素

细菌与细菌毒素

总之，在饲料及其原料的收割、储藏、加工生产及运输过程中要注意避免微生物污染，饲料一旦被污染，必须经过合理措施处理后才能使用，以保证畜禽的健康。

拓展任务收获：

项目 2　饲料原料的识别与利用

知识框架

　　本项目以"粗饲料的认识与加工方法""青绿饲料的认识与其利用和注意事项""青贮饲料的加工方法与品质鉴定""能量饲料的划分与使用""蛋白质饲料的划分与使用""矿物质饲料的划分与使用"六个任务进行驱动，包含粗饲料的加工方法、青绿饲料的分类与使用注意事项、青贮饲料的加工与品质鉴定，以及不同能量饲料、蛋白质饲料和矿物质饲料的合理使用等学习内容。

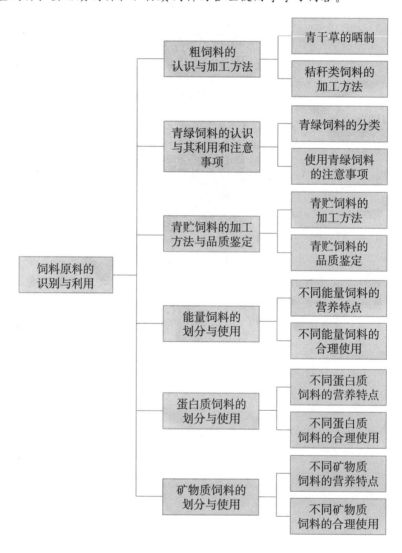

知识目标

1. 掌握饲料的分类。

2. 掌握不同饲料分类的营养特点。

3. 掌握不同饲料在生产实践中的注意事项。

技能目标

1. 掌握粗饲料和青贮饲料的加工方法。

2. 能感官鉴定饲料的品质。

3. 针对不同饲养方向，正确选择饲料。

素养目标

1. 在生产实践中以尊重生命的态度合理利用饲料，保证动物健康生长，提高养殖效益。

2. 坚持绿水青山就是金山银山的理念，以绿色、循环、低碳发展的理念加工饲料。

3. 厚植爱农情怀，练就兴农本领，全心全意帮助养殖户解决饲料问题。

4. 增强团队合作意识，树立专业和岗位责任感。

项目导入

党的二十大报告指出，要"全面推进乡村振兴"。随着吉林省"秸秆变肉"暨千万头肉牛建设工程的实施，很多养牛新手加入肉牛养殖的行列中。肉牛产业的发展为当地乡村振兴注入了强劲动力，而作为社会中坚力量的大学生的积极参与，更加助推了农村经济的发展和现代化建设。

吉林省双辽市玻璃山镇合心村吉林工程职业学院定点帮扶对象，学院驻村干部需要本专业学生帮助村里的养牛新手们解决饲料加工等相关问题。

要想完成这项任务，就必须对不同饲料的营养特点和加工方法等有清晰而准确的认知，并且要志存高远、脚踏实地，把课堂学习和乡村实践紧密结合起来，厚植爱农情怀，练就兴农本领，这样才能在乡村振兴的大舞台上建功立业，为加快推进农业农村现代化、全面建设社会主义现代化国家贡献青春力量。

任务2.1 粗饲料的认识与加工方法

任务描述

粗饲料作为肉牛的基础饲料，其种类的选择与加工的好坏直接关系到肉牛养殖(舍饲)的成功与否，效益的高低。吉林工程职业学院驻村干部联系到我们，请你帮助村里的养牛新手们熟悉粗饲料的加工方法，并进行地面晒制青干草。

清晰的思路可以有效提升任务的实施成效，达到事半功倍的效果。粗饲料营养价值和利用率的高低可因其来源和种类的不同存在着较大差异，粗饲料的分类与加工方法如图2-1-1所示。通过任务分析、设计完成方案、完成知识储备和技能训练，并通过二维码为其知识点讲解微课等立体化学习资源，突破学习障碍，顺利完成任务和综合评价。

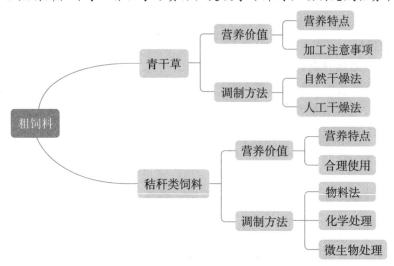

图2-1-1 粗饲料的分类与加工方法导图

 **学习目标**

1. 熟知青干草、秸秆类饲料的营养特点。

2. 可进行青干草、秸秆类饲料的加工。

3. 在生产实践中合理利用粗饲料，并以科学的态度对待科学，坚持守正创新，不断开发新的饲料加工方法。

知识储备

一、青干草

青干草的制备目的是保持青饲料的营养价值，以代替青绿饲料。青干草的制备既是解决冬季和早春饲草供应问题的重要方法，也是饲料生产的重要方面之一。

1. 青干草的营养价值

青干草的营养价值受牧草种类、刈割时期、干燥过程的外界条件、储存方式等因素的影响而差异很大。其中，粗蛋白质含量为10%～20%，比秸秆高1～2倍；粗纤维含量为22%～23%，约为秸秆的一半；无氮浸出物含量为40%～54%，与秸秆相似；矿物质含量丰富；优质干草还含有维生素A原、维生素E、维生素K、B族维生素，比如胡萝卜素含量为5～40 mg/kg，晒制干草的维生素D含量丰富，其含量为16～35 mg/kg。

2. 青干草的调制方法

(1)自然干燥法。

①地面晒制法：首先，找一块干燥平坦的空旷地面，把地面清扫干净，此地面可以是土地、砖地或水泥地；其次，把收割来的青草平铺到地面上，注意不能铺得太厚，利用晴天强烈的太阳光线进行曝晒，每隔2~3 h，或人工用钢叉，或使用翻草机器翻晒一次；最后，等太阳落山以后，要把铺开的青草堆成1 m高的人字形草垛，为防止夜里被风刮散或者被雨淋湿，草垛上面应盖好塑料薄膜，等第二天出太阳时再铺开晾晒，直到晾干为止。

②架上干燥法：首先将收割的青草在地面干燥半天，然后直接上草架。由于草架中部空虚，这样便于空气流通，有利于青草的水分散失，从而提高干燥速度，减少营养损失。注意底部的青草要高出地面30 cm左右，草架上草层的厚度不宜超过70 cm。

(2)人工干燥法。

①常温鼓风干燥法：为了保持青草中营养价值较高的成分，减少曝晒造成的营养损失，可把收割来的青草在地面晒干，至水分占40%~50%时放入干草棚内，再利用鼓风机等吹风装置进行常温吹风干燥。

②高温快速干燥法：此法需要借助烘干机才能完成，多用于工厂化生产草块、草粉。具体方法是将青草切碎后放入烘干机内，通过高温空气，让青草迅速干燥，干燥时间的长短完全取决于烘干机的性能。

3. 青干草制作注意事项

青干草制备过程中涉及的养分损失因素如图2-1-2所示。

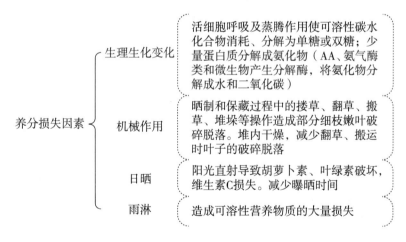

图2-1-2 青干草制备过程中涉及的养分损失因素

(1)适时刈割。刈割过早，会影响营养物质的总产量；刈割过晚，纤维素和木质素的含量会大量增加，可消化蛋白质等养分的含量会减少。不同的牧草有不同的适宜刈割时间，一般禾本科牧草在抽穗前刈割，豆科牧草在现蕾期刈割(表2-1-1)。

表 2 - 1 - 1　牧草适宜刈割期

牧草	适宜刈割期		说明
苜蓿和三叶草	初次刈割	现蕾期	生长期在 35 d 以上
	再生刈割	1/10 现花阶段	间隔 40 d 刈割
豆—禾混播牧草	初次刈割	豆科牧草现蕾—初花	提早刈割可以减少禾本科牧草对豆科牧草的生长抑制
	再生刈割	豆科牧草 1/10 现花	三叶草的再次刈割间隔可适当延长
禾本科牧草	初次刈割	孕穗期或早花期	与豆科牧草不同，禾本科牧草的再生刈割时间并不十分重要
	再生刈割	生物量最大的时期	

（2）具有较深的颜色。茎秆上每个节基部的颜色是其所含养分高低的标志。颜色深绿部分越长，则干草的品质越好。

（3）具有特殊的清香气味。气味越芳香，品质越好。如有发霉变质的饲料，绝对不可以饲喂给动物。

（4）含水量在 14％～17％（用手紧握时会发出沙沙的响声，草束反复折曲时易断，叶片干而卷曲，可堆垛永久保藏）。

（5）应保留大量的叶、嫩枝、花蕾等营养价值较高的器官。

4. 青干草的饲喂

青干草是一种较好的粗饲料，养分含量较为平衡，蛋白质品质完善，维生素 A 和钙含量丰富。尤其是幼嫩的青干草，不仅可供草食家畜大量采食，而且粉碎后的草粉可作为鸡、猪、鱼配合饲料的原料。草食家畜饲料中配合一定数量的豆科干草，可以弥补饲料中蛋白质数量和质量方面的不足；用青干草和青贮饲料搭配，可促进动物采食，减少精料的用量；用青干草和多汁饲料混合饲喂乳牛，可增加干物质和粗纤维采食量，保证产乳量和乳脂含量。

二、秸秆类饲料

粗饲料中的秸秆和秕壳是农作物脱谷的副产品。脱谷后的作物茎秆及附着的干叶称为秸秆，如玉米秸、麦秸、豆秸、稻草等。

1. 营养特性

秸秆的主要特点是：粗纤维含量特别高，一般为 25％以上，个别可达到 50％以上，其木质素含量非常高；粗蛋白质含量一般较低，可消化蛋白质含量更少；粗灰分很高，其中稻壳的灰分将近 20％，但粗灰分中可利用的矿物质钙、磷含量很少；各种维生素含量极低。

2. 秸秆的使用

秸秆的营养价值较低，只适合饲喂反刍动物。为了获得较好的饲喂效果，最好对秸秆类饲料进行合理的加工调制，并且搭配一些营养价值较高的饲料原料。对于单胃动物和禽类，一般不使用秸秆类饲料。

3. 秸秆的加工调制技术

（1）物理处理。

①切短：利用铡草机将秸秆切成 1～2 cm 的短料。玉米秸较短硬，长度以 1 cm 左右为宜，若青贮应以长度 2 cm 为宜。稻草茎细且柔软，可稍长些。秸秆饲料若喂牛还可长些，以 2～3 cm 为宜。

②粉碎：粉碎的细度应根据秸秆和喂饲家畜的种类而定，一般以 7 mm 左右为宜，饲喂反刍动物不宜粉碎过细。

③揉碎：利用揉碎机将较粗硬的秸秆揉搓成细丝，可提高秸秆饲料的适口性和饲料的利用率。如将玉米秸揉碎喂饲反刍动物效果很好。若将秸秆饲料与豆科鲜牧草分层平铺后碾压效果更好。牧草汁液被秸秆吸收，既可较快制成干草，又可提高秸秆的营养价值。

④压制颗粒：将粗饲料粉碎，压制成颗粒或块状，不但能提高能量利用效率，而且便于运输、保存和机械化饲养。

上述前三种方法处理后的秸秆饲料便于动物咀嚼，减少能耗，增加采食量，提高消化率。但应注意饲料颗粒不宜过细，以防引起反刍动物反刍减少或停滞。

（2）化学处理。

①碱化处理：利用碱溶液中的氢氧根离子破坏木质素与半纤维素之间的酯键，使半纤维素和大部分木质素（60%～80%）溶于碱液中，把镶嵌在木质素-半纤维素复合物中的纤维素释放出来，从而便于反刍动物消化利用，提高秸秆饲料的消化率。碱化处理所用的物质主要有氢氧化钠和石灰水。

②氨化处理：经过氨化处理的粗饲料叫作氨化饲料。氨化处理的原理是：当氨与秸秆中的有机物相遇，就会发生氨解反应，破坏木质素与纤维素、半纤维素链间的酯键结合，并形成铵盐。铵盐是一种非蛋白氮化合物。同时，氨水中解离出的氢氧根离子对秸秆又有碱化作用。秸秆氨化处理可使粗蛋白质由 4%～5% 提高到 8%～10%，纤维素含量降低 10%，有机物消化率提高 20% 以上。

（3）微生物处理。微生物处理是在粗饲料中加入微生物高效活性菌种，如乳酸菌、纤维素分解菌和酵母菌素等，放入密封的容器中贮藏，在适宜条件下，分解秸秆中难以被家畜消化的木质素和纤维素，增加菌体蛋白质、维生素等有益物质，并软化秸秆，改善味道，增加适口性。

微生物发酵秸秆的具体做法是，首先将准备发酵的秸秆等粗饲料切成 5～8 cm 的小段或粉碎，然后每 100 kg 粗饲料加入用水化开的 1～2 g 菌种，搅拌均匀，边搅拌边加水（水温 50 ℃），水量以手握紧饲料指缝见水珠而不滴落为宜。将搅拌好的饲料堆积或装缸，上面盖一层干草粉。当温度升至 35～45 ℃ 时，翻动一次。散热后再堆积或装缸，压实封闭 1～3 d 即可饲用。

 **任务书**

一、任务分组

填写任务分组信息表，见表2-1-2。

表2-1-2 任务分组信息表

任务名称			
小组名称		所属班级	
工作时间		指导教师	
团队成员	学号	岗位	职责
团队格言			
其他说明	分组任务实施过程中，各组内采用班组轮值制度，学生轮值担任不同岗位，确保每个人都有对接不同岗位的锻炼机会。在提升个人能力的同时，促进小组协作，培养学生团队合作和人际沟通的能力		

二、任务分析

粗饲料是指自然水分含量在45％以下，饲料干物质中的粗纤维含量≥18％且能量价值低的一类饲料。其主要包括干草类、农副产品类（如秸秆、豆荚）等。

1. 青干草

青干草是指青草或其他青绿饲料植物在未结实时刈割下来，经晒干或烘干达到长期储存程度的饲料产品。干草水分一般在＿＿＿＿＿＿＿＿＿左右，否则不能贮藏。调制后的青干草保持青绿色，绝大部分的营养物质被保存下来。青干草调制方法包括＿＿＿＿＿＿＿＿和＿＿＿＿＿＿＿。

2. 秸秆类饲料

我国是一个农业大国，小麦、玉米、水稻等作物的种植面积非常大，每年可生成7亿多吨秸秆。秸秆类饲料是最常见的粗饲料，但秸秆类饲料粗硬，适口性差，粗纤维及木质素含量高，粗蛋白含量低，营养价值低，导致秸秆在动物饲料生产上利用率较低，因此不少地方大量秸秆没有被利用。一到夏收和秋冬之际，总有大量的小麦、玉米等秸秆在田间焚烧，产生了大量浓重的烟雾，不仅造成了资源的浪费，还污染了环境。金山银山不如绿水青山，合理加工秸秆类饲料，不仅能提高粗饲料利用率，节约饲料资源，还可以保护环境，减少污染。

秸秆类饲料主要有三种加工方法：＿＿＿＿＿＿＿、＿＿＿＿＿＿＿、＿＿＿＿＿＿＿。

三、任务实施

1. 青干草的调制方法

(1)自然干燥法是青干草调制过程中最常用的一种干燥方法，方便省事，不需要其他设备，只需借助太阳的热量就能完成整个干燥过程，其分为＿＿＿＿＿、＿＿＿＿＿。

① ＿＿＿＿＿优点是＿＿＿＿＿＿＿＿＿＿＿＿＿＿＿；

② ＿＿＿＿＿多了个木质草架，可以弥补一些＿＿＿＿＿造成的青干草营养损失，多用于潮湿多雨的南方地区，优点是＿＿＿＿＿＿；缺点是＿＿＿＿＿＿＿。

(2)人工干燥法是利用加热的空气，将青草里面的水分烘干，从而达到快速干燥、减少营养损失的目的。优点是＿＿＿＿＿＿＿＿＿＿＿＿＿＿＿；缺点是＿＿＿＿＿＿＿＿＿＿。人工干燥法主要有＿＿＿＿＿、＿＿＿＿＿两种。

2. 秸秆类饲料加工调制技术

(1)物理处理包括＿＿＿＿＿、＿＿＿＿＿、＿＿＿＿＿和＿＿＿＿＿。这些方法处理后，可提高农作物秸秆的适口性，便于咀嚼，减少能耗，增加采食量，提高消化率，并减少饲喂过程中的饲料浪费。但不能改变农作物秸秆的组织结构或提高营养价值。

(2)化学处理包括＿＿＿＿＿、＿＿＿＿＿、＿＿＿＿＿等方法。＿＿＿＿＿研究较早。＿＿＿＿＿，＿＿＿＿＿可与有机物发生氨解反应，形成铵盐。＿＿＿＿＿同时也存在＿＿＿＿＿，打断＿＿＿＿＿与＿＿＿＿＿之间的酯键，把动物不能利用的＿＿＿＿＿(60％～80％)溶解掉，从而把一些与木质素有联系的营养物质如＿＿＿＿＿释放出来，从而提高了粗饲料的营养价值。

(3)微生物处理是在粗饲料中加入微生物高效活性菌种，如＿＿＿＿＿、＿＿＿＿＿和＿＿＿＿＿等，放入密封的容器中贮藏，在适宜条件下，分解秸秆中难以被家畜消化的＿＿＿＿＿，增加菌体蛋白质、维生素等有益物质，并软化秸秆，改善味道，增加适口性。

3. 进行地面晒制青干草

根据任务方案和任务分组信息表(表2-1-2)，明确各岗位(饲草采集员、饲草搬运工、饲草晒制员和信息录入员)职责，选出组长，组织各组员分工协作，将不同岗位的工作记录填入地面晒制干草工作记录表(表2-1-3)。

表 2-1-3　地面晒制干草工作记录表

岗位名称	岗位职责	工作记录	完成人
饲草采集员	适时地收割牧草		
饲草搬运工	将收割的牧草搬运到平坦地面		
饲草晒制员	进行青干草的晒制		
信息录入员	记录各项检查项目结果，填写相关表格		
工作总结			

恭喜你已完成粗饲料的认识与加工方法任务的全过程实施。如果对于某些知识和技能要点仍有疑问，可扫码获取相应的微课资源。

粗饲料1

四、任务评价

1. 小组自检

首先进行个人自检，即每名组员根据自己所在岗位，按照任务实施步骤进行复盘，并在下方空白处记录任务实施要点或关键数据。

个人自检记录：

粗饲料2

完成个人自检的组员可以向组长提交任务完成审核申请。组长参照任务分组信息表(表2-1-2)，根据任务要求和实验室安全规范，进行组内检查，并组织开展组员间检查，填写组内检查记录表(表2-1-4)，完成组内检查。

表 2 - 1 - 4 组内检查记录表

任务名称				
小组名称			所属班级	
检查项目	问题记录		改进措施	完成时间
任务总结				
组员个人提出的建议			说明：如果本次任务组内检查中未提出建议，则不需要填写	
组员个人收到的建议			说明：如果本次任务组内检查中未收到建议，则不需要填写	

2. 提交验收

各任务小组完成组内检查后，将组内检查记录表提交至教师处。教师在各小组抽调学生组成任务验收组，针对各任务小组提交的材料进行验收，并指出各小组存在的问题，给予改进意见，并填写任务验收表(表2-1-5)。

表 2 - 1 - 5 任务验收表

任务名称			
小组名称		验收组成员	
任务概况	问题记录	改进意见	验收结果(通过/撤回)

组员个人提出的验收建议		说明：如果未参加本任务验收工作，则不需要填写
组员个人收到的验收建议		说明：如果本任务验收中未收到建议，则不需要填写
完成时间		
是否上传资料		

3. 结果与评价

各小组根据验收意见进一步整改后，将任务相关材料上传至线上课程资源库，方便实时查阅。教师组织结果与评价会议，各小组展示任务完成结果（选一名组员介绍任务完成过程，可以配合任务完成过程中录制的视频或配合讲义、图片等辅助完成展示过程），教师组织完成组内自评、组间互评和教师评价，并填写任务考核评价表（表 2 - 1 - 6）。

表 2 - 1 - 6　任务考核评价表

评价项目	评价内容	分值	组内自评（20%）	组间互评（20%）	教师评价（40%）	第三方评价（20%）	总分
职业素养（40%）	工作态度积极	10					
	沟通能力良好，主动与他人合作	10					
	尽职尽责完成工作任务	10					
	具有环保意识	10					
岗位技能（60%）	熟知不同粗饲料的加工方法	10					
	可进行粗饲料的合理利用	10					
	能进行地面晒制青干草	15					
	能解决在晒制干草时遇见的问题（如突变天气等）	15					
	任务记录及时、准确，材料整理快速、完整	10					

特色模块◎专业拓展

农作物秸秆属于农业生态系统中一种十分宝贵的生物质能资源，富含氮、磷、钾、钙、镁和有机质等，积累了农作物一半以上的光合作用产物，具有巨大的利用潜力。农作物秸秆资源的综合利用对于促进农民增收、环境保护、资源节约，以及农业经济可持续发展意义重大。随着科技的不断发展，越来越多的新技术被应用到了农作物秸秆的加工利用中。

秸秆加工新技术

任务2.2 青绿饲料的认识与其利用和注意事项

📦 任务描述

青绿饲料可以单独组成反刍及草食家畜的饲料，不但可以满足家畜的生命维持需要，还可以有一定的畜产品生产。但是，一些青绿饲料本身就携带有毒有害物质或夹杂有毒植物，另一些青绿饲料虽然本身无毒害，却由于贮藏不当导致某些有害物质的产生，还有一些因饲喂不当，从而造成动物的中毒。为保证动物健康生长，提高养殖户生产效率，要学会识别不同种类的青绿饲料并合理利用。

清晰的思路可以有效提升任务的实施成效，达到事半功倍的效果。青绿饲料的认识与其利用和注意事项如图2-2-1所示。通过任务分析、设计完成方案、完成知识储备和技能训练，并通过二维码为其知识点讲解微课等立体化学习资源，突破学习障碍，顺利完成任务和综合评价。

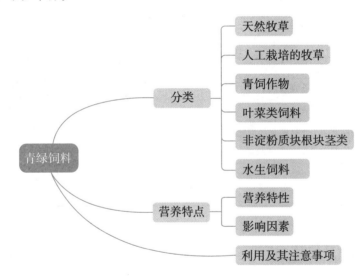

图2-2-1 青绿饲料的认识与其利用和注意事项

👤 学习目标

1. 熟知青绿饲料的分类。

2. 清楚不同种类青绿饲料的营养特点。

3. 在生产实践中，以尊重生命的态度合理利用青绿饲料，保证动物健康生长，提高养殖效益。

知识储备

一、青绿饲料的营养特性

青绿饲料的营养特性受多种因素的影响而有较大的差异。青绿饲料的营养特性主要表现在以下几方面。

1. 含水量高

陆生植物的水分含量在 75％～90％，水生植物的水分含量在 95％左右，这类饲料的干物质含量很低，有效能值低。

2. 蛋白质含量较高

一般禾本科牧草和蔬菜类饲料的干物质中粗蛋白质含量为 13％～15％，豆科类牧草干物质中蛋白质含量为 18％～24％，且赖氨酸和氨化物含量较多。因此，青绿饲料对于反刍动物来说，可以使菌体蛋白的合成数量增加。但应注意，随着植物的生长，其中的粗纤维含量逐渐增加，氨化物含量逐渐减少。

3. 粗纤维含量较低

青绿饲料中粗纤维含量较低，且木质素含量低，无氮浸出物含量较高。通常粗纤维的含量是随着植物生长期的延长而增加的，同时木质素含量也显著增加，因此适时刈割是十分重要的。若以干物质作为基础计算，青绿饲料中粗纤维含量为 18％～30％，能量含量为 10 MJ/kg 左右。

4. 矿物质含量高，钙、磷比例适宜

青绿饲料中矿物质含量约占饲料鲜重的 1.5％～2.5％，是畜禽矿物质的良好来源。在正常矿物质含量范围内，牧草中所含钙、磷符合家畜对钙、磷的比例要求，一般以青绿饲料为主饲喂的家畜不易出现钙的缺乏症。

5. 维生素含量丰富

青绿饲料中含有丰富的维生素，尤其是胡萝卜素(维生素 A 原)含量大，在正常的采食情况下，放牧家畜采食的胡萝卜素是其需要量的 100 倍。此外，青绿饲料中 B 族维生素、维生素 C、维生素 E 及维生素 K 的含量也较丰富，其含量均高于玉米籽实，但缺乏维生素 B_6 和维生素 D。

青绿饲料对于畜禽来说是一种营养相对平衡的饲料，但由于青绿饲料干物质中消化能较低，其潜在的营养优势不能很好地发挥。因此，在生产中，为了获得较高的生产性能，青绿饲料要与适量精饲料按比例混合饲喂家畜。

二、青绿饲料的营养价值

青绿饲料的营养价值受多种因素的影响而有较大的差异。

1. 青绿饲料的种类

牧草、叶菜、非淀粉茎根瓜果和水生植物均属青绿饲料，但它们的营养价值相差很远。一般豆科牧草、叶菜类较禾本科牧草营养价值高，水生饲料营养价值最低。

2. 植物的生长阶段

在植物的不同生长阶段，其营养价值也不同。幼嫩的植物含水量多，干物质少，蛋白质含量较高，而粗纤维含量较低，所以生长早期的各种牧草的消化率较高，营养价值也较高。但随着生长期的延长，水分含量逐渐减少，干物质中蛋白质含量逐渐下降，粗纤维含量逐渐上升，营养价值下降，而且青绿饲料的产量也降低。

3. 植物的部位

在植物的不同部位，其营养价值也不同。通常叶的营养价值大于茎部，叶片占全株比例越大，整株植物的营养价值就越高。因此，在刈割青绿饲料时，应尽量完整地保留植物的叶片。

4. 土壤和肥料

土壤和肥料对青绿饲料也有一定的影响。青绿饲料中的一些矿物质含量在很大程度上受土壤中矿物质含量与活性的影响，比如生长在泥炭土、干旱盐碱地的植物其含钙量较少。地区性的土壤矿物质的缺乏或过量，会导致种植在此地区的植物中的元素缺乏或过量，从而形成动物地区性的营养缺乏症或中毒症。

三、青绿饲料的利用及应注意的问题

1. 青绿饲料的利用

动物的种类不同，其利用青绿饲料的能力也有所不同。通常反刍动物可以大量地利用青绿饲料，且青绿饲料可以作为反刍动物唯一的饲料来源而不影响其生产性能（高产乳牛除外）。单胃动物就不能很好地利用青绿饲料，例如猪对青绿饲料的消化率较低，尤其是木质素含量较高的青绿饲料，其利用率极差。虽然猪能利用一些幼嫩的青绿饲料，但这些饲料只能与一定量的精饲料搭配使用，不能作为猪的唯一饲料来源。而家禽由于其消化器官容积小、消化道短，粗纤维的利用能力更差，因此其饲料中不宜大量加入青绿饲料，只是在青绿饲料加工成维生素粉时才适宜在饲料中加以补充。

2. 青绿饲料在使用时应注意的问题

（1）硝酸盐和亚硝酸盐。一些青绿饲料中含有较多的硝酸盐和少量的亚硝酸盐，特别是小白菜、萝卜叶、苋菜、甜菜、菠菜、油菜叶、燕麦苗等。硝酸盐本身无毒，但在一定的条件下可以还原成亚硝酸盐。亚硝酸盐进入血液后，使血液中的低铁血红蛋白氧化成高铁血红蛋白，红细胞失去携氧功能，从而造成动物全身急性缺氧，呼吸中枢麻痹，窒息死亡。亚硝酸盐中毒发病速度很快，多在 1 h 内死亡，严重者可在半小时内死亡，如发现动物中毒应及时抢救。

为防止亚硝酸盐中毒，一般青绿饲料在使用时应鲜喂、青贮或用碳酸氢铵去毒处理后再喂给家畜。若给反刍动物饲喂硝酸盐含量较高的饲料，应多喂富含糖类的饲料，以提供瘤胃微生物合成氨基酸时所需的能量及碳链。

（2）氢氰酸。一些青绿饲料中含有氰苷，比如高粱苗、玉米苗、三叶草、南瓜蔓、桃李杏的叶子等。含氰苷的饲料经堆放发霉或霜冻枯萎后，在饲料中两种酶的作用下会水解生成氢氰酸。氢氰酸有剧毒，即使少量食用也会引起动物的中毒，从而引起组织缺氧。

对于含有氰苷的饲料必须脱毒加工、科学饲喂，即经过水浸、蒸煮、发酵去除大部分毒性后才可用于饲喂动物；或将含氰苷的饲料与其他饲料混合饲喂，其含量不超过饲料的20％。

（3）双香豆素。草木樨含有一定量的香豆素，一般香豆素本身无毒。当草木樨在潮湿炎热的条件下发霉后，香豆素在细菌酶的作用下可转变为双香豆素。双香豆素的结构与维生素K相似，会与维生素K发生竞争性拮抗作用，使凝血因子由于缺乏维生素K而在肝脏中合成受阻，动物发生出血不止的现象。这种现象多在草木樨采食后的2～3周发生，发现中毒时可用维生素K治疗。

草木樨可通过适时刈割、浸泡脱毒、科学饲喂的方法加以合理利用。

（4）脂肪族硝基化合物及皂苷。沙打旺含有多种脂肪族硝基化合物，它们在家畜体内的代谢产物经肠道吸收后进入血液，影响中枢神经系统，并将血红蛋白转化为高铁血红蛋白，使机体运氧功能受阻，引起动物中毒。因此，沙打旺应青贮、调制成干草粉或调制人工瘤胃发酵饲料使用。

苜蓿中含有皂苷，青饲时，反刍动物采食量过大，容易发生膨胀病，严重时可在半小时内死亡。其原因可能是皂苷在瘤胃中产生大量的持久性泡沫，导致瘤胃膨胀。皂苷可抑制单胃动物体内的酶系统，因此大量饲喂能抑制单胃动物的生长发育。通常家禽比家畜的敏感性更强。苜蓿在饲喂时应与其他饲料搭配使用，或晒制成干草、调制青贮。

（5）防止农药中毒。喷洒过农药的蔬菜、饲草、饲料及其附近的杂草、饲草都不能作为饲料喂给动物，一般应在下过雨后或等1个月以后才能作为饲料饲喂。

 任务书

一、任务分组

填写任务分组信息表，见表2－2－1。

表2－2－1 任务分组信息表

任务名称			
小组名称		所属班级	
工作时间		指导教师	
团队成员	学号	岗位	职责
团队格言			
其他说明	分组任务实施过程中，各组内采用班组轮值制度，学生轮值担任不同岗位，确保每个人都有对接不同岗位的锻炼机会。在提升个人能力的同时，促进小组协作，培养学生团队合作和人际沟通的能力		

二、任务分析

青绿饲料是一类来源广泛、天然含水量大于60％、具有多汁性和柔嫩性、适口性好、消化率高、营养价值较全面的植物性饲料，主要包括天然牧草、人工栽培牧草、青饲料作物、叶菜类、非淀粉质的根茎类和水生植物等。

三、任务实施

1. 天然牧草

天然牧草有_____、_____、_____，以及_____。_____适口性好，采食量高，耐牧。_____粗蛋白含量高，营养价值比较好。_____气味特殊，动物不喜欢采食。_____气味比较淡，但质地坚硬。天然牧草的利用方式主要是_____，也可以在合适的时机将其收割调制成_____或_____。

2. 人工栽培的牧草

我国幅员辽阔，是牧草种质资源最为丰富的国家之一。据有关调查资料表明，我国草地饲用植物达6 704种，但目前我国草地资源未得到合理、高效的利用与开发，其生产力很低。长期以来，由于粗放经营，超载、过牧等不合理利用，草地普遍退化，有的严重沙化，生产力明显下降。伴随着人工草场的发展，我国的生态环境得到了改善，日益丰富的饲草资源也为农牧区畜牧业发展提供了充足的饲料资源，从而为转变畜牧业发展方式指明了方向。人工栽培的牧草品质较好，种类多，产草量比天然草地高3～5倍或更高，在保障家畜饲草供给和畜牧业生产稳定发展中起着重要作用。豆科牧草主要有_____、_____、_____、_____等，适时利用，_____含量高，_____含量低、柔嫩多汁、适口性强、易消化，营养价值高于_____牧草。禾本科牧草主要有_____、_____、_____等，富含无氮浸出物，在干物质中_____的含量为10％～15％，适口性好，没有不良气味，家畜都很爱吃，其优点在于_____，_____，适于_____和多次_____利用。

3. 青饲作物

青饲作物是指农田栽培的农作物或饲料作物，在_____或_____刈割作为青绿饲料使用，包括_____、_____、_____等。_____，茎中糖分含量高，胡萝卜素及其他维生素丰富，味甜多汁，适口性好，消化率高，多茎多穗，是调制_____最好的原料。_____，叶多茎少，叶片宽长，柔嫩多汁，适口性强，可以在_____至_____刈割。_____或_____饲喂猪。刈割产量高，可以饲喂牛、羊、马等草食动物。

4. 叶菜类饲料

_____含量高，为80％～90％，_____变化幅度很大，为16％～30％。大部分是_____，_____含量较高，叶菜类饲料中的_____有苦味。_____有粗硬的刚毛，可以_____与_____拌和使用，或调制成_____或_____。_____又称高秆菠菜、酸模菠菜，不适宜调制成青干草，其中_____含量比较高，适口性差。_____为菊科，多用于青饲，还可以与_____、_____等混合青贮。在使用_____时，要注意鉴别毒草及是否喷洒过农药，以防止中毒。

5. 非淀粉质根茎类饲料

这类饲料水分含量高达 70%～90%。_____适合生喂，可以改善饲粮的口味，调节消化机能。_____不适合长期饲喂种公羊和去势的公羊，否则容易引起尿道结石。刚刚收获的甜菜含有大量的_____，不能立即饲喂，否则容易引起腹泻。

6. 水生饲料

有三水一萍，分别是_____、_____、_____和_____。南方是水资源丰富的地区，可以合理利用水芹菜和水竹叶。但是水生饲料含水量在90%以上，能值低。在使用时要注意搭配一些能值高的饲料，如_____、_____，这样才能满足动物营养的需要。

7. 进行青绿饲料种类的识别

根据任务方案和任务分组信息表(表 2-2-1)，明确各岗位(牧草采集员、牧草分类员、牧草识别员和信息录入员)职责，选出组长，组织各组员分工协作，将不同岗位的工作记录填入青绿饲料识别工作记录表(表 2-2-2)。

表 2-2-2　青绿饲料识别工作记录表

岗位名称	岗位职责	工作记录	完成人
牧草分类员	采集牧草		
牧草搬运工	将采集饲草进行分类		
牧草识别员	正确识别牧草		
信息录入员	记录各项检查项目结果，填写相关表格		
工作总结			

恭喜你已完成青绿饲料的认识与合理利用任务的全过程实施。如果对于某些知识和技能要点仍有疑问，可扫码获取相应的微课资源。

青绿饲料的识别与利用

四、任务评价

1. 小组自检

首先进行个人自检，即每名组员根据自己所在岗位，按照任务实施步骤进行复盘，并在下方空白处记录任务实施要点或关键数据。

个人自检记录：

完成个人自检的组员可以向组长提交任务完成审核申请。组长参照任务分组信息表（表2-2-1），根据任务要求和实验室安全规范，进行组内检查，并组织开展组员间检查，填写组内检查记录表（表2-2-3），完成组内检查。

表2-2-3　组内检查记录表

任务名称			
小组名称		所属班级	
检查项目	问题记录	改进措施	完成时间
任务总结			
组员个人提出的建议		说明：如果本次任务组内检查中未提出建议，则不需要填写	
组员个人收到的建议		说明：如果本次任务组内检查中未收到建议，则不需要填写	

2. 提交验收

各任务小组完成组内检查后，将组内检查记录表提交至教师处。教师在各小组抽调学生组成任务验收组，针对各任务小组提交的材料进行验收，并指出各小组存在的问题，给予改进意见，并填写任务验收表（表2-2-4）。

表2-2-4　任务验收表

任务名称			
小组名称		验收组成员	
任务概况	问题记录	改进意见	验收结果（通过/撤回）
组员个人提出的验收建议		说明：如果未参加本任务验收工作，则不需要填写	
组员个人收到的验收建议		说明：如果本任务验收中未收到建议，则不需要填写	
完成时间			
是否上传资料			

3. 结果与评价

各小组根据验收意见进一步整改后，将任务相关材料上传至线上课程资源库，方便实时查阅。教师组织结果与评价会议，各小组展示任务完成结果（选一名组员介绍任务完成过程，可以配合任务完成过程中录制的视频或配合讲义、图片等辅助完成展示过程），教师组织完成组内自评、组间互评和教师评价，并填写任务考核评价表（表2-2-5）。

表 2-2-5　任务考核评价表

评价项目	评价内容	分值	组内自评（20%）	组间互评（20%）	教师评价（40%）	第三方评价（20%）	总分
职业素养（40%）	工作态度积极	10					
	沟通能力良好，主动与他人合作	10					
	尽职尽责完成工作任务	10					
	坚持尊重生命，保证动物健康生长的理念	10					
岗位技能（60%）	熟知不同青绿饲料的营养特性	15					
	可进行青绿饲料的合理利用	15					
	能正确识别青绿饲料	20					
	任务记录及时、准确，材料整理快速、完整	10					

特色模块◎专业拓展

随着吉林省"秸秆变肉"暨千万头肉牛建设工程的实施，越来越多的养殖户加入养牛的行业。青绿饲料作为牛的主要饲料之一，如饲喂或储存不当，容易导致牛的中毒。

**肉牛氢氰酸中毒、硝酸盐或亚硝酸盐
中毒、有机磷中毒的防治措施**

任务2.3 青贮饲料的加工方法与品质鉴定

🧰 任务描述

青贮可以很好地保存青绿饲料的营养特性，又是青绿饲料在冬季延续利用的一种形式。青贮可改善饲料的质地，粗饲料适时抢收，经青贮发酵后就可以成为家畜良好的饲料。只有掌握青贮饲料的原理和方法，才能帮助养殖户加工出品质优良的青贮饲料。

清晰的思路可以有效提升任务的实施成效，达到事半功倍的效果。青贮饲料的加工方法与品质鉴定如图2-3-1所示。通过任务分析、设计完成方案、完成知识储备和技能训练，并通过二维码为其知识点讲解微课等立体化学习资源，突破学习障碍，顺利完成任务和综合评价。

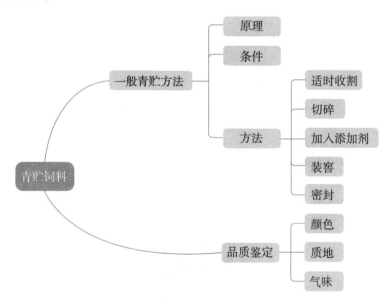

图 2-3-1 青贮饲料的加工方法与品质鉴定

📖 学习目标

1. 熟知青贮饲料的营养特点、原理。
2. 可进行常规青贮饲料的加工。
3. 在生产实践中，以细心、耐心的工作态度，加工出品质优良的青贮饲料。

📖 知识储备

一、青贮饲料的营养特点

青贮饲料是一种营养价值完善、适口性好、易于消化的饲料。它富含水分、多种维生素、矿物质和品质优良的粗蛋白质，将它在密封厌氧条件下经乳酸菌发酵调制成青贮饲料，仍能保持青绿饲料的新鲜状态。优良的青贮饲料仍为青绿色，含水量达到70%左右。青贮尤其能有效地保存青绿植物中的蛋白质和胡萝卜素，同时由于微生物的发酵，还可以使青贮饲料增加少量的B族维生素。在调制青贮的过程中，蛋白质有些减少，但含氮物质总量损失极少。

青贮饲料能有效地保存原料中的营养成分，青贮后营养损失量仅为3%～10%，而晒制干草的营养损失量可达30%～50%。青贮饲料不仅能保持青绿饲料的营养特性，而且其干物质中各种有机物的消化率也接近于青绿饲料。

二、青贮饲料的利用

青贮饲料一般经过40～50 d即可完成发酵并可开窖使用。青贮饲料虽然是品质好的饲料，但绝不是动物唯一的饲料。在使用青贮饲料时，必须与精饲料和其他种类饲料合理搭配，以满足不同动物、不同生产性能的营养需要。

青贮饲料具有酒香味，在开始饲喂时动物不习惯采食，生产中可采用先少喂，以后逐渐增加喂量的方法，使动物有一个适应的过程，也可将青贮饲料与其他饲料混合饲喂。

青贮饲料一旦开窖使用，就必须按每天的用量连续取用。饲料取出后应及时用塑料膜盖好，以免与空气接触而发生变质。若因气候或其他原因造成青贮饲料表面变质，应将此部分饲料弃去，以免引起动物的中毒或其他疾病。在冬季使用青贮饲料时，应注意不能将结冰的饲料直接喂给家畜，尤其是妊娠状态下的母畜，必须经融化才能饲喂，否则容易引起母畜流产。

三、青贮饲料的发展趋势

一般青贮方法对饲料原料的要求较高，因此使用一般青贮方法可储存的原料种类有限。为了扩大饲料原料、获得营养价值更高的青贮饲料，可采用半干青贮、混合青贮、添加剂青贮的方法。

1. 半干青贮

青贮原料收割后，经1～2 d的风干晾晒，使原料中的含水量降至45%～55%。此时植物细胞渗透压改变，这种风干原料可以使腐败菌、酪酸菌、乳酸菌的生长繁殖受到阻碍。因此在青贮过程中，微生物发酵程度减弱，蛋白质分解减少，有机酸形成量少。虽然有一些霉菌在半干青贮原料中还可存活，但随着厌氧条件的形成，各种好气性微生物将逐渐消失。

因为半干青贮原料中的微生物处于半厌氧状态，所以原料中糖分及乳酸菌的数量、

pH 值的高低，对于这种青贮方法没有太大的影响。正因为如此，用一般青贮方法不易青贮的原料，用半干青贮法可以顺利达到保鲜的目的。

2. 混合青贮

不同的饲料原料具有不同的优点与缺点。如果将两种或两种以上的饲料原料进行混合青贮，相互取长补短，不仅青贮容易成功，而且调制出来的青贮品质更好。

混合青贮有以下三种类型。

(1)青贮原料含水量过高，干物质含量较少时，可与干物质含量较高的原料混合青贮。

(2)如果饲料原料中所含的可溶性糖较少时，青贮不易成功，但与富含可溶性糖的原料混合，就容易进行青贮。

(3)为了提高青贮饲料的营养价值，可以调制配合青贮饲料。

3. 添加剂青贮

添加剂青贮是指在青贮的过程中添加一定量的某些物质，促进乳酸的发酵，抑制有害菌的繁殖，避免开窖后青贮饲料的腐败，是改善青贮饲料营养价值的一种青贮方法。青贮饲料添加剂可分为发酵促进剂、发酵抑制剂和营养性添加剂三类。

(1)发酵促进剂。为了促进乳酸菌的发酵过程，可在青贮时添加一些微生物制剂或者碳水化合物。添加微生物制剂的目的是协同乳酸菌在厌氧的条件下与其他微生物竞争并占统治地位，且可以大量产生乳酸，加快青贮的过程。添加碳水化合物的目的是为乳酸菌的繁殖提供能量，这种方法对于青贮豆科作物有良好的作用。一般常使用的碳水化合物为糖蜜，其用量为原料重的 $1\% \sim 3\%$，如用粉碎的谷物，其用量一般为原料重的 $3\% \sim 10\%$。

(2)发酵抑制剂。目前使用较多的发酵抑制剂为甲酸及甲酸盐、丙酸、甲醛。

甲酸处理青贮的干物质消化率、采食量均比不加甲酸要高，并可提高乳畜的产乳量。甲酸用量一般为：100 kg 鲜草，用稀甲酸(85%甲酸稀释 20 倍)8 L 或用 85%甲酸 0.4 L，禾本科牧草添加量为鲜重的 0.3%，豆科牧草为 0.5%，混播牧草为 0.4%。

丙酸有控制发酵的功能，可以减少氨、氮的产生，控制发酵的温度，还可以刺激乳酸菌的生长，提高动物对青贮饲料的干物质采食量。丙酸用量为每立方米青贮加 1 L 丙酸，直接喷洒。

(3)营养性添加剂。营养性添加剂主要用于改善青贮饲料的营养价值，对青贮发酵一般不起有益作用。

尿素是青贮常用的营养性添加剂，在青贮中添加尿素，可以提高青贮饲料的非蛋白氮的含量，为反刍动物瘤胃微生物提供氮源，其添加量为青贮鲜重的 0.5%。氨水虽能增加青贮饲料的氮含量，但因其可使青贮饲料的 pH 值升高，故使用时应慎重，一般用量不能超过青贮饲料鲜重的 1.7%。

四、青贮饲料的品质鉴定

在现场，一般根据颜色、气味和质地等指标，采用感官鉴定法来鉴定青贮饲料的品质。优良的青贮饲料呈黄绿色或青绿色，接近原料颜色，呈芳香或酒香味，质地湿润松散，保持茎叶花原状。劣质的青贮饲料往往呈黑色或墨绿色，带有刺鼻臭味、霉味，腐烂成块无结构，发黏，滴水。

 任务书

一、任务分组

填写任务分组信息表，见表 2 - 3 - 1。

表 2 - 3 - 1　任务分组信息表

任务名称			
小组名称		所属班级	
工作时间		指导教师	
团队成员	学号	岗位	职责
团队格言			
其他说明	分组任务实施过程中，各组内采用班组轮值制度，学生轮值担任不同岗位，确保每个人都有对接不同岗位的锻炼机会。在提升个人能力的同时，促进小组协作，培养学生团队合作和人际沟通的能力		

二、任务分析

青贮饲料是用青贮的方法调制而成的青绿多汁饲料。青贮的方法包括_____、_____、_____。

1. 一般青贮原理

青贮原料在_____环境中，可使_____大量繁殖，乳酸菌将饲料中的_____和_____转变为乳酸，当_____积累到一定浓度时，便可抑制腐败菌等有害菌的生长。当乳酸积累到达高峰，其 pH_____时，乳酸菌的活动减弱，甚至完全停止，至此青贮饲料处于厌氧及酸性环境中得以长期保存。

2. 一般青贮条件

青贮成败的关键在于乳酸菌是否能大量迅速繁殖。为了使乳酸菌大量繁殖，并成功地进行饲料青贮，必须提供一定的条件。

(1)青贮原料中富含_____可发酵的碳水化合物。通常谷物类作物、禾本科牧草富含可溶性糖分，所以这类饲料原料更容易青贮成功。

(2)青贮过程中必须有适量的水分。一般认为适宜乳酸菌繁殖的水分含量为_____，豆科牧草的水分含量为_____。

(3)饲料原料应具有较低的_____。一般禾本科牧草的缓冲力低于豆科牧草，玉米的缓冲力更低。

(4)青贮时应具有适合乳酸菌繁殖的适宜温度。一般认为温度在_____即可满足乳酸菌的需要。

(5)应保持_____。为此青贮设备表面要光滑，青贮原料切碎并压实，在填装饲料时将青贮设备中的空气排净。

三、任务实施

1. 适时收割

青贮原料要求水分在70%左右，判断方法：_____。水分过高时，要_____；水分过低时，在青贮过程中_____。根据当前农村的实际情况，一般在玉米果穗成熟，而玉米秆下部仅有1~3片叶子枯黄时收割，此时收割产量高，含水量适宜，青贮效果好。

2. 切碎

喂牛长度约为_____cm，喂羊长度约为_____cm。

3. 加入添加剂

原料切碎后立即加入添加物，目的是让原料_____。可添加2%~3%的糖、甲酸(每吨青贮原料加入3~4 kg含量为85%的甲酸)、淀粉酶和纤维素酶、尿素、硫酸铵、氯化铵等铵化物。

4. 装窖

先在窖底铺上一层_____，以便吸收下沉的青贮汁液。然后逐层装填碎秸秆，装一层踩实一层。

5. 密封

当青贮原料装至超过窖口_____以上时，压实后在表面撒上_____。然后用足够大的塑料薄膜盖住，在塑料薄膜上压上_____，或用_____，以利排水。经40 d左右即可开窖使用。

6. 平时应注意的问题

要常到窖边观察塑料布有无_____、_____情况，若有要及时补好。雨天要疏通窖周围的排水沟，以免雨水流入窖内，浸坏饲草。

7. 制作青贮饲料并进行品质鉴定

根据任务方案和任务分组信息表(表2-3-1)，明确各岗位(秸秆刈割员、切碎工、青贮员、品质鉴定员和信息录入员)职责，选出组长，组织各组员分工协作，将不同岗位的工作记录填入青贮饲料制作及品质鉴定工作记录表(表2-3-2)。

表 2-3-2 青贮饲料制作及品质鉴定工作记录表

岗位名称	岗位职责	工作记录	完成人
秸秆刈割员	适时地刈割玉米		
切碎工	对刈割的玉米进行切短操作		
青贮员	对切短玉米进行青贮操作		
品质鉴定员	用感官鉴定法鉴定青贮饲料品质		
信息录入员	记录各项检查项目结果，填写相关表格		
工作总结			

恭喜你已完成青贮饲料任务的全过程实施。如果对于某些知识和技能要点仍有疑问，可扫码获取相应的微课资源。

青贮饲料

四、任务评价

1. 小组自检

首先进行个人自检，即每名组员根据自己所在岗位，按照任务实施步骤进行复盘，并在下方空白处记录任务实施要点或关键数据。

个人自检记录：

完成个人自检的组员可以向组长提交任务完成审核申请。组长参照任务分组信息表（表 2-3-1），根据任务要求和实验室安全规范，进行组内检查，并组织开展组员间检查，填写组内检查记录表（表 2-3-3），完成组内检查。

表 2-3-3 组内检查记录表

任务名称			
小组名称		所属班级	
检查项目	问题记录	改进措施	完成时间
任务总结			
组员个人提出的建议		说明：如果本次任务组内检查中未提出建议，则不需要填写	
组员个人收到的建议		说明：如果本次任务组内检查中未收到建议，则不需要填写	

2. 提交验收

各任务小组完成组内检查后,将组内检查记录表提交至教师处。教师在各小组抽调学生组成任务验收组,针对各任务小组提交的材料进行验收,并指出各小组存在的问题,给予改进意见,并填写任务验收表(表2-3-4)。

表2-3-4　任务验收表

任务名称			
小组名称		验收组成员	
任务概况	问题记录	改进意见	验收结果(通过/撤回)
组员个人提出的验收建议		说明:如果未参加本任务验收工作,则不需要填写	
组员个人收到的验收建议		说明:如果本任务验收中未收到建议,则不需要填写	
完成时间			
是否上传资料			

3. 结果与评价

各小组根据验收意见进一步整改后,将任务相关材料上传至线上课程资源库,方便实时查阅。教师组织结果与评价会议,各小组展示任务完成结果(选一名组员介绍任务完成过程,可以配合任务完成过程中录制的视频或配合讲义、图片等辅助完成展示过程),教师组织完成组内自评、组间互评和教师评价,并填写任务考核评价表(表2-3-5)。

表2-3-5　任务考核评价表

评价项目	评价内容	分值	组内自评(20%)	组间互评(20%)	教师评价(40%)	第三方评价(20%)	总分
职业素养(40%)	工作态度积极	10					
	沟通能力良好,主动与他人合作	10					
	尽职尽责完成工作任务	10					
	具有细心和耐心	10					

评价项目	评价内容	分值	组内自评（20%）	组间互评（20%）	教师评价（40%）	第三方评价（20%）	总分
岗位技能（60%）	适时收割青绿饲料	15					
	准确判断青绿饲料含水量	10					
	压实饲料，尽量排出空气	10					
	青贮出品质优良饲料	20					
	任务记录及时、准确，材料整理快速、完整	5					

特色模块◎专业拓展

　　青贮饲料添加剂主要可分为发酵促进剂、发酵抑制剂及养分性添加剂三类。前两类是掌握发酵程度的，可通过促进乳酸发酵（促进剂）和抑制部分或全部微生物的生长（抑制剂）来实现；第三类添加剂，在制作青贮时加到原料中，可改善青贮饲料的养分价值。

青贮饲料添加剂及其应用

任务 2.4　能量饲料的划分与使用

🧰 任务描述

动物的所有活动，如呼吸、心跳、血液循环、生长、生产等都需要能量。如果没有能量，畜禽就不能存活，更谈不上生产性能高低的问题。因此必须熟知不同能量饲料的营养特点，才能合理使用能量饲料，进而保证养殖户畜禽正常的生长发育。

清晰的思路可以有效提升任务的实施成效，达到事半功倍的效果。能量饲料的划分与使用如图 2-4-1 所示。通过任务分析、设计完成方案、完成知识储备和技能训练，并通过二维码为其知识点讲解微课等立体化学习资源，突破学习障碍，顺利完成任务和综合评价。

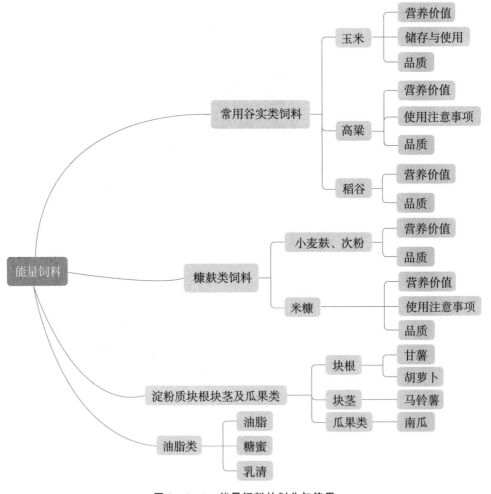

图 2-4-1　能量饲料的划分与使用

 学习目标

1. 熟知能量饲料的分类。
2. 清楚不同种类能量饲料的营养特点。
3. 在生产实践中，以耐心、专注的精神，合理使用能量饲料。

知识储备

一、谷实类饲料

1. 谷实类饲料的营养特性

谷实类饲料作为能量饲料的主要类型，其营养特性总结如下。

(1)无氮浸出物含量高。谷实类饲料的无氮浸出物含量高，其中主要是淀粉，约占无氮浸出物 82%～90%，占干物质的一半以上。

(2)粗纤维含量低。谷实类饲料中的粗纤维含量平均为 2%～6%，因此这类饲料的消化率较高，可利用能值高。

(3)蛋白质含量低，必需氨基酸含量不足。谷实类饲料的蛋白质平均含量为 10% 左右，很难满足动物对蛋白质的需要。蛋白质中某些必需氨基酸的含量也不足，特别是赖氨酸和甲硫氨酸，这类饲料的第一限制性氨基酸几乎都是赖氨酸。

谷实类饲料的蛋白质含量低、质量差，其生物学价值只有 50%～70%，用此类饲料饲喂单胃动物，必须与其他蛋白质、氨基酸质量均优的饲料配合使用，才能获得良好的饲养效果。

(4)矿物质含量不平衡。谷实类饲料的含钙量一般较低，而磷的含量相对较高，钙磷比例对任何动物都是不适宜的。况且这类饲料中的磷主要是植酸磷，它对单胃动物的利用率极低，并且植酸磷还可以干扰其他矿物质的利用率，因此在使用谷实类饲料时应注意钙与有效磷的比例。

(5)维生素含量不平衡。谷实类饲料中一般含有较丰富的维生素 B_1、烟酸、维生素 E，但缺乏维生素 B_2，这对于单胃动物的生长和繁殖都是不利的。谷实类饲料中尤其缺乏维生素 A 和维生素 D。

总之，谷实类饲料的营养特性突出表现为"一高三低"(能量高，蛋白质氨基酸含量低、钙含量低、维生素含量低)。在使用此类饲料时，应注意与饼粕类饲料、鱼粉、合成氨基酸合理搭配。

2. 常用谷实类饲料

(1)玉米。玉米是各种畜禽饲料的主要组成部分，尤其对单胃动物来说，玉米更是基础饲料。由于玉米产量高，能量含量也高，作为能量饲料，玉米在各种谷实类饲料中排行首位。

①玉米的营养价值。玉米因种类、产地不同，其营养价值会有一定的差异。除了常

规种植的玉米类型，目前还有一些新玉米品种，比如高赖氨酸玉米、高蛋白玉米、高油脂玉米、低植酸玉米，这些新品种玉米各有其特殊的营养价值，有待于在今后的畜禽配方中加以利用。

一般玉米中无氮浸出物含量高，粗纤维含量很低，仅为2%，加之玉米的脂肪含量较高，因此玉米是谷实类饲料中可利用能量最高的。

玉米含粗脂肪约4%，在谷物籽实中属于脂肪含量较高的一种，主要为玉米胚芽油，其必需脂肪酸含量高达2%，是谷物中含量最高的。

玉米中蛋白质含量低且品质差。一般蛋白质平均含量为8%，特别缺乏赖氨酸、甲硫氨酸、色氨酸等畜禽需要的必需氨基酸。因此，在使用玉米时，需用饼粕、鱼粉、合成氨基酸加以调配。

玉米中所含各种矿物质、微量元素基本上不能满足畜禽的营养需要。其含钙量仅为0.02%，含磷量为0.25%，但50%~60%是植酸磷，同时铁、铜、锰、锌、硒等微量元素含量较低，必须补充相应的矿物质和微量元素添加剂才能有较好的饲养效果。

黄玉米中含有丰富的胡萝卜素及维生素E，维生素B_1含量也较多；但玉米中缺乏维生素D、维生素K、维生素B_2和烟酸。

黄玉米中含有较多的叶黄素及玉米黄质，因此用黄玉米喂蛋鸡、肉鸡、乳牛，可以改善蛋黄、皮肤和奶油的色泽，尤其对蛋黄的着色有显著的效果。但不同地区、不同国家对肉鸡肤色要求不同，饲养者在选择玉米时，应考虑这一点。

②玉米的储存与使用。含水量高的玉米，不仅营养含量低，而且不易保存。尤其是北方地区收获的春玉米，含水量可达20%以上，储存时极易发霉变质，特别是黄曲霉菌感染严重，因此入仓的玉米水分含量要求在14%以下。玉米在储存过程中，其品质随储存时间的延长而下降，尤其是维生素含量和有效能降低明显。如果玉米原料中破碎粒过多或储存不当，霉菌及其毒素对玉米的品质影响更大，甚至造成中毒症状。所以选择玉米原料时，应破碎粒越少越好，同时注意整粒保存。另外，玉米的储存期不要过长。

玉米的适口性很好，能量含量很高，是单胃动物良好的能量饲料。在猪、鸡的配合饲料中，玉米所占比例约为60%。但在肥育后期猪的饲料中应控制玉米的喂量，以避免胴体变软、背膘变厚。

③玉米的品质。玉米的感官性状：籽粒整齐、均匀，色泽黄色或白色，无发酵、霉变、结块及异味、异臭。

（2）高粱。

①高粱的营养价值。高粱的蛋白质含量虽高于玉米，但其品质和玉米相似，缺乏赖氨酸、色氨酸和含硫氨基酸，与畜禽的营养需要相差甚远。此外，高粱的蛋白质与玉米相比，更不易消化。

高粱中碳水化合物、脂肪、必需脂肪酸的含量均低于玉米，但饱和脂肪酸的含量稍高于玉米。

高粱中含有与玉米相当的维生素B_2、维生素B_6、泛酸、烟酸、生物素含量高于玉米，但烟酸、生物素的利用率较低。

高粱中的矿物质含量及微量元素含量除铁外，均不能满足畜禽的营养需要。在总磷含量中，约有一半以上的植酸磷，同时还含有一定量的单宁，这两种物质均会影响饲料中其他营养物质的消化、吸收、利用。

②高粱使用的注意事项。高粱中单宁的含量与品种有关，一般黄谷高粱和白高粱中单宁含量较低，褐高粱中单宁含量较高。鸡对单宁较为敏感，饲料中添加0.5％即可导致其生长受阻，添加量达5％时，7～11日龄雏鸡就会死亡。饲喂高单宁高粱，还可引起雏鸡关节肿胀，产生胫骨短粗症。高单宁高粱在畜禽饲料中的用量应控制在10％以内。

③高粱的品质。高粱的感官性状：籽粒整齐、均匀，色泽新鲜一致，无发酵、霉变、结块及异味、异臭。含水量小于14％。

（3）稻谷。

①稻谷的营养价值。稻谷中含有8％左右的粗蛋白质、60％以上的无氮浸出物和8％左右的粗纤维。稻谷中缺乏各种必需氨基酸，尤其是赖氨酸、甲硫氨酸、色氨酸不能满足单胃动物的营养需要。另外，稻谷中所含的矿物质和微量元素也较为缺乏。因此，若将稻谷用作能量饲料，需继续经过脱壳处理，同时与其他蛋白质饲料配合使用，并增加一定量的微量元素。

糙米是稻谷退壳后剩下的颖果。糙米中无氮浸出物含量过高，因此有效能值高，是一种良好的能量饲料。糙米中的蛋白质含量较低且品质不良，与高粱的蛋白质含量接近，而低于小麦。除微量元素锌、锰含量较高以外，其他矿物质、微量元素含量均不能满足单胃动物的营养需要。

②稻谷的品质。稻谷的感官性状：籽粒整齐、均匀，色泽新鲜一致，无发酵、霉变、结块及异味、异臭。含水量小于14％。

二、糠麸类饲料

糠麸类饲料主要包括两种：一是小麦加工副产品小麦麸和次粉；二是稻谷加工副产品米糠。

1. 小麦麸、次粉

（1）小麦麸、次粉的营养价值。

①小麦麸。小麦麸是一种来源广、数量大的能量饲料。其适口性好，质地疏松，含有适量的粗纤维和硫酸盐类，也具有一定的轻泻作用，可防止便秘，是妊娠后期和哺乳母畜良好的饲料。

小麦麸的粗蛋白质含量约为15％，虽含量较高，蛋白质中各种氨基酸的含量也高于小麦，但必需氨基酸的含量还不能满足畜禽的营养需要。小麦麸中含有丰富的维生素，尤其是B族维生素和维生素E含量更丰富，但其中烟酸的利用率较低。

小麦麸中富含矿物质，尤其是铁、锰、锌等微量元素，但缺乏常量元素钙。小麦麸中虽植酸磷含量较高，但含有活性较高的植酸酶，因此磷的利用率有所提高。

小麦麸的粗纤维含量较高，约占干物质的10％，因此有效能值相对较低。在生产实际中，常利用这一特点来调节饲料的能量浓度，以达到限饲的目的。

②次粉。次粉中的粗蛋白质含量稍低于小麦麸，但粗纤维、粗灰分含量均明显低于小麦麸，因此次粉的有效能值远高于小麦麸。质量良好的次粉其消化能和代谢能均较高。对于肥育畜禽而言，次粉的肥育效果优于小麦麸，几乎与玉米的肥育效果相等。

(2)小麦麸的品质。小麦麸的感官性状：稀碎屑状，色泽新鲜一致，无发酵、霉变、结块及异味、异臭。含水量小于13%。

2. 米糠

(1)米糠的营养价值。米糠中的蛋白质含量、赖氨酸含量均高于玉米，但与畜禽的营养需要相比，仍显偏低。国产米糠脂肪含量较高，约为16%，且大部分为不饱和脂肪酸。国产米糠的粗纤维含量为6%左右，加之脂肪含量较高，米糠的有效能值高于小麦麸和次粉。从米糠中矿物质和维生含量来看，与其他谷实类饲料及其副产品一样，钙少磷多，且主要是植酸磷；微量元素铁、锰含量较高，但缺铜；B族维生素含量丰富，但缺维生素 A、维生素 C、维生素 D。

(2)米糠使用的注意事项。米糠中含有胰蛋白酶抑制剂，且活性较高，若不经处理及大量饲喂，可导致饲料蛋白质消化障碍，使雏鸡胰腺肿大。如果米糠中掺入稻壳，米糠的营养价值会明显下降，若用此种米糠喂鸡，会抑制鸡的生长发育。

新鲜米糠适口性很好，各类畜禽都爱吃，尤其适于喂猪。但由于米糠中脂肪含量较高，若贮藏不当，则容易被氧化而酸败。此时米糠适口性很差，可引起畜禽严重腹泻，甚至死亡。因此，在生产中要求使用新鲜米糠。新鲜米糠在畜禽饲料中比例不能过高，否则会影响肥育家畜的胴体品质，引起仔畜腹泻，降低蛋鸡产蛋性能和肉鸡的日增重。

为了使米糠易于长期保存，且增加其适口性，可将米糠加工为脱脂米糠饼或脱脂米糠粕。这样既可保证饲喂安全，又可增加米糠在饲料中的比例。

(3)米糠的品质。米糠的感官性状：淡黄灰色的粉状，色泽新鲜一致，无酸败、霉变、结块、虫蛀及异味、异臭。含水量小于13%。

三、淀粉质块根块茎及瓜果类饲料

自然条件下的淀粉质块根块茎及瓜果类饲料中干物质含量稍低，一般平均为20%。其中，薯类干物质含量可达30%左右，而瓜果类的干物质只有10%以下。以干物质计算，此类饲料中粗纤维含量不足10%，粗蛋白质含量仅为5%～10%，所以此类饲料在脱水或按干物质计算时才属于能量饲料。

1. 块根类饲料

常见的块根有胡萝卜、甜菜、甘薯和木薯等。

(1)甘薯。甘薯是我国种植最广、产量最大的薯类作物。甘薯的干物质中无氮浸出物含量高，并且在无氮浸出物中淀粉的含量较高，粗纤维、粗蛋白质、必需氨基酸含量低，因此甘薯有效能含量高，是一种很好的能量饲料。

甘薯中的黄色品种含有较多的胡萝卜素，有些品种在新鲜状态下，胡萝卜素含量高达 110.9 mg/kg，但一般甘薯的其他维生素含量是极缺乏的。

甘薯中的矿物质和微量元素含量也较低，与畜禽的营养需要相比，相差甚远。

甘薯若保存不当，则易受微生物感染而患黑斑病。带有黑斑的甘薯饲喂家畜，会导致腹泻，严重者可出现死亡。因此，在甘薯产量较大的地区，可将甘薯切片晾干，以便保存备用。

甘薯一般以熟喂的效果更好。熟甘薯蛋白质消化率高，动物的采食量也高，对生长育肥家畜是有利的。

(2)胡萝卜。胡萝卜是畜禽补充维生素 A 的良好来源。1 kg 鲜胡萝卜中含有胡萝卜素 80 mg。通常情况下，胡萝卜不用于为畜禽提供能量，而是用于各种畜禽的维生素 A 原的供给，尤其对种公畜和繁殖母畜有良好的作用。

2. 块茎类饲料

常用的块茎有马铃薯、球茎甘蓝、菊芋等。

马铃薯是我国重要的蔬菜作物，一般含干物质 20% 左右。其中大部分是无氮浸出物，粗纤维含量低，而且主要是半纤维素。所以马铃薯能量含量较高，是肥育猪良好的饲料之一。各种动物对马铃薯的消化率均较高，而且煮熟后的效果更好，可提高饲料的适口性和消化率，使家畜的增重明显。

饲喂马铃薯要防止龙葵碱中毒。一般成熟的马铃薯中龙葵碱含量极微，不会引起动物的中毒。但绿色的未成熟的马铃薯或块茎储存不当而发芽、变绿发紫时，龙葵碱明显增加，尤其是芽眼周围含量更高，饲喂这样的马铃薯会引起动物的中毒。

马铃薯必须保存在干燥、凉爽、无阳光直射的地方，以防止发芽变绿。如发芽变绿应削去绿皮，挖掉芽眼，并放在水中浸泡 30～60 min，沥去残水，充分蒸煮。经过处理的马铃薯可以限量饲喂，但繁殖家畜不能饲喂。

3. 瓜果类饲料

瓜果类饲料中最具代表性的是南瓜。南瓜中虽干物质含量较低，但干物质中约 2/3 为无氮浸出物，按干物质计算，南瓜的有效能值与薯类相近。另外，肉质越黄的南瓜，其中胡萝卜素的含量越高。切碎的南瓜适合饲喂各种家畜，煮熟的南瓜更适合喂猪。

四、油脂类饲料

油脂类饲料主要包括油脂、糖蜜、乳清。

1. 油脂

(1)油脂的分类及特点。油脂包括动物脂肪和植物油两种。动物脂肪是屠宰场将动物屠宰的下脚料经加工处理得到的产品，在常温下是固体状态，含代谢能 35 MJ/kg，是玉米所含能量的 2.5 倍。动物脂肪除能提高饲料的能量水平外，还可以改善饲料的适口性，减少饲料的粉尘污染，仔畜代乳料中动物脂肪的添加量为 15%～20%。

植物油在常温下大部分为液体状态。植物油与动物脂肪的最大区别是含有较多的不饱和脂肪酸，其代谢能值为 37 MJ/kg，比动物脂肪有效能值含量高。

(2)使用油脂的注意事项。

①动物饲料中添加油脂后，能量浓度增加，因此应相应增加饲料中其他营养物质的水平。

②针对不同动物的种类选择不同的油脂，尤其考虑饱和脂肪酸与不饱和脂肪酸的

比例。

③无论是动物脂肪还是植物油，常温下保存时间过长均会发生氧化酸败。为了防止氧化的发生，应在脂肪中添加一定量的抗氧化剂。

④不能使用劣质油脂，以避免动物食用后中毒。

⑤生长肥育后期的动物不能饲喂高脂肪含量的饲料，以避免胴体品质变差，皮下脂肪过多。

2. 糖蜜

糖蜜又称糖浆，是制糖过程中不能结晶的残余部分。糖蜜的营养价值因加工原料不同而有差异。一般糖蜜中仍含有一定量的蔗糖，并含有相当多的有机物和无机物，水分含量为20%～30%，粗蛋白质含量为4%～10%，其中大部分为非蛋白含氮物。糖蜜中矿物质含量较高。糖蜜的适口性很强，是一种低热量、低蛋白的产品，但具有一定的轻泻作用，且黏度较大。因此，使用糖蜜时，应注意添加量不能过大，并应与其他饲料混合使用。一般要求家禽日粮中不得超过20%，猪的日粮中不得超过25%，否则将出现腹泻。

3. 乳清

乳清是生产乳制品的副产品。乳清水分含量很高，干物质含量仅有5.3%，而干物质中主要是乳糖，乳清蛋白和乳汁含量不多。但乳清干物质中13%～17%的蛋白质品质良好，是幼畜代乳料中不可缺少的饲料原料。乳清的含水量很高，因此生产中通常使用经喷雾干燥后的乳清粉作为饲料原料。

 任务书

一、任务分组

填写任务分组信息表，见表2-4-1。

表2-4-1 任务分组信息表

任务名称			
小组名称		所属班级	
工作时间		指导教师	
团队成员	学号	岗位	职责
团队格言			
其他说明	分组任务实施过程中，各组内采用班组轮值制度，学生轮值担任不同岗位，确保每个人都有对接不同岗位的锻炼机会。在提升个人能力的同时，促进小组协作，培养学生团队合作和人际沟通的能力		

二、任务分析

能量饲料是指在饲料干物质中粗纤维含量_____，粗蛋白质_____的一类饲料。这类饲料包括_____、_____、_____及_____。

三、任务实施

1. 谷实类饲料

谷实类饲料是指禾本科作物的籽实，如_____、_____、_____等，其营养特点为_____含量高，_____含量低，所以适口性好，_____较高，_____高，但_____含量低，且品质差，_____和_____含量不平衡，对于单胃动物的生长和繁殖都是不利的，因此在使用此类饲料时应注意与饼粕类饲料、鱼粉、合成氨基酸合理搭配。

2. 糠麸类饲料

糠麸类饲料是谷实类饲料加工的副产品，制米的副产品是_____，制粉的副产品是_____、_____。米糠中含有_____、_____等抗营养因子，宜熟喂，不适合长期储存，尤其是夏天容易导致动物出现腹泻的现象。_____为小麦加工的副产品，又称为_____，含有适量的_____和_____，也具有一定的轻泻作用，可防止便秘，是妊娠后期和哺乳母畜良好的饲料。_____是面粉与麸皮间的部分，是以小麦籽实为原料磨制各种面粉后获得的副产品之一，_____远高于小麦麸。

3. 淀粉质块根块茎瓜果类饲料

淀粉质块根块茎瓜果类饲料主要有_____、_____和_____等。_____，是我国栽种广泛、产量最大的薯类作物，最宜于喂猪，生喂、熟喂都可，饲用价值近似玉米，切碎后饲喂，饲用价值更高。_____含淀粉量很高，消化能超过玉米，生、熟饲喂均可。发芽马铃薯中含有_____，在饲用前必须去芽，否则可引起中毒。

4. 油脂类饲料

油脂类饲料主要包括_____、_____、_____。油脂类饲料的能值高，其总能和有效能远比一般的能量饲料高。

5. 正确分类能量饲料

根据任务方案和任务分组信息表(表2-4-1)，明确各岗位(能量饲料收集员、能量饲料分类员、能量饲料品质鉴定员和信息录入员)职责，选出组长，组织各组员分工协作，将不同岗位的工作记录填入正确分类能量饲料工作记录表(表2-4-2)。

表 2-4-2　正确分类能量饲料工作记录表

岗位名称	岗位职责	工作记录	完成人
能量饲料收集员	收集校园试验田中能量饲料		
能量饲料分类员	将能量饲料正确分类		
能量饲料品质鉴定员	鉴别饲料品质		
信息录入员	记录各项检查项目结果，填写相关表格		
工作总结			

　　恭喜你已完成能量饲料的划分与使用工作任务的全过程实施。如果对于某些知识和技能要点仍有疑问，可扫码获取相应的微课资源。

能量饲料

四、任务评价

1. 小组自检

　　首先进行个人自检，即每名组员根据自己所在岗位，按照任务实施步骤进行复盘，并在下方空白处记录任务实施要点或关键数据。

　　个人自检记录：

　　完成个人自检的组员可以向组长提交任务完成审核申请。组长参照任务分组信息表（表 2-4-1），根据任务要求和实验室安全规范，进行组内检查，并组织开展组员间检查，填写组内检查记录表（表 2-4-3），完成组内检查。

表 2-4-3　组内检查记录表

任务名称			
小组名称		所属班级	
检查项目	问题记录	改进措施	完成时间
任务总结			
组员个人提出的建议		说明：如果本次任务组内检查中未提出建议，则不需要填写	
组员个人收到的建议		说明：如果本次任务组内检查中未收到建议，则不需要填写	

2. 提交验收

各任务小组完成组内检查后，将组内检查记录表提交至教师处。教师在各小组抽调学生组成任务验收组，针对各任务小组提交的材料进行验收，并指出各小组存在的问题，给予改进意见，并填写任务验收表(表2-4-4)。

表 2 - 4 - 4　任务验收表

任务名称			
小组名称		验收组成员	
任务概况	问题记录	改进意见	验收结果(通过/撤回)
组员个人提出的验收建议		说明：如果未参加本任务验收工作，则不需要填写	
组员个人收到的验收建议		说明：如果本任务验收中未收到建议，则不需要填写	
完成时间			
是否上传资料			

3. 结果与评价

各小组根据验收意见进一步整改后，将任务相关材料上传至线上课程资源库，方便实时查阅。教师组织结果与评价会议，各小组展示任务完成结果(选一名组员介绍任务完成过程，可以配合任务完成过程中录制的视频或配合讲义、图片等辅助完成展示过程)，教师组织完成组内自评、组间互评和教师评价，并填写任务考核评价表(表2-4-5)。

表 2 - 4 - 5　任务考核评价表

评价项目	评价内容	分值	组内自评(20%)	组间互评(20%)	教师评价(40%)	第三方评价(20%)	总分
职业素养(40%)	工作态度积极	10					
	沟通能力良好，主动与他人合作	10					
	尽职尽责完成工作任务	10					
	具有细心和耐心	10					
岗位技能(60%)	熟知不同能量饲料的营养特点	15					
	正确分类能量饲料	15					
	鉴别能量饲料品质	20					
	任务记录及时、准确，材料整理快速、完整	10					

　　随着农业发展速度不断加快，畜牧养殖产业进入全新发展阶段，而畜牧养殖的发展壮大离不开饲料的稳定供应。玉米作为主要的饲料原料，霉变是导致饲料品质下降、安全性受影响的重要原因，可导致饲料的营养价值减弱，适口性下降，还可导致动物进食后出现抵抗力降低、生产性能下降等情况。

**肉牛霉菌毒素中毒
的防治措施**

任务2.5 蛋白质饲料的划分与使用

🧰 任务描述

蛋白质是生命活动最重要的物质基础之一。它的作用是其他营养物质不可代替的，在畜禽营养中占有特殊的地位。因此，必须熟知蛋白质饲料的营养特点，才能合理使用蛋白质饲料，保证养殖户畜禽健康的生长发育。

清晰的思路可以有效提升任务的实施成效，达到事半功倍的效果。蛋白质饲料的划分与使用如图2-5-1所示。通过任务分析、设计完成方案、完成知识储备和技能训练，并通过二维码为其知识点讲解微课等立体化学习资源，突破学习障碍，顺利完成任务和综合评价。

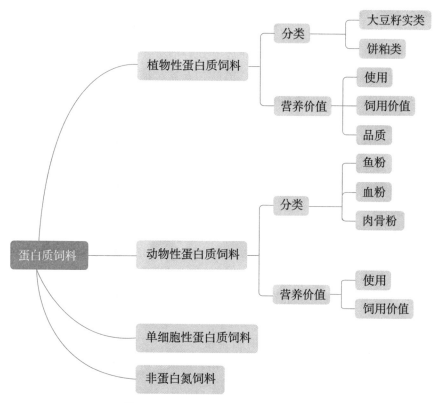

图2-5-1 蛋白质饲料的划分与使用

🔍 学习目标

1. 熟知蛋白质饲料的分类。
2. 清楚不同种类蛋白质饲料的营养特点。

3. 在生产实践中，以科学的态度对待科学，坚持守正创新，不断开发新的蛋白质饲料资源。

⌨ 知识储备

一、植物性蛋白质饲料

1. 大豆籽实

大豆籽实包括黄大豆和黑大豆。相比较而言，黑大豆的粗蛋白质、粗纤维含量略高于黄大豆，而其他营养物质含量略低于黄大豆，因此黄大豆的有效能值较高。

大豆的蛋白质含量一般为34%～39%，必需氨基酸含量高，尤其是赖氨酸含量可达2%以上，但是甲硫氨酸含量较低，是大豆类饲料的第一限制性氨基酸。大豆的粗纤维含量为4%，脂肪含量为17%，因而可利用能值高于玉米。大豆的无氮浸出物含量为26%，常量矿物质含量钙少磷多，且大部分为植酸磷，微量元素中只有铁的含量较为丰富。

大豆籽实中含有多种抗营养因子，包括胰蛋白酶抑制因子、大豆凝集素、胃肠胀气因子、植酸、尿酶及大豆抗原。这些物质或对动物的生长、生产产生不良影响，或对饲料中各种营养物质的利用产生不良影响。因此，大豆必须经过加工处理才能消除抗营养因子的不良作用。目前大豆的膨化是一种较好的处理方法，膨化后的大豆用于幼龄及肉用畜禽的饲料效果很好。

一般大豆籽实直接用作畜禽饲料的比例不高，而经过加工之后的副产品是畜禽良好的蛋白质饲料。近年来，膨化大豆以其适口性好、消化率高、抗原物质和抗营养因子含量低等优点，被应用于早期断乳的仔猪饲料，部分或全部代替豆粕。

2. 饼粕类饲料

饼粕类饲料是油料籽实经过脱油后的副产品。由于脱油方法的不同，所得副产品的名称不同，产品中所含营养成分的多少也不同。油料籽实经压榨法脱油后的副产品为饼，饼中油脂残留量较高，多在4%以上，而其他营养物质的含量相对略低；油料籽实经浸提脱油后的副产品为粕，粕中残留的油脂很少，一般为1%左右。

(1)大豆粕。

①大豆粕的营养价值。大豆饼中油脂含量为5%～7%，而大豆粕中油脂含量仅为1%～2%，因此大豆饼的有效能值高于大豆粕。但大豆饼的粗蛋白质、氨基酸含量低于大豆粕。

大豆粕中富含畜禽所必需的氨基酸，尤其是限制性氨基酸，比如赖氨酸的含量是生长肥育猪需要量的2倍，是蛋鸡需要量的4倍，甲硫氨酸与胱氨酸之和是蛋鸡营养需要量的1倍以上。所以，大豆粕一直作为平衡饲料氨基酸需要量的一种良好饲料而被广泛使用，在我国大豆粕是一种常规的饲料原料。

②大豆粕的使用。大豆粕作为饲料原料必须经过充分的加热处理。因为胰蛋白酶抑制剂、凝集素和脲酶均是不耐热的，通过加热可以破坏这些抗营养因子，从而提高蛋白

质的利用率，改善动物的生产性能。

充分加热的优质大豆粕是各种畜禽良好的饲料，适口性好，饲喂价值是各种粕类饲料中最高的。

③大豆粕的品质。感官性状：大豆饼为黄褐色饼状或小片状，大豆粕为浅黄褐色或淡黄色不规则的碎片状，两者均要求色泽新鲜一致，无发酵、霉变、虫蛀及异味、异臭。含水量小于 13.0%，脲酶活性小于 4.0。

④大豆粕的饲用价值。适当热处理的优质大豆粕的颜色一般为淡黄色至黄褐色，具芳香味，适口性好，是各种畜禽的优质蛋白质饲料。使用时应添加甲硫氨酸，以满足动物的营养需要。其在各种畜禽饲料中的用量占比为：鸡猪 13%～20%，仔猪小于 10%；生长鸡、肉用仔鸡达 20% 以上；奶牛、肉牛 20%～30%。

(2)棉籽粕。棉籽粕是棉花籽实提取棉籽油后的副产品。棉籽完全脱壳后的棉仁脱油所制成的饼粕叫作棉籽粕。

①棉籽粕的营养价值。棉籽粕中的蛋白质含量较高，一般为 34% 以上，但必需氨基酸中赖氨酸的含量较低，只是大豆粕中赖氨酸含量的 50%～60%，同时甲硫氨酸的含量也较低。而棉籽粕中的精氨酸含量很高，是饼粕类饲料中精氨酸含量较高的饲料。此类饲料中赖氨酸与精氨酸的比值远远超出其理想值，容易产生精氨酸和赖氨酸的拮抗作用，因此在日粮中使用棉籽粕原料时，既要补充赖氨酸，又要选择精氨酸含量较少的饲料原料与之配伍，这样才能达到较好的饲喂效果。

棉籽粕的粗纤维含量取决于棉籽脱壳的程度，一般棉籽的粗纤维含量为 15.3%，棉籽粕的粗纤维含量为 13%。棉籽粕的粗纤维含量高于大豆粕，因此有效能值低于大豆粕。

棉籽粕的粗脂肪含量较高，虽然较高的脂肪含量可以提高饲料的能量浓度，同时提供较高水平的维生素 E 和亚油酸，但过高的脂肪含量不利于棉籽粕的储存，容易引起饲料的酸败。

棉籽粕中矿物质含量的特点是钙少磷多，且多数为植酸磷，微量元素铁的含量较高，但硒的含量较低，为此使用棉籽粕时还应注意补充硒元素。棉籽粕的蛋白质含量和代谢能水平均较高，与大豆粕相似。

②棉籽粕的使用。棉籽粕中也含有多种抗营养因子，包括单宁、植酸、环丙烯脂肪酸、游离棉酚。其中最主要的是游离棉酚，具有一定的毒性。游离棉酚排泄速度缓慢，在动物体内可以累积，因此可引起动物的累积性慢性中毒。但在短期大量饲喂棉籽粕时，也可发生急性中毒。

棉籽粕中游离棉酚含量超过 0.05% 即可引起畜禽中毒，其中毒主要发生于猪、鸡、犊牛和羔羊，成年反刍动物很少发病。而棉酚在结合状态下对动物是没有毒害作用的，因为此时棉酚不被动物体吸收，并通过粪便排出体外。因此，利用各种办法使游离棉酚变为结合棉酚即可达到脱毒的目的。棉籽粕的脱毒方法有硫酸亚铁脱毒、固态发酵法脱毒、蒸煮脱毒、膨化脱毒等。其中最常用的脱毒方法为硫酸亚铁。

根据亚铁离子与游离棉酚结合成不被家畜吸收的复合物，使棉酚失去毒性的原理，可用 0.1%～0.2%的硫酸亚铁溶液浸泡棉籽粕，或用 1%～2%硫酸亚铁溶液喷洒在棉籽粕饲料上进行蒸煮，添加量为硫酸亚铁：游离棉酚＝5：1，要求硫酸亚铁溶液与棉籽粕混合均匀。经硫酸亚铁处理后，棉籽粕中游离棉酚的 80%可以被破坏。

不同畜禽对游离棉酚的耐受能力不同：猪的耐受能力最差，鸡次之，反刍动物耐受力最高。因此使用未脱毒的棉籽粕时，不同畜禽的饲料中可使用的限量不同。

在使用棉籽粕时，应注意平衡饲料的氨基酸，即在畜禽饲料中添加合成赖氨酸、苏氨酸、色氨酸，或提高饲料的粗蛋白质水平，均可降低棉酚的毒性，改善饲喂效果，提高动物的生产性能。

棉籽粕中含有的另外一种抗营养因子环丙烯脂肪酸对鸡蛋品质有不良影响，主要表现为蛋黄变硬，鸡蛋蛋清变为粉红色。这不但降低了鸡蛋的商品价值，更主要的是降低了种鸡的产蛋率和种蛋的孵化率。而这种物质通常存在于棉籽粕的残油中，所以当蛋鸡饲料中使用棉籽粕时，含油量应控制在 1%以内。

解决棉籽粕的毒性问题，根本途径应从推广无毒或低毒棉花品种着手。目前我国正在逐年加大无毒棉花的种植面积，这对提高棉籽粕的利用是十分重要的。

③棉籽粕的品质。感官性状：棉籽粕为黄褐色的小瓦片状，色泽新鲜一致，无发酵、霉变、结块、虫蛀及异味、异臭。含水量小于 12.0%。

④棉籽粕的饲用价值。鸡对游离棉酚的耐受力比猪高。若游离棉酚的含量为 0.05%以下时，肉鸡、生长鸡的用量为 10%～20%；产蛋鸡用量为 5%～15%，为避免蛋黄在贮藏期不脱色，在日粮中应控制用量在 3%以下；肉猪用量应控制为 10%～20%，母猪用量控制为 5%～10%。棉籽粕对反刍动物的饲用价值更大，只要不过量饲喂，就没有毒害作用，对犊牛用量可占精饲料的 20%，种公牛可占 30%，肉牛占 30%～40%。若搭配优质粗饲料，补充胡萝卜素和钙，其增重效果更好。在水产饲料中的最高用量控制在35%以下，没有发现有副作用。

(3)菜籽粕。菜籽粕是菜籽榨油后的副产品。

①菜籽粕的营养价值。菜籽粕中粗蛋白质含量在 35%～39%，氨基酸组成较为平衡，含硫氨基酸含量高是菜籽粕的突出特点，且精氨酸含量较低，精氨酸与赖氨酸之间较平衡，各种必需氨基酸基本能满足猪、鸡的营养需要。但菜籽粕中的赖氨酸含量略显偏低，比大豆粕低 40%左右。

菜籽粕中粗纤维含量较高，一般为 12%～13%，因此其有效能值较低，属于低能蛋白质饲料。

菜籽粕中含有维生素 B_1(硫胺素)泛酸、胆碱。

菜籽粕中富含微量元素铁、锰、锌、硒，缺乏微量元素铜，在菜籽粕的总磷中有60%以上的植酸磷。

②菜籽粕的使用。菜籽粕中含毒素量较高，主要起源于芥子苷或含硫苷。它们会严重影响饲料的适口性，同时会导致动物出现甲状腺肿大的问题。

解决菜籽粕的毒性问题，根本途径应从推广无毒或低毒油菜品种着手。"双低(低芥子苷、低异硫氰酸酯)"菜籽粕的营养价值较高，其中的粗蛋白质及各种氨基酸的含量均比普通菜籽粕要稍高，是一种品质较好的蛋白质饲料，可代替大豆粕饲喂畜禽。

对于普通菜籽粕只有进行脱毒处理后，才能保证饲用的安全性。其加工方法有水浸法、热处理法、化学法、微生物法、坑埋法等。其中成本最低的是坑埋法，即将菜籽粕用水按1∶1拌匀后，封埋30～60 d，即可除去大部分毒素。此法一般在地下水位低、气候干燥的地区适用。若菜籽粕不经脱毒处理，其用量应加以限制。适宜的菜籽粕用量取决于饲料的粗蛋白质水平，另外饲粮中添加合成赖氨酸也可以提高菜籽粕的利用效果。

③菜籽粕的品质。感官性状：菜籽饼为褐色的小瓦片状、片状或饼状，菜籽粕为黄色或浅黄色碎片或粗粉状，具有菜籽的香味，色泽新鲜一致，无发酵、霉变、结块、虫蛀及异味、异臭。含水量小于12.0%。

④菜籽粕的饲用价值。菜籽粕在配合饲料中的用量，应根据含毒量高低而定。一般用量设定为：雏鸡4%～5%，育成鸡7%～8%，产蛋鸡5%～8%，肉仔鸡后期5%；仔猪5%～8%，种猪3%～5%，生长育肥猪10%～15%；奶牛应控制在精料量的10%以下，过高则影响乳牛产奶量和乳脂品质，肉牛占精料量5%～20%。在水产饲料中的使用量最高可以达到50%左右。

二、动物性蛋白质饲料

1. 动物性蛋白质饲料的营养特点

(1)蛋白质、赖氨酸含量高。血粉中粗蛋白质含量为83.8%，赖氨酸含量为6.02%，甲硫氨酸含量为1.17%；骨粉中粗蛋白质含量为30.1%，赖氨酸含量为2.4%，甲硫氨酸含量为0.6%；秘鲁鱼粉中粗蛋白质含量为72.2%，赖氨酸含量为4.7%，甲硫氨酸含量为1.35%；蚕蛹中粗蛋白质含量为55.6%，赖氨酸含量为3.3%，甲硫氨酸含量为1.75%。

(2)灰分含量高。动物的组织中含有大量的灰分，尤其是钙、磷含量相当高。比如鱼粉中钙含量为5.44%，磷含量为3.44%，不但钙、磷比例合适，而且钙、磷的利用率高。因此，这类饲料既可作为蛋白质补充料，也可作为钙磷补充料。

(3)B族维生素含量高。动物性蛋白质饲料的突出特点之一是维生素中的维生素 B_2、维生素 B_{12} 含量很高，同时还含有一些促生长因子。饲料中使用部分此类饲料，对于幼龄畜禽的生长发育是十分必要的。

(4)甲硫氨酸含量略显不足。从必需氨基酸的比例来看，甲硫氨酸含量稍有欠缺，此外个别饲料中还缺乏异亮氨酸。也就是说，在配合饲料中，动物性蛋白质饲料还应与其他饲料搭配使用，才能达到良好的饲喂效果。

(5)碳水化合物含量极少。除少数动物性蛋白质饲料含有一定量的碳水化合物外，大部分动物性饲料中碳水化合物极少，尤其是粗纤维含量几乎为零。

2. 常用的动物性蛋白质饲料

(1)鱼粉。鱼粉是以全鱼或鱼的下脚料为原料，经过蒸煮、压榨、干燥、粉碎加工后的粉状物，这种粉状物被称为普通鱼粉。若把制造鱼粉时产生的煮汁浓缩加工做成鱼汁，再加到普通鱼粉中，经干燥粉碎即可得到全鱼粉。以鱼的下脚料制得的鱼粉称为粗鱼粉。

①鱼粉的营养价值。鱼粉是一种优质的蛋白质饲料。其蛋白质含量为 $40\%\sim70\%$。一般进口鱼粉质量较好，蛋白质含量可达 60% 以上（如秘鲁鱼粉、白色鱼粉），而国产鱼粉的蛋白质含量为 50%。鱼粉蛋白质品质良好，氨基酸含量高，比例平衡。赖氨酸含量，进口鱼粉高达 5% 以上，国产鱼粉为 $3.0\%\sim3.5\%$；硫氨基酸含量，进口鱼粉为 2.21%，国产鱼粉为 1.88%。

鱼粉中粗灰分含量在 10% 以上，尤其是钙、磷含量高，且磷为可利用的磷。鱼粉的食盐含量较高，一般为 $3\%\sim5\%$，含盐量较高的鱼粉在配合饲料中的用量应加以控制。在鱼粉的微量元素中，铁含量最高，其次是锌、硒。而其他微量元素含量偏低，但海产鱼的微量元素碘含量较高。

鱼粉中的脂肪含量一般为 8% 左右。海产鱼的脂肪中高度不饱和脂肪酸含量较高，这些高度不饱和脂肪酸具有特殊的营养功能。

鱼粉中的 B 族维生素含量很高，尤其是维生素 B_2 和维生素 B_{12}。真空干燥的鱼粉还含有较丰富的维生素 A、维生素 D，此外鱼粉中含有未名生长因子。

总之，鱼粉的蛋白质含量高，其消化率为 90% 以上，氨基酸组成平衡，利用率高。新鲜鱼粉的适口性好，可以促进畜禽的生长，改善饲料的利用率，是一种饲喂价值很高的蛋白质饲料。

②鱼粉的使用。鱼粉在使用时，应注意以下问题。

a. 由于鱼粉的价格昂贵，它在配合饲料中的用量会受到限制，通常在 10% 以下。

b. 鱼粉生产过程中，过度加热可使鱼粉中的组织氨与赖氨酸结合生成糜烂素，用含有 3 mg/kg 糜烂素的鱼粉喂鸡，可造成鸡胃糜烂症。

c. 鱼粉中脂肪含量较高，久存会导致饲料酸败，使幼畜出现下痢，为此鱼粉在保存时应添加抗氧化剂。

d. 长期使用含脂肪高的鱼粉可导致猪肉、鸡肉肉质品质变差。

e. 在使用食盐含量过高的鱼粉时，应限制鱼粉的用量，或在确定配合饲料食盐添加量时将鱼粉中的食盐含量扣除。

f. 不要使用生鱼粉或加热不足的鱼粉，否则其中含有的维生素 B_1 分解酶会导致畜禽生长发育受阻。

g. 购买鱼粉原料时，应谨防掺假。

③鱼粉的饲用价值。鱼粉是一种优质的动物性蛋白质来源，能显著提高生长性能。其在饲粮中的用量：一般雏鸡和肉用仔鸡为 $3\%\sim5\%$，蛋鸡为 3%；断奶仔猪至少为 $3\%\sim5\%$，其他阶段的猪应小于 3%，犊牛小于 5%。若用量过多，不但会增加饲料成本，还会引起鸡蛋、鸡肉产生异味，使猪体脂变软，肉带鱼腥味，肉品质下降，使犊牛产生腹泻。

(2)血粉。血粉是以畜禽的鲜血为原料，经脱水加工而成的粉状动物性蛋白质补充料。

①血粉的营养价值。血粉的蛋白质含量相当高，通常粗蛋白质含量可达 80% 以上。优质血粉的赖氨酸、色氨酸含量高于鱼粉，含硫氨基酸含量与鱼粉相当，但氨基酸组成

不平衡，亮氨酸是异亮氨酸的 10 倍以上，赖氨酸利用率低，血纤维蛋白不易消化，因此血粉常需与植物性饲料混合使用。

血粉中含钙、磷较低，但是磷的利用率高，微量元素铁的含量较高，其他微量元素含量与谷物饲料相近。

②血粉的饲用价值。血粉味苦，适口性差，配合饲料中的用量不可过多，一般鸡饲料中以 2％为宜，猪饲料中不得超过 5％，否则易引起消化功能障碍，造成腹泻。血粉仅少量应用于反刍动物的育成期和成年期。在水产饲料中的用量最好控制在 3％以下。

血浆蛋白粉是猪血分离出红细胞后经喷雾干燥而制成的粉状饲料。它是早期断乳仔猪日粮中的优质蛋白质来源，可作为脱脂乳粉和干乳清的替代品，其适口性比脱脂乳粉好。

（3）肉骨粉。肉骨粉是使用动物屠宰后不易食用的下脚料，以及食品加工厂的残余碎肉、内脏、杂骨等为原料，经高温消毒、干燥、粉碎而成的粉状饲料。

①肉骨粉的营养价值。因原料的种类不同、加工方法不同、脱脂程度不同、贮藏期不同，肉骨粉的营养价值相差甚远。肉骨粉的粗蛋白质含量为 20％～50％，粗脂肪含量为 8％～18％，粗灰分为 26％～40％，赖氨酸含量为 1％～3％，一般肉骨粉的钙、磷含量较高，钙磷比例平衡，利用率较高。

②肉骨粉的饲用价值。肉骨粉是良好的蛋白质饲料，在鸡饲料中添加量小于 6％，并补充所缺乏的氨基酸；断奶仔猪、种猪为 15％，肥育猪、哺乳仔猪应控制在 10％以下。因为肉骨粉的价格比一般植物性蛋白质饲料高，并且适口性差，故在反刍动物中应用较少。

三、单细胞性蛋白质饲料

1. 概念及分类

单细胞性蛋白质是单细胞或具有简单构造的多细胞生物的菌体蛋白质的总称。目前，可供饲用的单细胞性蛋白质饲料包括酵母菌、真菌和藻类三大类。

2. 各类单细胞性蛋白质饲料的营养特性

（1）酵母菌。

①酵母菌的种类。

酵母菌的种类繁多，包括酿造酵母和饲料酵母。前者是酿造啤酒的酵母，后者是以培养基繁殖植物性非发酵性酵母后的产品。

酿造酵母为黄褐色或灰色，干燥过度者则呈灰黑色，有酵母味，尝后有苦味。圆筒干燥后的酿造酵母呈细片状或细颗粒，喷雾干燥后的酿造酵母为棉絮状的粉末。本品吸湿性强，若要控制水分，一般水分不超过 11％。加热不应过度，否则利用率降低。本产品量少，价格高，掺杂机会大，掺杂的原料有豆粕、淀粉等，需进行掺假检查。

饲料酵母色泽均匀，浅黄色，有扑鼻的酵母香味，粉状。饲料酵母是水溶性的，如掺有杂质可轻易分辨出。

②酵母菌的营养价值。生产饲料酵母所用原料不同，其产品的营养价值也不同。一

般这类单细胞性蛋白质饲料的风干制品中含50％～60％的粗蛋白质，且必需氨基酸中的赖氨酸、含硫氨基酸含量与鱼粉相近，无氮浸出物含量较高，有效能值与玉米相当。其中富含微量元素锌、硒、铁及B族维生素，维生素含量是一般饲料的几倍或几十倍，可用作维生素补充料。其中粗纤维和粗脂肪的含量与生产原料有关，一般灰分中钙少磷多。但由于酵母的适口性较差，其生物学效价不如鱼粉。

畜禽饲料中添加一定量的酵母，可促进反刍动物瘤胃微生物的生长，防止畜禽的胃肠疾病，增进动物的健康，改善饲料的利用效率，提高畜禽的生产性能。

（2）真菌。真菌蛋白质饲料是真菌类的培养产物，从分类角度看酵母也属本类。

这类产品中粗纤维含量较高，粗蛋白质含量较低，有时因培养基原料关系，粗蛋白质含量甚至低于20％。

（3）藻类。分离培养基或培养液后的干燥物质，藻类单细胞性蛋白质饲料中的粗蛋白质含量为40％～60％，粗脂肪含量约为10％，此类饲料蛋白质品质好，营养价值较高。此外藻类还含有约50种矿物质元素，尤其富含碘、钾、钠，同时藻类所含维生素种类多、数量大，特别是它还含有多种具有生物活性的物质。但因为生产成本较高，所以实用性相对较差。

藻类的使用可以增加动物的增重，提高饲料转化率，减少畜禽的疾病。

四、非蛋白氮饲料

1. 尿素

尿素是一种最廉价的固体氮来源。尿素含氮量为46％，1 kg尿素相当于2.88 kg粗蛋白质，或相当于7 kg豆饼的粗蛋白质含量。尿素具有吸湿性，因此用非吸湿性物质将其包被制成42％的饲用尿素，则既可克服尿素吸湿问题，又可改善饲料的混合均匀度。尿素味苦，应与糖蜜混合，以改善尿素的适口性。尿素不能与生大豆、豆粕、南瓜等混喂，否则生大豆、豆粕、南瓜中的尿酶将尿素迅速分解，可造成动物的氨中毒。浸泡粗饲料投喂或调制成尿素青贮料（0.3％～0.5％）饲喂，与糖浆制成液体尿素精料投喂或制成尿素颗粒料、尿素精料等也是有效的利用方式。

2. 缩二脲

缩二脲又称双缩脲，它是由尿素缓慢加热制成的产品。缩二脲中含氮量为41％，略溶于水，它的优点是安全可靠、氮利用率高、适口性较尿素好、储存加工性能好。缩二脲对反刍动物几乎是无毒的，但其价格较贵，饲喂时需要一定的适应期。

3. 异丁基双脲

异丁基双脲是继尿素、缩二脲之后生产的一种很好的非蛋白质含氮化合物，其含氮量为30.3％。它在瘤胃中的降解速度比尿素慢得多，几乎与豆饼一样。

4. 脂肪酸尿素

脂肪酸尿素为颗粒状或粉状，不吸湿、不黏结，容易与饲料混合。脂肪酸尿素不但可减缓尿素的分解，而且脂肪又可为瘤胃微生物提供合成蛋白质所需的能量。从合成脂肪酸尿素的原料和产品的安全性考虑，这是一种较好的非蛋白氮饲料。

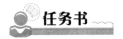 **任务书**

一、任务分组

填写任务分组信息表，见表 2 - 5 - 1。

表 2 - 5 - 1　任务分组信息表

任务名称			
小组名称		所属班级	
工作时间		指导教师	
团队成员	学号	岗位	职责
团队格言			
其他说明	分组任务实施过程中，各组内采用班组轮值制度，学生轮值担任不同岗位，确保每个人都有对接不同岗位的锻炼机会。在提升个人能力的同时，促进小组协作，培养学生团队合作和人际沟通的能力		

二、任务分析

蛋白质饲料是指绝干物质中粗纤维含量_____，粗蛋白质_____的一类饲料。这类饲料包括_____、_____、_____及_____。

三、任务实施

1. 植物性蛋白质饲料

植物性蛋白质饲料是动物生产中使用量最多、最常用的蛋白质饲料，其营养特点的共性是：_____含量高，其_____的含量、平衡性均优于能量饲料；_____含量变化范围较大，一般_____中脂肪含量较高，而_____因加工工艺的不同变化较大，因而此类饲料的能量价值各不相同；_____含量与谷实类饲料相近，饼粕饲料中的粗纤维含量略高一些；_____含量同样是钙少磷多，且多为植酸磷，_____含量丰富，但缺乏_____、_____；大多数植物性蛋白质饲料均含有_____，因此其饲用价值会受到一定的影响，在饲喂过程中要注意用量或处理方法。

2. 动物性蛋白质饲料

动物性蛋白质饲料包括_____和_____。它是一类_____含量高、_____组成全面、营养价值较高的饲料。

3. 单细胞性蛋白质饲料

单细胞性蛋白质是单细胞或具有简单构造的多细胞生物的菌体蛋白质的总称。目前可供饲用的单细胞性蛋白质饲料包括_____、_____和_____三大类。

4. 非蛋白氮饲料

非蛋白氮又称氨化物，是一类非蛋白质的含氮化合物。非蛋白含氮化合物包括_____：酰胺、胺、氨基酸、肽类；_____：氨、硫酸铵、氯化铵等盐类。

5. 正确分类蛋白质饲料

根据任务方案和任务分组信息表(表2－5－1)，明确各岗位(蛋白质饲料收集员、蛋白质饲料分类员、蛋白质饲料品质鉴定员和信息录入员)职责，选出组长，组织各组员分工协作，将不同岗位的工作记录填入正确分类蛋白质饲料工作记录表(表2－5－2)。

表2－5－2　正确分类蛋白质饲料工作记录表

岗位名称	岗位职责	工作记录	完成人
蛋白质饲料收集员	收集实验室中蛋白质饲料		
蛋白质饲料分类员	将蛋白质饲料正确分类		
蛋白质饲料品质鉴定员	鉴别饲料品质		
信息录入员	记录各项检查项目结果，填写相关表格		
工作总结			

恭喜你已完成蛋白质饲料的划分与使用任务的全过程实施。如果对于某些知识和技能要点仍有疑问，可扫码获取相应的微课资源。

蛋白质饲料1

四、任务评价

1. 小组自检

首先进行个人自检，即每名组员根据自己所在岗位，按照任务实施步骤进行复盘，并在下方空白处记录任务实施要点或关键数据。

个人自检记录：

完成个人自检的组员可以向组长提交任务完成审核申请。组长参照任务分组信息表(表2－5－1)，根据任务要求和实验室安全规范，进行组内检查，并组织开展组员间检查，填写组内检查记录表(表2－5－3)，完成组内检查。

蛋白质饲料2

表 2-5-3 组内检查记录表

任务名称			
小组名称		所属班级	
检查项目	问题记录	改进措施	完成时间
任务总结			
组员个人提出的建议		说明：如果本次任务组内检查中未提出建议，则不需要填写	
组员个人收到的建议		说明：如果本次任务组内检查中未收到建议，则不需要填写	

2. 提交验收

各任务小组完成组内检查后，将组内检查记录表提交至教师处。教师在各小组抽调学生组成任务验收组，针对各任务小组提交的材料进行验收，并指出各小组存在的问题，给予改进意见，并填写任务验收表(表 2-5-4)。

表 2-5-4 任务验收表

任务名称			
小组名称		验收组成员	
任务概况	问题记录	改进意见	验收结果(通过/撤回)
组员个人提出的验收建议		说明：如果未参加本任务验收工作，则不需要填写	
组员个人收到的验收建议		说明：如果本任务验收中未收到建议，则不需要填写	
完成时间			
是否上传资料			

3. 结果与评价

各小组根据验收意见进一步整改后，将任务相关材料上传至线上课程资源库，方便实时查阅。教师组织结果与评价会议，各小组展示任务完成结果(选一名组员介绍任务完成过程，可以配合任务完成过程中录制的视频或配合讲义、图片等辅助完成展示过程)，教师组织完成组内自评、组间互评和教师评价，并填写任务考核评价表(表 2-5-5)。

表 2-5-5 任务考核评价表

评价项目	评价内容	分值	组内自评 (20%)	组间互评 (20%)	教师评价 (40%)	第三方 评价(20%)	总分
职业素养 (40%)	工作态度积极	10					
	沟通能力良好，主动与他人合作	10					
	尽职尽责完成工作任务	10					
	具有细心和耐心	10					
岗位技能 (60%)	熟知不同蛋白质饲料的营养特点	15					
	正确分类蛋白质饲料	15					
	鉴别蛋白质饲料品质	20					
	任务记录及时、准确，材料整理快速、完整	10					

特色模块◎专业拓展

　　鱼粉中的粗蛋白含量高，并且氨基酸种类齐全，赖氨酸含量丰富。但是近些年由于鱼粉的价格节节攀升，鱼粉掺假的问题也时有发生。

真假鱼粉的鉴别方法

任务2.6 矿物质饲料的划分与使用

🧰 任务描述

矿物质元素在各种动植物饲料中都有一定含量，虽含量多少有差别，但由于动物采食饲料的多样性，可在某种程度上满足对矿物质的需要。但在舍饲条件下或饲养高产动物时，动物对其需要量增多，这时就必须在动物饲料中另行添加所需的矿物质。因此，必须熟知矿物质饲料的营养特点，才能合理添加矿物质饲料。

清晰的思路可以有效提升任务的实施成效，达到事半功倍的效果。矿物质饲料的划分与使用如图2-6-1所示。通过任务分析、设计完成方案、完成知识储备和技能训练，并通过二维码为其知识点讲解微课等立体化学习资源，突破学习障碍，顺利完成任务和综合评价。

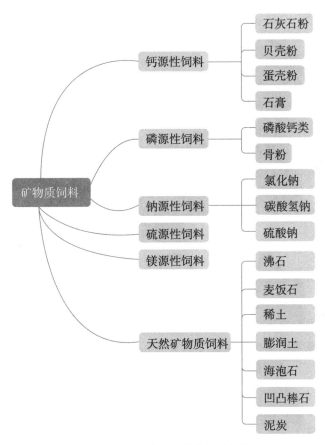

图2-6-1　矿物质饲料的划分与使用

 学习目标

1. 熟知矿物质饲料的分类。

2. 清楚不同种类的矿物质饲料的营养特点。

3. 在生产实践中，以金山银山不如绿水青山的理念，合理使用矿物质饲料资源。

知识储备

一、钙源性饲料

1. 石灰石粉

石灰石粉又称石粉，为天然的碳酸钙（$CaCO_3$），一般含纯钙 35％以上，是补充钙的最廉价、最方便的矿物质原料。按干物质计，石灰石粉的成分与含量如下：灰分96.9％；钙35.89％；氯0.03％；铁0.35％；锰0.027％；镁2.06％。

天然的石灰石中，只要铅、汞、砷、氟的含量不超过安全系数，都可用作饲料。石粉的用量应依据畜禽种类及生长阶段而定。一般畜禽配合饲料中石粉使用量为 0.5％～2％，蛋鸡和种鸡可达到 7％～7.5％。单喂石粉过量，会降低饲料有机养分的消化率，还会对青年鸡的肾脏有害，使泌尿系统尿酸盐过多沉积而发生炎症，甚至形成结石。蛋鸡过多接受石粉，蛋壳上会附着一层薄薄的细粒，影响蛋的合格率，最好与有机态含钙饲料（如贝壳粉）按 1∶1 比例配合使用。

石粉作为钙的来源，其粒度以中等为好，一般猪为 26～36 目，禽为 26～28 目。对蛋鸡来讲，较粗的粒度有助于保持血液中钙的浓度，满足形成蛋壳的需要，从而增加蛋壳强度，减少蛋的破损率，但粗粒影响饲料的混合均匀度。

将石灰石锻烧成氧化钙，加水调制成石灰乳，再经二氧化碳作用生成碳酸钙，称为沉淀碳酸钙。

2. 贝壳粉

贝壳粉是各种贝类外壳（蚌壳、牡蛎壳、蛤蜊壳、螺蛳壳等）经加工粉碎而成的粉状或粒状产品，多呈灰白色、灰色、灰褐色。其主要成分也为碳酸钙，含钙量应不低于33％。品质好的贝壳粉杂质少，含钙高，呈白色粉状或片状，用于蛋鸡或种鸡的饲料中，蛋壳的强度较高，破蛋软蛋少，尤其片状贝壳粉效果更佳。不同畜禽对贝壳粉的粒度要求：猪以 25％通过 50 mm 筛为宜，蛋鸡以 70％通过 10 mm 筛为宜，肉鸡以 60％通过60 mm 筛为宜。

贝壳粉内常掺杂砂石和泥土等杂质，使用时应注意检查。另外，若贝肉未除尽，加之储存不当，堆积日久易出现发霉、腐臭等情况，这会使其饲料价值显著降低。在选购及应用贝壳粉时要特别注意这一点。

3. 蛋壳粉

禽蛋加工厂或孵化厂废弃的蛋壳，经干燥灭菌、粉碎后即得到蛋壳粉。无论蛋品加

工后的蛋壳或孵化出雏后的蛋壳，都会残留壳膜和一些蛋白，因此除了含有34%左右的钙，还含有7%的蛋白质及0.09%的磷。蛋壳粉是理想的钙源性饲料，利用率高，用于蛋鸡、种鸡饲料中，与贝壳粉同样具有增加蛋壳硬度的效果。应注意蛋壳干燥的温度应超过82℃，以消除传染病源。

4. 石膏

石膏为硫酸钙($CaSO_4 \cdot XH_2O$)，通常是二水硫酸钙($CaSO_4 \cdot 2H_2O$)，灰色或白色的结晶粉末。石膏既有天然石膏粉碎后的产品，也有化学工业产品。若是来自磷酸工业的副产品，则因其含有高量的氟、砷、铝等而品质较差，使用时应加以处理。石膏的含钙量为20%~23%，含硫量为16%~18%，既可提供钙，又是硫的良好来源，生物利用率高。石膏有预防鸡啄羽、啄肛的作用。一般在饲料中的用量为1%~2%。

大理石、白云石、白垩石、方解石、熟石灰、石灰水等均可作为补钙饲料。至于利用率很高的葡萄糖酸钙、乳酸钙等有机酸钙，因其价格较高，多用于水产饲料，而在畜禽饲料中应用较少。此外，甜菜制糖的副产品——滤泥也属于碳酸钙产品。这是由石灰乳清除甜菜糖汁中杂质，经二氧化碳中和沉淀而成，其成分中除碳酸钙外，还有少量有机酸钙盐和其他微量元素。滤泥钙源性饲料尚未得到很好的开发利用。如果以加工甜菜量的4%计，全国每年可生产40万~50万吨此类钙源性饲料。

钙源性饲料很便宜，但不能用量过多，否则会影响钙磷平衡，使钙和磷的消化、吸收和代谢都受到影响。微量元素预混料常常使用石粉或贝壳粉作为稀释剂或载体，使用量占配比较大时，配料时应注意将其含钙量计算在内。

二、磷源性饲料

1. 磷酸钙类

磷酸钙类包括磷酸一钙、磷酸二钙和磷酸三钙等，饲用前应经脱氟处理。

(1)磷酸一钙。磷酸一钙又称磷酸二氢钙或过磷酸钙，纯品为白色结晶粉末，多为一水盐。其是以湿式法磷酸液(脱氟精制处理后再使用)或干式法磷酸液作用于磷酸二钙或磷酸三钙所制成的。磷酸一钙含有少量未反应的碳酸钙及游离磷酸，吸湿性强，且呈酸性。磷酸一钙含磷22%左右，含钙15%左右，利用率比磷酸二钙或磷酸三钙好，最适合用于水产动物饲料(表2-6-1)。

表2-6-1 饲料级磷酸二氢钙质量标准

项目	指标	项目	指标
钙(Ca)含量/%(m/m)	15.0~18.0	砷(As)含量/%(m/m)	≤0.004
总磷(P)含量/%(m/m)	≥22.0	重金属(以Pb计)含量/%(m/m)	≤0.003
水溶性磷(P)含量/%(m/m)	≥20.0	pH值	≥3
氟(F)含量/%(m/m)	≤0.20	水分/%(m/m)	
		细度(通过500 μm筛)/%(m/m)	≥95.0

（2）磷酸二钙。磷酸二钙又称磷酸氢钙，白色或灰白色的粉末或粒状产品，分为无水盐和二水盐，二水盐钙、磷利用率较高。其是以干式法磷酸液或精制湿式法磷酸液中加入石灰乳或磷酸钙而制成的。磷酸二钙含磷18%以上，含钙21%以上，饲料级磷酸氢钙应注意脱氟处理，含氟量不得超过标准（表2-6-2）。

表 2-6-2　饲料级磷酸氢钙质量标准

项目	指标	项目	指标
磷（P）含量/%	≥16.5	砷（As）含量/%	≤0.003
钙（Ca）含量/%	≥21.0	铅（Pb）含量/%	≤0.003
氟（F）含量/%	≤0.18	细度（粉末状通过500 μm试验筛）/%	≥95.0
磷（P）含量/%	≥16.5	砷（As）含量/%	≤0.003

（3）磷酸三钙。磷酸三钙又称磷酸钙，纯品为白色无臭粉末。饲料常由磷酸废液制造，为灰色或褐色，并有臭味，分为一水盐和无水盐（多）。经脱氟处理后，称作脱氟磷酸钙，为灰白色或茶褐色粉末。磷酸三钙含钙29%以上，含磷15%～18%，含氟0.12%以下。

2. 骨粉

骨粉是以家畜骨骼为原料加工而成的，由于加工方法的不同，成分含量及名称各不相同，化学式大致为[$3Ca_3(PO_4)_2 \cdot 2Ca(OH)_2$]，是补充家畜钙、磷需要的良好来源。骨粉是常用的磷源性饲料，优质骨粉含磷量可以达到12%以上，钙、磷比例为2:1左右，符合动物机体的需要，同时还富含多种微量元素。一般在猪、鸡饲料中添加量为1%～3%。

用简易方法生产的骨粉，即不经脱脂、脱胶和热压灭菌而直接粉碎制成的生骨粉，因含有较多的脂肪和蛋白质，易腐败变质。尤其是品质低劣、有异臭、呈灰泥色的骨粉，常携带大量病菌，用于饲料易引发疾病传播。有的兽骨收购场地为避免蝇蛆繁殖，喷洒敌敌畏等药剂，致使骨粉带毒，这种骨粉绝对不能用作饲料。

骨粉可分为以下4种。

（1）煮骨粉。煮骨粉是将原料骨经开放式锅炉煮沸，直至附着组织脱落，再经粉碎而制成。这种方法制得的骨粉色泽发黄，骨胶溶出少，蛋白质和脂肪含量较高，易吸湿腐败，适口性差，不易久存。

（2）蒸制骨粉。蒸制骨粉是将原料骨在高压（2.03 kPa）蒸汽条件下加热，除去大部分蛋白质及脂肪，使骨骼变脆，加以压榨、干燥粉碎而制成。一般含钙24%，含磷10%左右，含粗蛋白质10%。

（3）脱胶骨粉。脱胶骨粉也称特级蒸制骨粉，制法与蒸制骨粉基本相同，是用40.5 kPa压力蒸制处理，或利用抽出骨胶的骨骼经蒸制处理而得到。骨髓和脂肪几乎全部除去，故无异臭，色泽洁白，可长期储存。

（4）焙烧骨粉（骨灰）。焙烧骨粉是将骨骼堆放在金属容器中经烧制而成，这是利用可疑废弃骨骼的可靠方法，充分烧透既可灭菌，又易粉碎（表2-6-3）。

表 2 - 6 - 3　各种骨粉的一般成分(%)

类别	干物质	粗蛋白质	粗纤维	粗灰分	粗脂肪	无氮浸出物	钙	磷
蒸制骨粉	93.0	10.0	2.0	78.0	3.0	7.0	32.0	15.0
脱胶骨粉	92.0	6.0	0	92.0	1.0	1.0	32.0	15.0
焙烧骨粉	94.0	0	0	98.0	1.0	1.0	34.0	16.0

三、钠源性饲料

1. 氯化钠

氯化钠($NaCl$)一般称为食盐，地质学上叫作石盐，包括海盐、井盐和岩盐三种。精制食盐含氯化钠 99% 以上，粗盐含氯化钠为 95%。纯净的食盐含氯 60.3%，含钠 39.7%，此外尚有少量的钙、镁、硫等杂质。食用盐为白色细粒，工业用盐为粗粒结晶。

含氯化钠的饲料，常用的就是石盐。草食家畜需要钠和氯较多，对食盐的耐受量较大，因此有关草食家畜食盐中毒的报道很少。但是猪和家禽，尤其是家禽，饲料中食盐配合过多或混合不匀则易引起食盐中毒。雏鸡饲料中若配合 0.7% 以上的食盐，就会出现生长受阻，甚至有死亡现象。产蛋鸡饲料中含盐超过 1% 时，可引起饮水增多，粪便变稀，产蛋率下降。食盐的供给量要根据家畜的种类、体重、生产能力、季节和饲料组成等来考虑。

2. 碳酸氢钠

碳酸氢钠又称小苏打，为无色结晶粉末，无味，略具潮解性，其水溶液因水解而呈微碱性，受热易分解放出二氧化碳。碳酸氢钠含钠 27% 以上，生物利用率高，是优质的钠源性矿物质饲料之一。

碳酸氢钠不仅可以补充钠，更重要的是具有缓冲作用，能够调节饲料电解质平衡和胃肠道 pH 值。研究证实，奶牛和肉牛饲料中添加碳酸氢钠可以调节瘤胃 pH 值，防止精料型饲料引起的代谢性疾病，提高增重、产奶量和乳脂率。

碳酸氢钠一般添加量为 0.5%～2%，与氧化镁配合使用效果更佳。夏季，在肉鸡和蛋鸡饲料中添加碳酸氢钠可减缓热应激，防止生产性能的下降。添加量一般为 0.5%。

3. 硫酸钠

硫酸钠又称芒硝，白色粉末，含钠 32% 以上，含硫 22% 以上，生物利用率高。在家禽饲料中添加硫酸钠，可提高金霉素的效价，同时有利于羽毛的生长发育，防止啄羽癖。

四、硫源性饲料

动物所需的硫一般认为是有机硫，如蛋白质中的含硫氨基酸等，因此蛋白质饲料是动物的主要硫源。但近年来发现，无机硫对动物也具有一定的营养意义。同位素试验表明，反刍动物瘤胃中的微生物能有效地利用无机含硫化合物(如硫酸钠、硫酸钾、硫酸钙等)合成含硫氨基酸和维生素。用雏鸡试验表明，适当增加饲料中无机硫含量，可减少雏鸡对含硫氨基酸的需要，并有利于合成生命活动所必需的牛磺酸，从而促进雏鸡的生长。

五、镁源性饲料

饲料中含镁丰富，一般都在 0.1％以上，因此不必另外添加。但早春牧草中镁的利用率很低，有时会使放牧家畜因缺镁而出现"草痉挛"，故对于放牧的牛羊，以及用玉米作为主要饲料并补加非蛋白氮饲喂的牛，常需要补加镁。兔对镁的需要量大，故必须添加镁。

六、天然矿物质饲料

随着饲料工业的发展，近年来又有许多天然矿物质被用作饲料，其中使用较多的有沸石、麦饭石、稀土、膨润土、海泡石、凹凸棒石和泥炭等。这些天然矿物质饲料多属非金属矿物。

1. 沸石

天然沸石是含碱金属和碱土金属的含水铝硅酸盐类。沸石大都呈三维硅氧四面体及三维铝氧四面晶体格架结构，晶体内部具有许多孔径均匀一致的孔道和内表面积很大的孔穴孔道和孔穴，两者的体积占沸石总体积的 50％以上。

晶体孔道和孔穴中含有金属阳离子和水分子，且与格架结构结合得比较弱，故可被其他极性分子所置换，析出营养元素供机体利用。在消化道，天然沸石除可选择性地吸附 NH_3、CO_2 等物质外，还能吸附某些细菌毒素，对机体有良好的保健作用。

在畜牧生产中，沸石常用作某些微量元素添加剂的载体和稀释剂，又可用作畜禽无毒无污染的净化剂，或用于改良池塘水质，还是良好的饲料防结块剂。

2. 麦饭石

麦饭石因其外观似麦饭团而得名，是一种经过蚀变、风化或半风化，具有斑状或似斑状结构的中酸性岩浆岩矿物质。麦饭石的主要化学成分是二氧化硅和三氧化二铝，二者约占麦饭石的 80％。

麦饭石具有多孔性海绵状结构，溶于水时会产生大量的带有负电荷的酸根离子。这种结构决定了它有强的选择吸附性，可减少动物体内某些病原菌和有害重金属元素等对动物机体的侵害。

不同地区的麦饭石中的矿物质元素含量差异不大，均含有 K、Na、Ca、Mg、Cu、Zn、Fe、Se 等对动物有益的常量、微量元素，且这些元素的溶出性好，有利于畜禽体内物质代谢。

在畜牧生产中，麦饭石一般用作饲料添加剂，以降低饲料成本，也用作微量元素及其他添加剂的载体和稀释剂。麦饭石可降低饲料中棉籽饼毒素。在水产养殖上，麦饭石可用来改良鱼塘水质，使水的化学耗氧量和生物耗氧量下降，溶解氧提高，提高鱼虾的成活率和生长速度。

3. 稀土

稀土是 15 种镧系元素和与其化学性质相似的钪、钇等 17 种元素的总称。化学组成及含量一般为：铈 48％；镧 25％；钕 16％；钐 2％；镨 5％。此外，还有 4％的钷、铕、钆、铽、镝、钬、铒、铥、镱、镥、钪、钇12种元素。

目前,使用的稀土饲料添加剂包括无机稀土和有机稀土两种类型。无机稀土主要有碳酸稀土、氯化稀土和硝酸稀土,目前常用的是硝酸稀土。有机稀土主要有氨基酸稀土螯合剂、有机酸稀土(如柠檬稀土添加剂)和维生素C稀土。此外,根据添加剂中所含稀土元素的种类,还可以分为单一稀土饲料添加剂和复合稀土添加剂。

4. 膨润土

膨润土是由酸性火山凝灰岩变化而成的,俗称白黏土,又名班脱岩,是蒙脱石类黏土岩组成的一种含水的层状结构铝硅酸盐矿物。膨润土的主要化学成分为 SiO_2、Al_2O_3、H_2O,以及少量的 Fe_2O_3、FeO、MgO、CaO、Na_2O 和 TiO_2 等。

膨润土含有动物生长发育所必需的多种常量和微量元素,并且这些元素是以可交换的离子和可溶性盐的形式存在的,易被畜禽吸收利用。

膨润土具有良好的吸水性、膨胀性功能,可延缓饲料通过消化道的速度,提高饲料的利用率。同时,膨润土作为生产颗粒饲料的黏结剂,可提高产品的成品率。膨润土的吸附性和离子交换性,可提高动物的抗病能力。

5. 海泡石

海泡石属特种稀有矿石,呈灰白色,有滑感,具有特殊层链状晶体结构,对热稳定。海泡石的主要化学成分(%)如下:二氧化硅57.23%;三氧化二铝3.95%;氧化钙9.56%;三氧化二铁14.35%;氧化镁14.04%;五氧化二磷0.37%;氧化钾0.39%;氧化钠0.085%。海泡石可吸附自身重200%～250%的水分。

海泡石主要用作微量元素载体或稀释剂,还可作为颗粒饲料黏合剂和饲料添加剂。海泡石的阳离子交换能力较低,而且有较高的化学稳定性,在用作预混合料载体时不会与被载的活性物质发生反应,故它是较佳的预混合料载体。在颗粒饲料加工中,添加2%～4%的海泡石可以增加各种成分间的黏合力,促进其凝聚成团。当加压时海泡石显示出较强的吸附性能和胶凝作用,有助于提高颗粒的硬度及耐久性。饲料中的脂类物质含量较高时,用海泡石作为黏合剂最合适。

6. 凹凸棒石

凹凸棒石是一种镁铝硅酸盐,呈三维立体全链结构及特殊的纤维状晶体体型,具有离子交换、胶体、吸附、催化等化学特性。凹凸棒石的主要成分除二氧化硅(约60%)外,尚含多种畜禽必需的微量元素。这些元素和含量(mg/kg)如下:铜21;铁1310;锌21;锰1382;钴11;钼0.9;硒2;氟361;铬13。

凹凸棒石可用作微量元素载体、稀释剂和畜禽舍净化剂等。在畜禽饲料中应用凹凸棒石,可提高畜禽抗病力。

7. 泥炭

泥炭又称草炭或草煤,它是沼泽中特有的有机矿床资源。泥炭是植物残体在腐水和缺氧环境下腐解堆积保存而形成的天然有机沉积物,它含有极为丰富的有机质(94%～98%),其中木质素占30%～40%,多糖类占30%～33%,粗蛋白质占4%～5%,腐植酸占 10%～40%等。

我国泥炭资源储量丰富，主要分布在我国西部，占全国资源总量的 79%。四川省阿坝州的若尔盖高原(包括若尔盖、红原、阿坝及甘肃省的玛曲等)，集中而连片地分布着泥炭资源，是世界上最大的一片高原型裸露泥炭沼泽。泥炭一般不直接用作饲料，需先进行分离与转化，才能成为牲畜可食的饲料。对泥炭加工处理后，用泥炭腐植酸作为饲料添加剂，或利用泥炭中的水解物质作为培养基制取饲料酵母和生产泥炭发酵饲料、泥炭糖化饲料等。

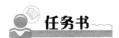 任务书

一、任务分组

填写任务分组信息表，见表 2-6-4。

表 2-6-4　任务分组信息表

任务名称			
小组名称		所属班级	
工作时间		指导教师	
团队成员	学号	岗位	职责
团队格言			
其他说明	分组任务实施过程中，各组内采用班组轮值制度，学生轮值担任不同岗位，确保每个人都有对接不同岗位的锻炼机会。在提升个人能力的同时，促进小组协作，培养学生团队合作和人际沟通的能力		

二、任务分析

常见的常量矿物质饲料有_____、_____、_____、_____、_____、_____。

三、任务实施

1. 钙源性饲料

通常天然植物性饲料中的含钙量与各种动物的需要量相比均感不足，特别是产蛋家禽、泌乳牛和生长幼畜更为明显。因此，动物饲料中应注意钙的补充。常用的含钙矿物质饲料有_____、_____、_____、_____等。

2. 磷源性饲料

富含磷的矿物质饲料有_____、_____等。在利用这一类原料时，除了注意不同磷源有着不同的利用率，还要考虑原料中有害物质（如氟、铝、砷等）是否超标。

3. 钠源性饲料

含氯和钠的饲料，常用的就是_____，草食家畜需要钠和氯较多，对食盐的耐受量较大，有关草食家畜_____中毒的报道很少。

4. 硫源性饲料

动物所需的硫一般认为是有机硫，如蛋白质中的_____等，因此蛋白质饲料是动物的主要硫源。但近年来发现无机硫对动物也具有一定的营养意义。硫的来源有_____、_____、_____、_____、_____等。

5. 镁源性饲料

饲料中含镁丰富，一般都在_____以上，因此不必另外添加。

6. 天然矿物质饲料

随着饲料工业的发展，近年来又有许多天然矿物质被用作饲料，其中使用较多的有_____、_____、_____、_____、_____和_____等，这些天然矿物质饲料多属非金属矿物。

7. 正确分类矿物质饲料

根据任务方案和任务分组信息表（表2-6-4），明确各岗位（矿物质饲料收集员、矿物质饲料分类员、矿物质饲料品质鉴定员和信息录入员）职责，选出组长，组织各组员分工协作，将不同岗位的工作记录填入正确分类矿物质饲料工作记录表（表2-6-5）。

表 2-6-5 正确分类矿物质饲料工作记录表

岗位名称	岗位职责	工作记录	完成人
矿物质饲料收集员	收集实验室中矿物质饲料		
矿物质饲料分类员	将矿物质正确分类		
矿物质饲料品质鉴定员	鉴别饲料品质		
信息录入员	记录各项检查项目结果，填写相关表格		
工作总结			

恭喜你已完成矿物质饲料的划分与使用任务的全过程实施。如果对于某些知识和技能要点仍有疑问，可扫码获取相应的微课资源。

矿物质饲料

四、任务评价

1. 小组自检

首先进行个人自检，即每名组员根据自己所在岗位，按照任务实施步骤进行复盘，并在下方空白处记录任务实施要点或关键数据。

个人自检记录：

完成个人自检的组员可以向组长提交任务完成审核申请。组长参照任务分组信息表（表2-6-4），根据任务要求和实验室安全规范，进行组内检查，并组织开展组员间检查，填写组内检查记录表（表2-6-6），完成组内检查。

表2-6-6 组内检查记录表

任务名称				
小组名称			所属班级	
检查项目	问题记录		改进措施	完成时间
任务总结				
组员个人提出的建议		说明：如果本次任务组内检查中未提出建议，则不需要填写		
组员个人收到的建议		说明：如果本次任务组内检查中未收到建议，则不需要填写		

2. 提交验收

各任务小组完成组内检查后，将组内检查记录表提交至教师处。教师在各小组抽调学生组成任务验收组，针对各任务小组提交的材料进行验收，并指出各小组存在的问题，给予改进意见，并填写任务验收表（表2-6-7）。

表2-6-7 任务验收表

任务名称				
小组名称			验收组成员	
任务概况	问题记录		改进意见	验收结果（通过/撤回）
组员个人提出的验收建议		说明：如果未参加本任务验收工作，则不需要填写		
组员个人收到的验收建议		说明：如果本任务验收中未收到建议，则不需要填写		
完成时间				
是否上传资料				

3. 结果与评价

各小组根据验收意见进一步整改后，将任务相关材料上传至线上课程资源库，方便实时查阅。教师组织结果与评价会议，各小组展示任务完成结果（选一名组员介绍任务完

成过程，可以配合任务完成过程中录制的视频或配合讲义、图片等辅助完成展示过程），教师组织完成组内自评、组间互评和教师评价，并填写任务考核评价表(表2-6-8)。

表 2-6-8 任务考核评价表

评价项目	评价内容	分值	组内自评 (20%)	组间互评 (20%)	教师评价 (40%)	第三方 评价(20%)	总分
职业素养 (40%)	工作态度积极	10					
	沟通能力良好，主动与他人合作	10					
	尽职尽责完成工作任务	10					
	具有环保意识	10					
岗位技能 (60%)	熟知不同矿物质饲料的营养特点	15					
	正确分类矿物质饲料	15					
	鉴别矿物质饲料品质	20					
	任务记录及时、准确，材料整理快速、完整	10					

项目3　饲料的加工与生产

知识框架

　　本项目以"饲料厂的输送设备""原料的接收与清理""原料的粉碎""配料与混合""制粒工艺""成品的处理"六个任务进行驱动，包含常用输送设备类型、原料清理和粉碎设备、配料的工艺、混合的设备、制粒的设备、成品的打包流程等学习内容。

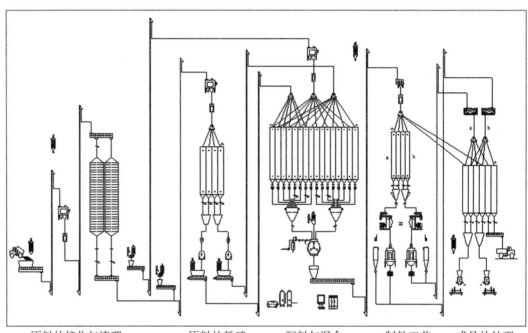

原料的接收与清理　　　原料的粉碎　　　配料与混合　　　制粒工艺　　成品的处理

 学习目标

知识目标

1. 掌握生产部门岗位所必需的常用饲料加工设备类型。

2. 了解岗位必需的设备使用方法。

3. 掌握生产部门岗位所必需的加工工艺。

技能目标

1. 在饲料加工过程中，根据具体饲料加工工艺的需求，合理选择相应的设备。

2. 能够进行配合饲料加工。

素养目标

1. 力求科学合理，完成生产岗位任务。

2. 精益求精，注重细节，高效完成配合饲料加工的各个环节。

3. 增强团队合作意识，树立专业和岗位责任感。

项目导入

配合饲料是指根据动物的生长阶段、生理要求、生产用途的营养需要，以饲料营养价值评定的试验和研究为基础，按科学配方把不同来源的饲料，依一定比例均匀混合，并按规定的工艺流程生产以满足各种实际需求的饲料。饲料厂根据配合饲料基本类型（预混料、浓缩饲料、全价配合饲料和精料混合料）生产添加剂。

本项目以全价配合饲料生产工艺为例，体现生产部门岗位需求。要想完成这项任务，生产部人员必须掌握配合饲料加工各个环节加工工艺流程及常用设备类型（可扫码获取相应的微课资源），并且要树立吃苦耐劳、精益求精的"匠心"，分析解决生产实践中的复杂因素，针对不同种类和生长阶段动物营养需要提供高品质的饲料。

饲料加工工艺与设备

任务 3.1 饲料厂的输送设备

任务描述

在饲料厂，从原料到成品的生产过程中的各个工序之间，除部分依靠物料自流外，需采用不同类型的输送设备来完成输送工作，以保证饲料厂生产顺利进行。作为饲料厂生产部人员必须熟知输送设备。

清晰的思路可以有效提升任务的实施成效，达到事半功倍的效果。饲料厂的输送设备，如图 3-1-1 所示。通过任务分析、设计完成方案、完成知识储备和技能训练，并通过二维码为其知识点讲解微课等立体化学习资源，突破学习障碍，顺利完成任务和综合评价。

图 3-1-1 饲料厂的输送设备导图

1. 掌握常用输送设备的类型。
2. 熟知输送设备的特点、用途。
3. 了解输送设备的使用方法。
4. 在饲料加工过程中，根据具体饲料加工工艺的需求，合理选择相应的输送设备和辅助设备。

知识储备

一、胶带输送机

1. 主要组成部分

胶带输送机的主要部件是主动滚筒、托辊、加料与卸料机构、张紧装置和传动装置等。

输送带通常有橡胶带，一般常用的是普通型和轻型。对于饲料厂，由于它的原料和成品的容重一般小于 $1\ t/m^3$，可采用轻型橡胶带，在倾斜输送时可采用花纹型橡胶带。其配套的滚筒宽度应比橡胶带的宽度要大 $100\sim200\ mm$。橡胶带层数一般以 $3\sim5$ 层为宜。输送带的长度可达 $30\sim40\ m$，其传动效率可达 $0.94\sim0.98$。

支承装置用来承托胶带及其上的物料。上带支承装置有单辊式和多辊组合式，平面单辊式支承装置上，输送带面平直，物料运送量较小，便于在输送中间卸料，输送带使用寿命较长；多辊式支承装置使胶带呈凹状，运送量大，生产率高，适用于运送散粒物料，但输送带较易磨损。

为了安全输送，可配置防止跑偏装置和测速装置。

2. 输送过程

物料由进料斗进入输送带上，被输送到输送机的另一端。若需在输送带的中间部位卸料，需设置卸料小车。

二、刮板输送机

1. 主要组成部分

刮板输送机主要由刮板链条、隔板、张紧装置、驱动轮、密封料槽和传动装置等组成。工作时，链条与安在链条上的刮板被驱动轮带动，物料受到刮板链条在运动方向的推力，促使物料间的内摩擦力足以克服物料与槽壁的摩擦阻力，而使物料能以连续流动的整体进行输送，达到了从入料口进入的物料可沿料槽刮到出料口卸出的目的。

2. 输送过程

刮板输送机按刮板料槽形状可分为平槽和 U 形槽两种。前者主要用于输送粒料，后者为一种残留物自清式连续输送设备，主要用于配合饲料厂和预混合饲料厂输送粉料。

三、螺旋输送机

螺旋输送机的工作原理是叶片在槽内旋转推动物料克服重力、对料槽的摩擦力等阻力而沿着料槽向前移动。对高倾角和垂直螺旋输送机，叶片要克服物料重力及离心力对槽壁所产生的摩擦力而使物料向上运移。因此，后者必须具有较大的动力和较高的螺旋转速，故称为快速螺旋输送机；前者螺旋转速较低，故称为慢速螺旋输送机。

四、斗式提升机

1. 斗式提升机的分类

斗式提升机按安装形式可分为移动式和固定式；按畚斗深浅可分为深斗型和浅斗型；按畚斗底有无又可分为有底型和无底型；近期又出现圆形畚斗；按牵引构件不同可分为链式和带式；按提升管外形不同可分为方形和圆形；按卸料方式的不同可分为离心式卸料、重力式卸料和混合式卸料。

2. 斗式提升机的特点

斗式提升机是按垂直方向输送物料，因而占地很小；提升物料稳定，提升高和输送量大；在全封闭罩壳内进行工作，不易扬尘。与气力输送设备相比，其优点是适应性强、省电，其能耗仅为气力输送设备的 $1/10\sim1/5$。斗式提升机的缺点是输送物料的种类受到限制，只适用于散粒物料和碎块物料；过载敏感性大，容易堵塞，必须均匀给料。

 任务书

一、任务分组

填写任务分组信息表，见表 3-1-1。

表 3-1-1 任务分组信息表

任务名称			
小组名称		所属班级	
工作时间		指导教师	
团队成员	学号	岗位	职责
团队格言			
其他说明	分组任务实施过程中，各组内采用班组轮值制度，学生轮值担任不同岗位，确保每个人都有对接不同岗位的锻炼机会。在提升个人能力的同时，促进小组协作，培养学生团队合作和人际沟通的能力		

二、任务分析

饲料厂常用的输送设备有 _____、_____、_____

_____、_____、_____、_____

_____，以及 _____、_____、

_____ 和 _____ 等辅助设备。

1. 胶带输送机

胶带输送机以输送胶带作为承载、输送物料的主要构件，是饲料厂常用的水平或倾斜的装卸输送机械，一般位于 _____，它可输送 _____、

_____ 和 _____。

优点：_____。

缺点：_____。

2. 刮板输送机

刮板输送机利用装于牵引构件（链条或工程塑料）的刮板沿着固定的料槽拖带物料前进，一般位于 _____，可用于水平、倾斜或垂直输送 _____

_____、_____、_____。

优点：_____。

缺点：_____。

3. 螺旋输送机

螺旋输送机常称绞龙，是一种利用螺旋叶片（或桨叶）的旋转推动物料沿着料槽移动而完成水平、倾斜和垂直的输送设备。一般于 _____，它可输送

_____、_____ 和 _____ 物料，不宜输

送 _____、_____ 和 _____

物料。

优点：_____。

缺点：_____。

4. 斗式提升机

斗式提升机是环绕在驱动轮（头轮）和张紧轮上的环形牵引构件（畚斗带或钢链条）上，每隔一定距离安装一畚斗，通过机头（鼓轮、链轮）驱驶而带动牵引构件在提升管中运行，完成物料提升的专用垂直输送设备。一般于 _____，各工序之间均设有一台或多台提升机。

优点：_____。

缺点：_____。

三、任务实施

根据饲料加工工艺需求合理选择相应输送设备和辅助设备（表 3 - 1 - 2）。

表 3 - 1 - 2　选择相应输送设备和辅助设备

饲料加工工艺流程	设备的选择	记录人	完成人
成品仓库，装料卸料处			
配料仓与配料秤之间			
投料口与筒仓间，车间内接收，清理，粉碎，配料混合，制粒成形，成品发放各工序之间			
成品仓			
设备与设备之间			

四、任务评价

1. 小组自检

首先进行个人自检，即每名组员根据自己所在岗位，按照任务实施步骤进行复盘，并在下方空白处记录任务实施要点或关键数据。

个人自检记录：

完成个人自检的组员可以向组长提交任务完成审核申请。组长参照任务分组信息（表 3 - 1 - 1），根据任务要求和实验室安全规范，进行组内检查，并组织开展组员间检查，填写组内检查记录表（表 3 - 1 - 3），完成组内检查。

表 3 - 1 - 3　组内检查记录表

任务名称			
小组名称		所属班级	
检查项目	问题记录	改进措施	完成时间
任务总结			
组员个人提出的建议		说明：如果本次任务组内检查中未提出建议，则不需要填写	
组员个人收到的建议		说明：如果本次任务组内检查中未收到建议，则不需要填写	

2. 提交验收

各任务小组完成组内检查后，将组内检查记录表提交至教师处。教师在各小组抽调学生组成任务验收组，针对各任务小组提交的材料进行验收，并指出各小组存在的问题，给予改进意见，并填写任务验收表（表 3 - 1 - 4）。

表 3-1-4　任务验收表

任务名称			
小组名称		验收组成员	
任务概况	问题记录	改进意见	验收结果(通过/撤回)
组员个人提出的验收建议		说明：如果未参加本任务验收工作，则不需要填写	
组员个人收到的验收建议		说明：如果本任务验收中未收到建议，则不需要填写	
完成时间			
是否上传资料			

3. 结果与评价

各小组根据验收意见进一步整改后，将任务相关材料上传至线上课程资源库，方便实时查阅。教师组织结果与评价会议，各小组展示任务完成结果(选一名组员介绍任务完成过程，可以配合任务完成过程中录制的视频或配合讲义、图片等辅助完成展示过程)，教师组织完成组内自评、组间互评和教师评价，并填写任务考核评价表(表3-1-5)。

表 3-1-5　任务考核评价表

评价项目	评价内容	分值	组内自评(20%)	组间互评(20%)	教师评价(40%)	第三方评价(20%)	总分
职业素养(40%)	工作态度积极	10					
	沟通能力良好，主动与他人合作	10					
	尽职尽责完成工作任务	10					
	服从小组决定	20					
岗位技能(60%)	掌握常用输送设备的类型和特点	20					
	根据加工工艺需求合理选择相应输送设备和辅助设备	25					
	任务记录及时、准确，材料整理快速、完整	15					

特色模块◎专业拓展

饲料厂输送设备是饲料加工必不可缺的设备，如出现故障会影响饲料加工。

常见故障及排除方法

任务3.2　原料的接收与清理

🧰 任务描述

在饲料加工生产过程中，原料的接收是头道工序，是确保生产连续性和产品质量的关键工序。原料接收的主要任务是将饲料加工产生中所需的各种原料用某种运输设备运送至厂内，并经由质检、称量、清理等环节入库备用或是直接投入生产线使用。如不事先清理饲料原料中混入的杂质，不但会在加工过程中损坏设备，影响生产，还会影响产品质量，甚至影响动物生长。作为饲料厂生产部人员要熟知原料接收与清理设备。

清晰的思路可以有效提升任务的实施成效，达到事半功倍的效果。原料清理设备如图3-2-1所示。通过任务分析、设计完成方案、完成知识储备和技能训练，并通过二维码为其知识点讲解微课等立体化学习资源，突破学习障碍，顺利完成任务和综合评价。

图3-2-1　原料清理设备导图

📖 学习目标

1. 熟知原料接收和清理设备。
2. 清楚原料接收与清理的目的。
3. 在生产实践中，要认真、细心，保证接收原料的质量。

⌨ 知识储备

一、原料的接收

原料接收的如下。

1. 袋装原料接收工艺

（1）人工接收。用人力将袋装原料从输送工具上搬入仓库、堆垛，或搬下、拆包，投入投料坑。

（2）机械接收。袋装原料运至厂内，由人工搬至或机械卸下到胶带输送机运入仓库，由人工或机械堆垛。

2. 散装接收工艺

散装汽车或火车入厂的原料，经汽车地中衡和火车轨衡称重后，自动卸入下粮坑。

然后将原料由水平输送设备、斗式提升机进行输送，再经清理、称量，入库储存，或直接进入待粉碎仓或配料仓。包装接收时，则由人工拆包并将料倒入接收料斗，输送进入工作塔。

3. 液体原料的接收

饲料厂接收最多的液体原料是糖蜜和油脂。液体原料接收时，首先需进行检验。检验主要内容有颜色、气味、比重、浓度等。经检验合格的原料方可入库储存。

(1)糖蜜的接收。糖蜜的酸度在 5.5 以上，对钢板几乎没有腐蚀性，但在有水汽凝结于贮罐内壁时则会对罐壁造成腐蚀。在罐顶端要放置大口径的通气管，对于容积小的贮罐至少要设两个口径 10.0 cm 的通气口。贮罐的底部应设置凹槽，吸出泵的吸管就置于凹槽的上面，以吸糖蜜。糖蜜的注入管也应伸到接近罐底，以减少注入时产生气泡。

寒冷地区必须进行贮罐保温，加热糖蜜，以降低黏度，便于输送。糖蜜加热至 48 ℃ 即局部开始焦化，所以须使用温水或减压到表压低于 0.1 MPa 的蒸汽进行间接加热。糖蜜的输送可用螺旋泵。糖蜜罐进入厂内后，由厂内配置的泵送入贮罐。罐内有加热装置，使用时先加热，再用工作泵送到车间。

(2)油脂的接收。油脂的贮罐有斜底与锥底两种。斜底及锥底主要是为了集中沉积下来的砂杂和水分，使之从最低处排水口排出罐外。而油脂由略高于低面的管子吸收，以除水污。油脂排出口对斜底罐应至少高出 15 cm，可能时最好高出 30 cm；对于锥底罐则应设在高于圆锥部分。贮罐中一般都设置有加热蛇管，蛇管距罐底 15 cm 为宜，油脂排出口距底最好 25 cm，排水口在最低点。

油脂中夹带水分从 0.5% 增加到 3% 时，油脂的氧化加速，质量下降，对罐壁的腐蚀力增强。贮罐一般由普通碳素钢制成，壁厚 3 mm 左右。

油脂的接收路线与糖蜜基本相同。油脂接收后，使用前加热至 75~80 ℃，如用泵循环，可提高加热速度，使加热时间缩短一半。对于内设搅拌器的贮罐要间隙搅动。搅拌器的性能与贮罐的容积有关。正常工作要经常检查，至少每三个月清洗一次，以防止沉淀物沉积过多。为了避免混合物料添加油脂后形成脂肪球(粉球)，最好在混合机附近设置交换器，给油脂加热，使其保持在 60~90 ℃ 的范围内，以降低油脂的黏性。

二、原料的清理

饲料加工厂常用的清理方法如下。

1. 筛选法

用以筛除大于及小于饲料的泥沙、秸秆等大杂质和小杂质的方法，称为筛选法。

筛分原理：采用筛理机械可清除饲料中的杂质，也可进行饲料的分级筛理。筛理是根据物料粒子的粒形、宽、厚等方面的差别，使它们一部分通过筛面成为筛下物，另一部分留于筛面上成为筛上物，从而使饲料与杂质分离，达到去除杂质的目的，或供不同大小、不同形状的饲料分开，以进行分级处理。

采用圆孔筛或方孔筛，可按颗粒宽度不同进行分离。若饲料颗粒或杂质的宽度小于筛孔直径，在筛面上滑动时，宽度小的物料到达孔中时颗粒树立，顶端向孔下而穿过筛孔，成为筛下物；宽度大于筛孔直径的物料则成为筛上物。选用长孔筛，可按颗粒厚度不同进行分离。厚度小于筛孔厚度的粒料或杂质，在筛面上滑动时，倾斜翻转而穿过筛孔，成为筛下物；厚度大于筛孔厚度者不能穿过筛孔，成为筛上物。一些特别长的绳头、秸草等柔性杂质在筛理时会挂在筛孔上，一般要由人工及时除去。

2. 磁选法

利用磁场的吸力分离磁性杂质的方法，称为磁选法。在饲料原料中所夹杂的磁性杂质，如铁、钴、镍等金属碎块，以及磁铁矿、矿砂等。在饲料生产中一般只按除强磁性杂质的要求选用磁选设备。磁选设备的主要工作构件是磁铁。根据产生磁场的方法不同，磁铁可分为电磁铁和永久磁铁两大类。目前大多使用永磁磁选设备。

在筛选及其他加工过程中常辅以吸风除尘，以改善车间的环境卫生。

三、原料的储存

用于原料及成品的储存主要有房式仓和立筒库(也称为筒仓)。饲料厂的原料和成品的品种繁多、特性各异，大中型饲料厂一般都选择筒仓和房式仓相结合的储存方式，效果较好。

1. 房式仓

(1)优点：造价低，容易建造，适合存放粉料、油料饼粕及包装的成品。对于小品种价格昂贵的添加剂原料还需用特定的小型房式仓，由专人管理。

(2)缺点：装卸工作机械化程度低、劳动强度大，操作管理较困难。

2. 立筒库

(1)优点：个体仓容量大、占地面积小，适合存放谷物等粒状原料，便于进出仓机械化，操作管理方便，劳动强度小。

(2)缺点：造价高，施工技术要求高。

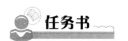 **任务书**

一、任务分组

填写任务分组信息表，见表 3 - 2 - 1。

表 3 - 2 - 1　任务分组信息表

任务名称			
小组名称		所属班级	
工作时间		指导教师	
团队成员	学号	岗位	职责

团队格言	
其他说明	分组任务实施过程中，各组内采用班组轮值制度，学生轮值担任不同岗位，确保每个人都有对接不同岗位的锻炼机会。在提升个人能力的同时，促进小组协作，培养学生团队合作和人际沟通的能力

二、任务分析

1. 原料的接收

原料接收是保证饲料产品质量的第一道工序，接收设备与工艺的设置要保证原料产品的安全储存，接收过程中要合理组合原料的清理设备。

按原料及成品的加工特性，大致可分为以下几类。

(1)待粉碎组分。主要有＿＿＿＿＿＿＿、＿＿＿＿＿＿＿、＿＿＿＿＿＿＿等。其多为＿＿＿＿＿＿＿，约占总量的＿＿＿＿＿＿＿。

(2)各种谷物及动物加工副产品。如＿＿＿＿＿＿＿、＿＿＿＿＿＿＿、＿＿＿＿＿＿＿、＿＿＿＿＿＿＿等，约占总量的＿＿＿＿＿＿＿，其状态多为＿＿＿＿＿＿＿。

(3)容重较大的无机盐类。如＿＿＿＿＿＿＿、＿＿＿＿＿＿＿、＿＿＿＿＿＿＿、＿＿＿＿＿＿＿等。这类物质多为＿＿＿＿＿＿＿。因盐类对金属有腐蚀作用，并易吸湿结块，所以贮藏时要注意其特性。

(4)液态原料。如＿＿＿＿＿＿＿、＿＿＿＿＿＿＿、＿＿＿＿＿＿＿及＿＿＿＿＿＿＿、＿＿＿＿＿＿＿等。

(5)药物及微量组分。主要有一些＿＿＿＿＿＿＿、＿＿＿＿＿＿＿、＿＿＿＿＿＿＿、＿＿＿＿＿＿＿等。这些物料的特点是品种多、数量少、价格较高，有些品种对人有害，贮藏时要有专门的场所存放和专人管理，不可与其他物料混杂。

2. 原料的清理

在进入饲料厂的原料中，可分为＿＿＿＿＿＿＿、＿＿＿＿＿＿＿、＿＿＿＿＿＿＿和＿＿＿＿＿＿＿。

饲料厂需清理的主要是＿＿＿＿＿＿＿及其加工副产品。＿＿＿＿＿＿＿等＿＿＿＿＿＿＿清理则在管道上放置过滤器等进行清理。

3. 原料接收的设备和设施

主要包括＿＿＿＿＿＿＿、＿＿＿＿＿＿＿及一些附属设备和设施。（详见任务3.1）

4. 原料清理设备

(1)圆筒初清筛。圆筒初清筛广泛应用于饲料厂、粮食加工厂、粮食立筒库及其他行业的原料接收清理。主要用于清除＿＿＿＿＿＿＿如＿＿＿＿＿＿＿、＿＿＿＿＿＿＿

_____、_____、_____、_____、
_____、_____等杂物，以改善车间环境，保护机械设备，
减少故障或损坏。

（2）圆锥粉料清理筛。圆锥粉料清理筛主要用于饲料厂_____如_____
_____、_____、_____等原料的清理，可
有效地分离混杂于粉状副料中的_____、_____、_____
_____、_____的大杂物，以使物料能顺利地通过其他设备，
有效地保证后段加工设备及输送设备的正常工作。该设备还可用于混合后的物料的筛理，
打碎和清除团状物料，以保证配合饲料的质量。

（3）回转振动分级筛。回转振动分级筛主要用于饲料厂的_____或
_____的筛选和分级，也可用于饲料厂原料的_____，
以及大、中型饲料厂_____后中间产品的分级。

（4）篦式磁选器。篦式磁选器常安装在_____、
和_____的_____处，磁铁呈
栅状排列，磁场相互叠加，强度高。

（5）永磁筒磁选器。由于永磁筒磁选器具有_____、_____、
不占场地、无须动力等优点，因此被饲料厂、粮油加工厂普遍采用。

三、任务实施

根据饲料原料选择清理设备（表3-2-2）。

表3-2-2 选择清理设备

饲料原料	设备的选择	记录人	完成人
大的杂质如稻草、麦秆、麻绳、纸片、土块、玉米叶、玉米棒等杂物			
如米糠、麸皮、鱼粉等			
大、中型饲料厂二次粉碎后中间产品的分级			
磁性金属杂质			

四、任务评价

1. 小组自检

首先进行个人自检，即每名组员根据自己所在岗位，按照任务实施步骤进行复盘，
并在下方空白处记录任务实施要点或关键数据 。

个人自检记录：

完成个人自检的组员可以向组长提交任务完成审核申请。组长参照任务分组信息(详见表3-2-1),根据任务要求和实验室安全规范,进行组内检查,并组织开展组员间检查,填写组内检查记录表(表3-2-3),完成组内检查。

表3-2-3　组内检查记录表

任务名称			
小组名称		所属班级	
检查项目	问题记录	改进措施	完成时间
任务总结			
组员个人提出的建议		说明:如果本次任务组内检查中未提出建议,则不需要填写	
组员个人收到的建议		说明:如果本次任务组内检查中未收到建议,则不需要填写	

2. 提交验收

各任务小组完成组内检查后,将组内检查记录表提交至教师处。教师在各小组抽调学生组成任务验收组,针对各任务小组提交的材料进行验收,并指出各小组存在的问题,给予改进意见,并填写任务验收表(表3-2-4)。

表3-2-4　任务验收表

任务名称			
小组名称		验收组成员	
任务概况	问题记录	改进意见	验收结果(通过/撤回)
组员个人提出的验收建议		说明:如果未参加本任务验收工作,则不需要填写	
组员个人收到的验收建议		说明:如果本任务验收中未收到建议,则不需要填写	
完成时间			
是否上传资料			

3. 结果与评价

各小组根据验收意见进一步整改后,将任务相关材料上传至线上课程资源库,方便实时查阅。教师组织结果与评价会议,各小组展示任务完成结果(选一名组员介绍任务完成过程，可以配合任务完成过程中录制的视频或配合讲义、图片等辅助完成展示过程），教师组织完成组内自评、组间互评和教师评价，并填写任务考核评价表(表3－2－5)。

表3－2－5　任务考核评价表

评价项目	评价内容	分值	组内自评(20%)	组间互评(20%)	教师评价(40%)	第三方评价(20%)	总分
职业素养(40%)	工作态度积极	10					
	沟通能力良好，主动与他人合作	10					
	尽职尽责完成工作任务	10					
	服从小组决定	10					
岗位技能(60%)	熟知原料接收和清理设备	20					
	清楚原料接收与清理的目的，并在生产实践中保证加工饲料原料质量	25					
	任务记录及时、准确，材料整理快速、完整	15					

特色模块◎专业拓展

　　饲料厂不同于其他粮食工厂的显著特点之一是原料及成品的种类繁多，并且各品种所占的比例差异较大。因此对于饲料厂来说，原料及成品的储存是一个十分重要的问题，它直接影响到生产的正常进行及工厂的经济效益。

原料及成品的储存

任务 3.3　原料的粉碎

任务描述

粉碎是饲料厂中最重要的生产环节之一。饲料原料粉碎后，其表面积增大，易与畜禽肠道中的酶等混合，利于畜禽消化、吸收，使输送、配料、混合、制粒等后续工作更加方便。粉碎粒度的大小应根据原料种类、饲喂动物的种类、生长阶段等而定。因此，作为饲料厂生产部人员必须掌握原料粉碎的目的与设备。

清晰的思路可以有效提升任务的实施成效，达到事半功倍的效果。粉碎的设备如图 3-3-1 所示。通过任务分析、设计完成方案、完成知识储备和技能训练，并通过二维码为其知识点讲解微课等立体化学习资源，突破学习障碍，顺利完成任务和综合评价。

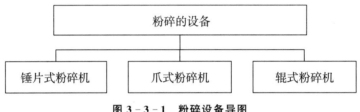

图 3-3-1　粉碎设备导图

学习目标

1. 熟知原料粉碎的设备。
2. 清楚原料粉碎的目的。
3. 在生产实践中，要精益求精，保证加工饲料的质量。

知识储备

一、粉碎粒度

物料颗粒的大小称为粒度，它是粉碎程度的代表性尺寸。对于球形颗粒来说，其粒度即为直径。对于非球形颗粒，则有以面积、体积或质量为基准的各种名义粒度表示法。在饲料行业一般采用粒度来表示物料的粒径。

二、粉碎方法

在饲料加工过程中，对于谷物和饼粕等饲料，常用击碎、磨碎、压碎与劈碎的方式将其粉碎。

1. 击碎粉碎

物料在瞬间受到外来的冲击而粉碎，它对于粉碎脆性物料最为有利，因其适应性广、生产率高，在饲料厂被广泛应用。

2. 磨碎

物料与运动的表面之间受一定的压力和剪切力作用，当剪应力达到物料的剪切强度极限时，物料被破碎。

3. 压碎

物料置于两个粉碎面之间，施加压力后粉料因压应力达到其抗压强度极限而被粉碎，所以粉碎效果较好。

4. 锯切碎

用一个平面和一个带尖棱的工作表面挤压物料时，物料沿压力作用线的方向劈裂，当劈裂平面上的拉应力达到或超过物料拉伸强度极限时物料破碎。

三、粉碎模型

Rosin-Rammler 等认为：粉碎产物的粒度分布具有二成分性，即合格的细粉和不合格的粗粉。根据这种双成分析，可以推论，颗粒的破坏与粉碎并非由一种破坏形成所致，而是由两种或两种以上破坏作用所共同构成的。Hating 等人提出了以下三种粉碎模型。

1. 体积粉碎模型

整个颗粒均受到破坏，粉碎后生成物多为粒度大的中间颗粒。随着粉碎过程的进行，这些中间颗粒逐渐被粉碎成细粉成分。撞击粉碎和挤压粉碎与此模型较为接近。

2. 表面粉碎模型

在粉碎的某一时刻，仅是颗粒的表面产生破坏，被磨削下微粉成分，这一破坏作用基本不涉及颗粒内部。这种情形是典型的磨碎和研磨粉碎方式。

3. 均一粉碎模型

施加于颗粒的作用力使颗粒产生均匀的分散性破坏，直接粉碎成微粉。均一粉碎模型仅符合结构极其不紧密的颗粒粉碎。

实际粉碎过程往往是前几种粉碎模型的综合，前者构成过渡成分，后者形成稳定成分。体积粉碎与表面粉碎所得的粉碎产物的粒度分布有所不同，体积粉碎后的粒度较窄较集中，但细颗粒比例较小；表面粉碎后细粉粒较多，但粒度分布范围较宽，即粗颗粒也较多。

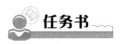

任务书

一、任务分组

填写任务分组信息表，见表 3-3-1。

表 3-3-1　任务分组信息表

任务名称				
小组名称		所属班级		
工作时间		指导教师		
团队成员	学号	岗位		职责
团队格言				
其他说明	分组任务实施过程中，各组内采用班组轮值制度，学生轮值担任不同岗位，确保每个人都有对接不同岗位的锻炼机会。在提升个人能力的同时，促进小组协作，培养学生团队合作和人际沟通的能力			

二、任务分析

1. 粉碎目的

(1)增加＿＿＿＿＿＿＿＿＿＿＿，有利于＿＿＿＿＿＿＿＿＿＿＿＿。

(2)＿＿＿＿＿＿和＿＿＿＿＿＿物料的＿＿＿＿＿＿＿＿。

2. 粉碎粒度要求

物料颗粒的大小称为粒度，它是粉碎程度的代表性尺寸(表 3-3-2)。

表 3-3-2　粉碎粒度要求

饲养对象	饲养阶段	粒度要求
猪	仔猪	
	育肥猪	
	母猪	
鸡	肉鸡	
	蛋鸡	

3. 粉碎设备

(1)锤片式粉碎机。按粉碎机的进料方向，锤片式粉碎机可分为＿＿＿＿＿＿＿、＿＿＿＿＿＿＿、＿＿＿＿＿＿＿三种。

按筛板的形式分类有：＿＿＿＿＿＿＿＿＿、＿＿＿＿＿＿＿＿＿。

按粉碎室的形状分类有：＿＿＿＿＿＿＿＿＿和＿＿＿＿＿＿＿＿＿。

在饲料厂中应用最为广泛的是＿＿＿＿＿＿＿＿＿，以粉碎＿＿＿＿＿＿＿＿＿为主。

(2)爪式粉碎机。爪式粉碎机又称笼式粉碎机，以粉碎＿＿＿＿＿＿＿＿＿为主。

（3）辊式粉碎机。辊式粉碎机适合粉碎_____，不适合粉碎_____
_____物料。

三、任务实施

根据粉碎原料选择相应粉碎设备（表3-3-3）。

表3-3-3 选择相应粉碎设备

粉碎原来	设备的选择	记录人	完成人
淀粉含量较高的谷物，含油较高的饼粕，含纤维较高的果壳、秸秆等			
粉碎脆性硬质物料			
粉碎谷物饲料			

四、任务评价

1. 小组自检

首先进行个人自检，即每名组员根据自己所在岗位，按照任务实施步骤进行复盘，并在下方空白处记录任务实施要点或关键数据。

个人自检记录：

完成个人自检的组员可以向组长提交任务完成审核申请。组长参照任务分组信息（表3-3-1），根据任务要求和实验室安全规范，进行组内检查，并组织开展组员间检查，填写组内检查记录表（表3-3-4），完成组内检查。

表3-3-4 组内检查记录表

任务名称			
小组名称		所属班级	
检查项目	问题记录	改进措施	完成时间
任务总结			
组员个人提出的建议		说明：如果本次任务组内检查中未提出建议，则不需要填写	
组员个人收到的建议		说明：如果本次任务组内检查中未收到建议，则不需要填写	

2. 提交验收

各任务小组完成组内检查后，将组内检查记录表提交至教师处。教师在各小组抽调学生组成任务验收组，针对各任务小组提交的材料进行验收，并指出各小组存在的问题，给予改进意见，并填写任务验收表(表3-3-5)。

表 3-3-5　任务验收表

任务名称			
小组名称		验收组成员	
任务概况	问题记录	改进意见	验收结果(通过/撤回)
组员个人提出的验收建议		说明：如果未参加本任务验收工作，则不需要填写	
组员个人收到的验收建议		说明：如果本任务验收中未收到建议，则不需要填写	
完成时间			
是否上传资料			

3. 结果与评价

各小组根据验收意见进一步整改后，将任务相关材料上传至任务资源库，方便实时查阅。教师组织结果与评价会议，各小组展示任务完成结果(选一名组员介绍任务完成过程，可以配合任务完成过程中录制的视频或配合讲义、图片等辅助完成展示过程)，教师组织完成组内自评、组间互评和教师评价，并填写任务考核评价表(表3-3-6)。

表 3-3-6　任务考核评价表

评价项目	评价内容	分值	组内自评(20%)	组间互评(20%)	教师评价(40%)	第三方评价(20%)	总分
职业素养(40%)	工作态度积极	10					
	沟通能力良好，主动与他人合作	10					
	尽职尽责完成工作任务	10					
	服从小组决定	10					
岗位技能(60%)	熟知原料粉碎的设备	20					
	清楚清楚原料粉碎的目的，并在生产实践中保证加工饲料质量	25					
	任务记录及时、准确，材料整理快速、完整	15					

　　饲料工业中应用微粉碎加工技术有两个方面。一是由于配合饲料中含有部分微量组分，其添加量很小，各组分约占配方中的 1.0%，为提高微量组分颗粒的总数目，保证其散落性和混合均匀，必须将其粉碎得很细。例如当每吨配合饲料中的添加量为 10 mg 时，要求其粒径不大于 5。二是对于水产饲料及特种动物饲料，为使其在加工工程中获得良好的工艺性和确保饲料产品的优良品质，要求其原料进行微粉碎或超微粉碎。

微粉碎和超微粉碎
设备与要求

任务 3.4　配料与混合

任务描述

　　配料与混合是根据配方配料标准，将所需原料进行准确称量，把称好的原料经混合机加工，使原料中的每一小部分，甚至是一粒饲料及成本比例都和配方所要求的一样。配料是饲料加工工艺的核心，而混合是确保饲料质量和提高饲料报酬的重要环节，所以配料混合工段要高度协调，配合生产过程多由计算机控制系统控制。因此，作为饲料厂生产部人员必须掌握常用饲料混合的设备。

　　清晰的思路可以有效提升任务的实施成效，达到事半功倍的效果。饲料混合设备如图 3-4-1 所示。通过任务分析、设计完成方案、完成知识储备和技能训练，并通过二维码为其知识点讲解微课等立体化学习资源，突破学习障碍，顺利完成任务和综合评价。

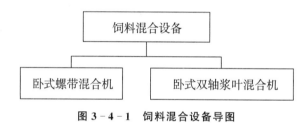

图 3-4-1　饲料混合设备导图

学习目标

1. 清楚配料的工艺。
2. 熟知饲料混合的设备。
3. 在生产实践中，精益求精，保证加工饲料的质量。

知识储备

一、配料生产工艺

　　设计合理的配料工艺流程，在于正确地选定配料计量装置的规格、数量，并使其与配料给料设备、混合机组等设备的组合充分协调。优化的配料工艺流程可提高配料准确度、缩短配料周期，有利于实现配料生产过程的自动化和生产管理的科学化。目前最常见的配料工艺流程有一仓一秤、多仓一秤、多仓数秤（2~4 个配料秤）等几种形式。

1. 一仓一秤工艺

　　在有 8~10 个配料仓的小型饲料加工机组中，每个配料仓下配置一台重量式台秤。

各台秤的秤量可以不同。作业时各台秤独立完成进料、称量和卸料的配料周期动作。这种工艺的优点是配料周期短、准确度高，但设备多、投资大，使用维护也较复杂。

2. 多仓一秤工艺

在有6～10个配料仓的小型饲料加工厂中，全部配料仓下仅配置一台电子配料秤。各配料仓依次称量配料，配料周期相对较长。配料仓多了就有配料周期比混合周期长因而降低生产效率的问题；更重要的是小配比(5%～20%)的原料在称量时的误差很大，会降低产品的质量和增加生产成本。故目前这种工艺应用不广。

3. 多仓数秤配料工艺

在有12～16个配料仓的中型饲料厂或有16～24个配料仓的大型饲料厂中，应用较多的配料工艺是多仓双秤与多仓三秤的工艺形式。优点是大秤量的用大秤，小秤量的用小秤，故可提高配料准确度；同时也增加了可直接配料的原料品种和数量(因为小秤的最大秤量的5%比大秤的小许多。例如大秤500 kg，小秤100 kg，那么允许直接参加配料的原料最小秤量，大秤是25 kg，小秤是5 kg)。此外，大小秤同时配料，可缩短配料周期。有的配料系统不仅可同时向大小数个秤同时给料，亦可有两个给料器同时向一个秤斗给料(如主原料玉米可双仓或多仓给料)，均可缩短配料周期。现代饲料厂的配料周期已可由过去的5 min左右缩短至3 min左右，适应了推广发展高速高效混合机(如双轴桨叶式混合机)的要求，成倍地提高了饲料生产效率与设备利用率。

二、混合类型

1. 按被混合物料的状态(性质)划分

按被混合物料的状态划分，可分为固固混合和固液混合两种。其中，固固混合又包括主流混合和预混合；固液混合为粉状饲料中添加少量液体的固液混合。

2. 按混合工艺

按混合工艺划分，混合操作又可分为分批混合和连续混合两种。

(1)分批混合就是将多种混合组分根据配方的比例要求配置在一起，并将其送入周期性工作的"批量混合机"进行混合。混合机的进料、混合与卸料三个工作过程不能同时进行。三个工作过程组成一个完整的混合周期。混合一个周期，即生产出一批混合好的饲料。这种混合方式改换配方方便，各批之间的混杂较少，是目前普遍应用的一种混合工艺。

(2)连续混合是各种物料分别同时连续计量，并按配方的比例配置成一股含有各种组分的料流。当料流进入连续混合机后，混合成一股均匀的料流。这种混合工艺的优点是可连续地进行生产，前后工段容易衔接，操作简单。目前连续混合仅用于混合质量要求不高的场合。

 **任务书**

一、任务分组

填写任务分组信息表，见表 3-4-1。

表 3-4-1 任务分组信息表

任务名称			
小组名称		所属班级	
工作时间		指导教师	
团队成员	学号	岗位	职责
团队格言			
其他说明	分组任务实施过程中，各组内采用班组轮值制度，学生轮值担任不同岗位，确保每个人都有对接不同岗位的锻炼机会。在提升个人能力的同时，促进小组协作，培养学生团队合作和人际沟通的能力		

二、任务分析

1. 混合机的分类

(1)按作业方式划分。

①_____将各种饲料原料按配方比例要求配置成一定容量的一个批量，将这个批量的物料送入混合机进行混合，一个混合周期即生产一个批量的产品。

②_____将各种饲料分别按配方比例要求连续计量，同时送入混合机内进行混合，它的进料和出料都是连续的。

(2)按主轴的设置形式划分。按主轴的设置形式划分，可分为_____和_____。_____有混合周期短、混合均匀度高及残留量少等优点。_____结构简单、动力小，但混合周期长、残留量多。

(3)按运动部件划分。按运动部件划分，混合机可分为_____和_____两大类。

2. 常用饲料混合机

(1)卧式螺带混合机。卧式螺带混合机有_____和_____两种。_____的混合机按混合室的形式，可分为_____型和_____型。其中，_____型主要为小型机，多用于预混合饲料的生产上，_____型机应用得最为普遍；_____混合机则为_____型，_____型机多为大型厂选用。

卧式螺带混合机的优点是＿＿＿＿＿＿＿＿＿＿＿＿＿＿＿＿＿＿＿＿＿＿。

（2）卧式双轴桨叶混合机。卧式双轴桨叶混合机是在 20 世纪 90 年代中期推出的一种新型混合机，它具有＿＿＿＿＿＿、＿＿＿＿＿＿、＿＿＿＿＿＿等特点，在大型饲料厂、预混合饲料厂中迅速获得广泛应用。该机型有如下优点：＿＿＿＿＿＿。

三、任务实施

根据混合工艺选相应混合设备（表 3－4－2）。

表 3－4－2　选择相应混合设备

混合工艺设备的选择记录人完成人			
分批混合			
连续混合			

四、任务评价

1. 小组自检

首先进行个人自检，即每名组员根据自己所在岗位，按照任务实施步骤进行复盘，并在下方空白处记录任务实施要点或关键数据。

个人自检记录：

完成个人自检的组员可以向组长提交任务完成审核申请。组长参照任务分组信息（表 3－4－1），根据任务要求和实验室安全规范，进行组内检查，并组织开展组员间检查，填写组内检查记录表（表 3－4－3），完成组内检查。

表 3－4－3　组内检查记录表

任务名称			
小组名称		所属班级	
检查项目	问题记录	改进措施	完成时间
任务总结			
组员个人提出的建议		说明：如果本次任务组内检查中未提出建议，则不需要填写	
组员个人收到的建议		说明：如果本次任务组内检查中未收到建议，则不需要填写	

2. 提交验收

各任务小组完成组内检查后，将组内检查记录表提交至教师处。教师在各小组抽调学生组成任务验收组，针对各任务小组提交的材料进行验收，并指出各小组存在的问题，给予改进意见，并填写任务验收表（表3-4-4）。

表3-4-4　任务验收表

任务名称			
小组名称		验收组成员	
任务概况	问题记录	改进意见	验收结果（通过/撤回）
组员个人提出的验收建议		说明：如果未参加本任务验收工作，则不需要填写	
组员个人收到的验收建议		说明：如果本任务验收中未收到建议，则不需要填写	
完成时间			
是否上传资料			

3. 结果与评价

各小组根据验收意见进一步整改后，将任务相关材料上传至线上课程资源库，方便实时查阅。教师组织结果与评价会议，各小组展示任务完成结果（选一名组员介绍任务完成过程，可以配合任务完成过程中录制的视频或配合讲义、图片等辅助完成展示过程），教师组织完成组内自评、组间互评和教师评价，并填写任务考核评价表（表3-4-5）。

表3-4-5　任务考核评价表

评价项目	评价内容	分值	组内自评（20%）	组间互评（20%）	教师评价（40%）	第三方评价（20%）	总分
职业素养（40%）	工作态度积极	10					
	沟通能力良好，主动与他人合作	10					
	尽职尽责完成工作任务	10					
	服从小组决定	10					
岗位技能（60%）	清楚配料的工艺	20					
	熟知饲料混合的设备，并在生产实践中保证加工饲料质量	25					
	任务记录及时、准确，材料整理快速、完整	15					

任务 3.5　制粒工艺

任务描述

制粒是通过机械作用将单一原料或配合混合料压实并挤压出模孔，形成颗粒状饲料的过程。与粉状饲料相比，颗粒饲料可以提高饲料消化率，减少动物挑食，储存运输更为经济，杀灭动物饲料中的沙门菌等。因此，作为饲料厂生产部人员必须掌握制粒的分类与设备。

清晰的思路可以有效提升任务的实施成效，达到事半功倍的效果。制粒设备的分类如图 3-5-1 所示。通过任务分析、设计完成方案、完成知识储备和技能训练，并通过二维码为其知识点讲解微课等立体化学习资源，突破学习障碍，顺利完成任务和综合评价。

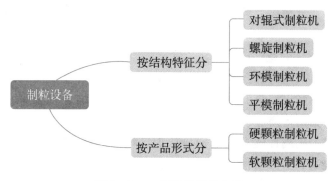

图 3-5-1　制粒设备的分类

学习目标

1. 清楚制粒的目的。

2. 熟知制粒的分类与设备。

3. 在生产实践中，精益求精，保证加工饲料的质量。

知识储备

一、制粒的目的

通过机械作用将单一原料或配合混合料压实并挤压出模孔形成的颗粒状饲料称为制粒。制粒的目的是将细碎的、易扬尘的、适口性差的和难于装运的饲料，利用制粒加工过程中的热、水分和压力的作用制成颗粒料。与粉状饲料相比，颗粒饲料具有以下优点。

1. 提高饲料消化率

在制粒过程中，由于水分、温度和压力的综合作用，使饲料发生一些理化反应，使淀粉糊化，酶的活性增强，能使饲喂动物更迅速地消化饲料，转化为体重的增加。用全价颗粒料喂养畜禽，与粉料相比，可提高转化率10%～12%。用颗粒料喂育肥猪，平均日增重4%，料肉比降低6%，喂肉鸡可平均降低3%～10%。

2. 减少动物挑食

配合饲料是由多种原料根据动物的营养需要配合而成，通过制粒使各种粉状原料成为一个整体，可防止动物从粉料中挑拣其爱吃的，拒绝摄入其他成分的现象。颗粒饲料在储运和饲喂过程中可保持均一性，因此可减少饲料损失8%～10%。

3. 使储存运输更为经济

制粒一般会使粉料的散装密度增加40%～100%。

4. 避免饲料成分的自动分级，减少环境污染

在粉料储运过程中由于各种粉料的容重不一，极易产生分级。制成颗粒后就不存在饲料成分的分级，并且颗粒不易起尘，在饲喂过程中颗粒对空气和水质的污染较粉料要少得多。

5. 杀灭动物饲料中的沙门菌

沙门菌被动物摄入体内后会保留在动物组织中，人吃了感染这种细菌的动物产品后会得一种沙门杆菌的肠胃病。采用蒸汽高温调质再制粒的方法能杀灭存在于动物饲料中的沙门菌，减少病菌的传播。

随着颗粒饲料的优越性逐渐被人们所认识，颗粒饲料占配合饲料的总量不断提高。随着产品质量的提高和水产动物饲养量的不断扩大，制粒饲料占有量将进一步提高。与粉状饲料相比，颗粒饲料也存在一些不足，如电耗高、所用设备多、需要蒸汽、机器易损坏及消耗大等。同时，在加热、挤压过程中，一部分不稳定的营养成分受到一定程度的破坏等。颗粒饲料的综合经济技术指标优于粉状饲料，所以制粒是现代饲料加工中一个必备的加工工段。

二、硬颗粒饲料的技术要求

在颗粒饲料中，硬颗粒饲料占了相当大的比重，现仅介绍对硬颗粒饲料的质量要求。

1. 感官指标

硬颗粒饲料产品的形状要求大小均匀，表面有光泽，没有裂纹，结构紧密，手感较硬。

2. 物理指标

(1)颗粒直径：直径或厚度为1～20 mm，根据饲喂动物种类而不同，可参照表3-5-1中的数据生产。

表 3－5－1　适宜的颗粒直径

饲喂动物	颗粒直径/mm	饲喂动物	颗粒直径/mm
幼鱼、幼虾	1～2 mm 以下碎屑	产蛋鸡	1.8
成鱼	3.0	蛋鸭	6.0～8.0
雏禽	2.4	兔、羊、牛犊	6.0
成鸡、小仔鸡	3.2	牛、猪、马	9.5～15.9
成年肉用鸡、种鸡	5.0	撒喂方式的牛	19

（2）颗粒长度：通常颗粒饲料的长度为其直径的 1.5～2 倍，鸡饲料的长度要严格控制，过长会卡塞喉咙，导致窒息。

（3）颗粒水分：我国南方的颗粒饲料水分应≤12.5％，贮藏时间长的应更低，北方地区的颗粒饲料水分可≤13.5％。

（4）颗粒密度：颗粒结构越紧、密度越大，则越能承受包装运输过程中的冲击而不破碎，产生的粉末越少，颗粒饲料的商品价值越有保证。但过度坚硬会使制粒机产量下降，动力消耗增加，还使动物咀嚼费力。通常颗粒密度以 $1.2～1.3$ g/cm^3 为宜，一般颗粒能承受压强为 90～2 000 kPa，体积容量为 0.60～0.75 t/m^3。具体数据因制粒或压块的物料种类而不同。

任务书

一、任务分组

填写任务分组信息表，见表 3－5－2。

表 3－5－2　任务分组信息表

任务名称			
小组名称		所属班级	
工作时间		指导教师	
团队成员	学号	岗位	职责
团队格言			
其他说明	分组任务实施过程中，各组内采用班组轮值制度，学生轮值担任不同岗位，确保每个人都有对接不同岗位的锻炼机会。在提升个人能力的同时，促进小组协作，培养学生团队合作和人际沟通的能力		

二、任务分析

1. 颗粒产品的分类

颗粒饲料通常有三种类型。

（1）＿＿＿＿＿＿＿＿调质后的粉料经压模和压辊的挤压，通过模孔成型。硬颗粒饲料产品以圆柱形为多，其水分一般低于＿＿＿＿＿＿＿＿，相对密度为＿＿＿＿＿＿＿＿，颗粒较硬，适用于多种动物，是目前生产量最大的颗粒饲料。

（2）＿＿＿＿＿＿＿＿含水量大于＿＿＿＿＿＿＿＿，以圆柱形为多，一般由使用单位自己生产，即做即用，也可风干使用。

（3）＿＿＿＿＿＿＿＿粉料经调质后，在高温、高压下挤出模孔，密度低于＿＿＿＿＿＿＿＿。形状多样，适用于水产动物类、幼畜、观赏动物等。

2. 制粒机械的分类

（1）按结构特征划分。

①＿＿＿＿＿＿＿＿：其主要工作部件是一对反向、等速旋转的轧辊。它依靠轧辊的凹槽，使物料成形。因该机压缩作用时间短，颗粒强度较小，生产率低，一般应用较少。

②＿＿＿＿＿＿＿＿：其主要部件是圆柱形的或圆锥形的螺杆，它依靠螺杆对饲料挤压，通过模板成形，生产效率不高。我国多用其生产软颗粒饲料。

③＿＿＿＿＿＿＿＿：其主要部件是环模和压辊，通过环模和压辊对物料的强烈挤压使粉料成形。它又可分为齿轮传动型和皮带传动型两种，是目前国内外使用最多的机型，主要用于生产各种畜禽料、特种水产料和一些特殊物料的制粒。

④＿＿＿＿＿＿＿＿：其主要工作部件是平模和压辊，结构较环模简单，但平模易损坏，磨损不均匀。国内的平模制粒机多为小型机，它较适用于压制纤维型饲料。

（2）按产品形式划分。

①＿＿＿＿＿＿＿＿：颗粒饲料具有较大的硬度和密度。

②＿＿＿＿＿＿＿＿：颗粒产品水分较大，密度小。

目前使用最多的是环模式硬颗粒制粒机。

三、任务实施

根据饲料种类选相应制粒设备（表3－5－3）。

表 3－5－3　选择相应制粒设备

饲料种类	设备的选择	记录人	完成人
软颗粒饲料			
畜禽料、特种水产料和一些特殊物料			
纤维型饲料			

三、任务评价

1. 小组自检

首先进行个人自检,即每名组员根据自己所在岗位,按照任务实施步骤进行复盘,并在下方空白处记录任务实施要点或关键数据。

个人自检记录:

完成个人自检的组员可以向组长提交任务完成审核申请。组长参照任务分组信息(表3-5-2),根据任务要求和实验室安全规范,进行组内检查,并组织开展组员间检查,填写组内检查记录表(表3-5-4),完成组内检查。

表3-5-4 组内检查记录表

任务名称			
小组名称		所属班级	
检查项目	问题记录	改进措施	完成时间
任务总结			
组员个人提出的建议		说明:如果本次任务组内检查中未提出建议,则不需要填写	
组员个人收到的建议		说明:如果本次任务组内检查中未收到建议,则不需要填写	

2. 提交验收

各任务小组完成组内检查后,将组内检查记录表提交至教师处。教师在各小组抽调学生组成任务验收组,针对各任务小组提交的材料进行验收,并指出各小组存在的问题,给予改进意见,并填写任务验收表(表3-5-5)。

表3-5-5 任务验收表

任务名称			
小组名称		验收组成员	
任务概况	问题记录	改进意见	验收结果(通过/撤回)
组员个人提出的验收建议		说明:如果未参加本任务验收工作,则不需要填写	
组员个人收到的验收建议		说明:如果本任务验收中未收到建议,则不需要填写	
完成时间			
是否上传资料			

3. 结果与评价

各小组根据验收意见进一步整改后，将任务相关材料上传至线上课程资源库，方便实时查阅。教师组织结果与评价会议，各小组展示任务完成结果（选一名组员介绍任务完成过程，可以配合任务完成过程中录制的视频或配合讲义、图片等辅助完成展示过程），教师组织完成组内自评、组间互评和教师评价，并填写任务考核评价表（表3－5－6）。

表 3－5－6　任务考核评价表

评价项目	评价内容	分值	组内自评（20%）	组间互评（20%）	教师评价（40%）	第三方评价（20%）	总分
职业素养（40%）	工作态度积极	10					
	沟通能力良好，主动与他人合作	10					
	尽职尽责完成工作任务	10					
	服从小组决定	10					
岗位技能（60%）	清楚制粒的目的	20					
	熟知制粒的分类与设备，并在生产实践中保证加工饲料质量	25					
	任务记录及时、准确，材料整理快速、完整	15					

任务 3.6 成品的处理

🧰 任务描述

饲料厂成品处理是确保饲料产品包装质量和数量的关键环节，确保产品的完整性和卫生标准，以便于储存、运输和销售。因此，作为饲料厂生产部人员必须掌握成品处理流程。

清晰的思路可以有效提升任务的实施成效，达到事半功倍的效果。饲料成品处理流程如图3－6－1所示。通过任务分析、设计完成方案、完成知识储备和技能训练，并通过二维码为其知识点讲解微课等立体化学习资源，突破学习障碍，顺利完成任务和综合评价。

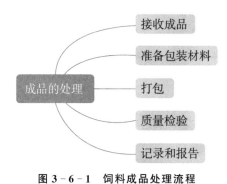

图 3－6－1 饲料成品处理流程

🔍 学习目标

1. 熟知成品打包流程。

2. 在生产实践中注重细节，具备良好的质量意识，能够准确判断产品的质量问题，并及时处理。

⌨️ 知识储备

一、工作流程

饲料厂成品打包工作的主要流程如下。

(1)接收成品：从生产线上接收成品饲料，并按照规定的包装要求进行分类和整理。

(2)准备包装材料：根据产品的包装要求，准备好适当的包装材料，如塑料袋、纸箱等。对每个包装材料进行质量检查，确保没有破损或污染。

(3)打包：根据产品的包装要求，将饲料产品放入包装材料中，并进行密封和标注。

(4)质量检验：对打包好的产品进行质量检验，确保包装的完整性和卫生标准。

(5)记录和报告：记录每个批次的打包数量和质量情况，并及时向上级汇报。

二、安全注意事项

饲料厂成品打包工作中需要注意以下安全事项。

(1)在操作过程中，穿戴好相关的安全装备，如手套、口罩等。

(2)注意防止包装材料的划伤和破损，避免对自身和他人造成伤害。

(3)严禁在工作区域吃东西或喝水，以避免污染饲料产品。

任务书

一、任务分组

填写任务分组信息表，见表3-6-1。

表3-6-1　任务分组信息表

任务名称				
小组名称		所属班级		
工作时间		指导教师		
团队成员	学号	岗位		职责
团队格言				
其他说明	分组任务实施过程中，各组内采用班组轮值制度，学生轮值担任不同岗位，确保每个人都有对接不同岗位的锻炼机会。在提升个人能力的同时，促进小组协作，培养学生团队合作和人际沟通的能力			

二、任务分析

1. 接收成品

确保及时接收生产线上的_____，并按照规定的包装要求进行_____和_____。检查每个批次的成品饲料的_____和_____，并记录。

2. 准备包装材料

根据产品的_____，准备好适当的_____材料，如塑料袋、纸箱等。检查包装材料的质量，确保没有_____或_____。

3. 打包

根据产品的包装要求，将饲料产品放入包装材料中，并进行＿＿＿＿＿＿＿＿＿＿＿＿＿和＿＿＿＿＿＿＿＿＿＿＿＿＿。确保包装的＿＿＿＿＿＿＿＿＿、＿＿＿＿＿＿＿＿＿，并注意包装过程中的＿＿＿＿＿＿＿＿＿。

4. 质量检验

对打包好的产品进行质量检验，确保包装的＿＿＿＿＿＿＿＿＿和＿＿＿＿＿＿＿＿＿。检查包装是否有＿＿＿＿＿＿＿＿＿、＿＿＿＿＿＿＿＿＿等问题，并及时处理。

5. 记录和报告

记录每个批次的打包＿＿＿＿＿＿＿＿＿和＿＿＿＿＿＿＿＿＿情况，并填写相应的记录表。及时向上级汇报打包工作的进展和问题，以便及时解决。

三、任务实施

饲料成品包装完成后非实验室质量检验指标（表3-6-2）。

表3-6-2　非实验室质量检验指标

检查项目	检查结果	记录人	完成人
包装袋完整性			
成品袋重			
成品密封性			
成品污染情况			
产品标签			

四、任务评价

1. 小组自检

首先进行个人自检，即每名组员根据自己所在岗位，按照任务实施步骤进行复盘，并在下方空白处记录任务实施要点或关键数据。

个人自检记录：

完成个人自检的组员可以向组长提交任务完成审核申请。组长参照任务分组信息（表3-6-1），根据任务要求和实验室安全规范，进行组内检查，并组织开展组员间检查，填写组内检查记录表（表3-6-3），完成组内检查。

表 3-6-3　组内检查记录表

任务名称			
小组名称		所属班级	
检查项目	问题记录	改进措施	完成时间
任务总结			
组员个人提出的建议		说明：如果本次任务组内检查中未提出建议，则不需要填写	
组员个人收到的建议		说明：如果本次任务组内检查中未收到建议，则不需要填写	

2. 提交验收

各任务小组完成组内检查后，将组内检查记录表提交至教师处。教师在各小组抽调学生组成任务验收组，针对各任务小组提交的材料进行验收，并指出各小组存在的问题，给予改进意见，并填写任务验收表（表 3-6-4）。

表 3-6-4　任务验收表

任务名称			
小组名称		验收组成员	
任务概况	问题记录	改进意见	验收结果（通过/撤回）
组员个人提出的验收建议		说明：如果未参加本任务验收工作，则不需要填写	
组员个人收到的验收建议		说明：如果本任务验收中未收到建议，则不需要填写	
完成时间			
是否上传资料			

3. 结果与评价

各小组根据验收意见进一步整改后，将任务相关材料上传至线上课程资源库，方便实时查阅。教师组织结果与评价会议，各小组展示任务完成结果（选一名组员介绍任务完成过程，可以配合任务完成过程中录制的视频或配合讲义、图片等辅助完成展示过程），教师组织完成组内自评、组间互评和教师评价，并填写任务考核评价表（表 3-6-5）。

表 3－6－5　任务考核评价表

评价项目	评价内容	分值	组内自评（20%）	组间互评（20%）	教师评价（40%）	第三方评价（20%）	总分
职业素养（40%）	工作态度积极	10					
	沟通能力良好，主动与他人合作	10					
	尽职尽责完成工作任务	10					
	服从小组决定	10					
岗位技能（60%）	熟知成品打包流程	20					
	在生产实践中注重细节，具备良好的质量意识，能够准确判断产品的质量问题，并及时处理。	25					
	任务记录及时、准确，材料整理快速、完整	15					

项目4　饲料的品质控制

🧰 知识框架

　　本项目以"饲料样本的采集、制备及保存""饲料的感官鉴定和显微镜检验""饲料水分的测定""饲料中粗蛋白的测定""饲料中粗脂肪的测定""饲料中粗纤维的测定""饲料中粗灰分的测定""饲料中钙含量的测定""饲料中总磷含量的测定""饲料中水溶性氯化物的测定""饲料中无氮浸出物的计算""饲料用大豆制品中尿素酶活性的测定"12个任务进行驱动，包含宠物食品质量检测、常见饲料原料的显微特征、动物所需营养成分、半微量凯氏定氮法、脂肪—酸提取法、粗纤维在饲料中的应用、畜禽重金属中毒事件、缺钙引起的动物疾病、宠物钙磷代谢病、饲料检测实验室的建设及管理、畜禽饲料"禁抗"、霉菌毒素及其检测等学习内容。

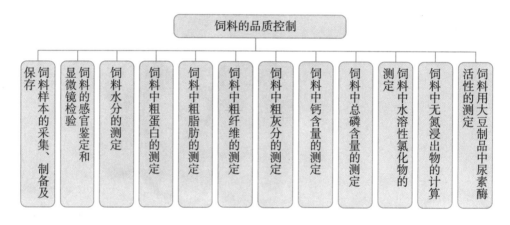

👤 学习目标

知识目标

1. 掌握饲料品控部门采样员岗位所必需的样本采集、制备及保存方法。
2. 掌握饲料品控部门检验员岗位所必需的原料、半成品及成品常规成分的检测方法。
3. 掌握岗位必需的饲料中所涉及常规成分的相关知识。
4. 掌握采样岗位、检验岗位所必需相关常规成分检测时的注意事项。
5. 掌握采样岗位、检验岗位涉及饲料中常规成分检测分析记录和检验结果报告的填写方法。

技能目标

1. 掌握采样岗位、检验岗位所必需的样本采集、制备、保存及常规成分的检测的技能。

2. 针对饲料品控部门岗位，能够独立完成饲料常规成分检测，并能对饲料品质进行分析。

素养目标

1. 秉持创新、严谨、务实的理念，完成采样岗位、检验岗位任务。

2. 坚持问题导向，增强问题意识，聚焦产品检测、质量控制出现的各种问题，实事求是、坚持原则、一丝不苟地完成产品检测，对产品品质进行分析。

3. 引导学生履行道德准则和行为规范，具有社会责任感。培养其三农情怀，宣传党的二十大报告中关于推进现代畜牧产业集群建设的相关政策，树立扎根农牧行业的信心。

4. 增强团队刻苦耐劳、任劳任怨、忠诚、坚持原则等岗位精神。

🖮 项目导入

　　同学们，你是否购买过这样的鸭蛋？早在 2006 年 11 月 12 日央视就播报了红心鸭蛋事件。当时，北京市个别市场和经销企业售卖来自河北石家庄等地用添加苏丹红的饲料喂鸭所生产的"红心鸭蛋"，并在该批鸭蛋中检测出苏丹红。随后广州、河北等地继出现"红心鸭蛋"事件。苏丹红是一种有机合成的红色工业染料，通常用于为溶剂、油、蜡、汽油增色，以及鞋、地板等增光。一些不法鸭蛋贩子和饲料供应商暗中向养殖户和养殖企业销售苏丹红牟取暴利，使一些毫不知情的养殖户在此次红心鸭蛋事件中蒙受损失。红心鸭蛋事件告诫人们，规范食品添加剂的使用标准，包括允许使用的品种、范围、目的（工艺效果）和最大使用量等，严格遵守规定，科学、正确地使用食品添加剂，加强食品安全检测、监察、评价和预警，是维护动物食品安全不可缺少的重要环节。而在法律法规约束的同时，以科技为动力，研究食品安全关键技术，加强饲料添加剂、兽药残留等关键检测、监控技术与仪器设备的开发，提高分析方法及设备的灵敏度和准确性，为动物的高效生产、人类的食品安全、环境的和谐稳定保驾护航。这就要求从业者必须坚持良好的道德准则和行为规范，对饲料进行品质控制，守好产品质量这一关。

　　通过前面的学习，我们可以对饲料原料进行识别，加工生产饲料，那么如何确保原料品质，保证生产出来的产品是合格的呢？这就要求对相应产品质量进行控制，要求饲料厂品控部门把握产品品质。作为品控部采样员、检验员，应具备一定的化学分析能力，对仪器设备的使用比较熟悉，能够熟练进行常规成分的分析检测操作；能够履行良好道德准则和行为规范，具有社会责任感；增强团队刻苦耐劳、任劳任怨、忠诚、坚持原则等岗位精神，并以此为基础，结合相关成分检测前沿技术，保障企业产品质量。

任务4.1 饲料样本的采集、制备及保存

任务描述

饲料厂新进一批饲料原料，本任务需要同学作为一名检验人员如何针对不同饲料类别进行采样、样品制备和样品保存，准确记录原始数据，并对该任务的完成情况进行评价。

分析饲料成分，选取有代表性的样品是关键之一。制订饲料样本的采集、制备及保存的实施路径如图4-1-1所示。

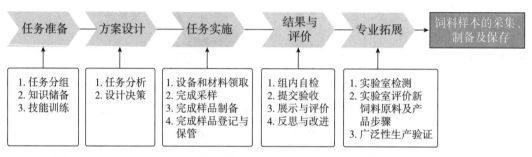

图4-1-1 饲料样本的采集、制备及保存的实施路径

学习目标

1. 了解饲料样本的采集、制备和保存方法。
2. 掌握饲料样本的采集、制备和保存过程中所使用试剂的配制方法、所涉及仪器的使用方法。
3. 明确不同种类饲料采样时的差异。
4. 能够分析饲料产品品质。
5. 增强团队刻苦耐劳、任劳任怨、忠诚、坚持原则等岗位精神。

知识储备

一、样品的采集

饲料成分分析结果的可靠性，不仅取决于分析本身的准确性，还取决于样本的采样与制备。

不同饲料样品的采集因饲料原料或产品的性质、状态、颗粒大小或包装方式的不同而有差异。对于不均匀的饲料（粗饲料、块根、块茎饲料等）或大批量的饲料，为使取样

有代表性，应尽可能取用被检饲料的各个部分，最常采用的方法是几何法。

1. 粉状和颗粒饲料采样

（1）散装饲料采样。散装的原料应在机械运输过程中的不同场所（如传送带处）取样。如果在机械运输过程中未能取样，则可用探管取样，应严谨认真，避免因饲料原料不匀而造成的错误取样，进而造成实验数据偏差。比如在检测玉米原料时，取样时没有取到发霉的样品，就会造成漏检，使得发霉原料进入产品中。特别是感染黄曲霉菌，产生的黄曲霉毒素致死剂量小，会造成食用该饲料的动物死亡，使养殖户利益受损、饲料加工企业名誉受损，可能还会影响人体的健康。

取样时用探针从距边缘 0.5 cm 的不同部位分别取样，然后混合即得原始样品。

（2）袋装饲料采样。袋装饲料采样可用取样器随意从不同袋中分别取样，然后混合得到原始样品。

中小颗粒料如玉米、大麦抽样的袋数不少于总袋数的 5%，粉状饲料抽样的袋数不少于 3%。总袋数在 10 袋以下，每袋取样；总袋数在 100 袋以下，取样不少于 10 袋。每增加 100 袋需增加 3 袋。

（3）仓装饲料采样。按高度把圆仓分层，每层按仓直径分为内（中心）、中（半径的一半处）、外（距仓边 30 cm）三圈。

直径＜8 米，每层分别设 1、2、4 共 7 点采样。直径＞8 米，每层分别设 1、4、8 共 13 点采样。将各点样品混匀即得原始样品。

2. 液体或半固体饲料采样

（1）桶装采样。取样的桶数如下：7 桶以下，不少于 5 桶；10 桶以下，不少于 7 桶；10～50 桶，不少于 10 桶；51～100 桶，不少于 15 桶；100 桶以上，不少于总桶数的 15%，每桶应取 3 点，取样前应混匀。

（2）散装采样。散装采样可分三层，上层距液面 40～50 cm，下层距池底 40～50 cm 处，三层采样数的比例为 1∶3∶1（卧式液池、车槽为 1∶8∶1）。

采样数量规定如下：500 吨以下，＞1.5 kg；500～1 000 吨，＞2 kg；1 000 吨以上，＞4 kg。将原始样品混合，再分取 1 kg 作为平均样品备用。

3. 块饼类饲料采样

块饼类饲料的采样依块饼的大小而异。大块状饲料从不同的堆积部位选取不少于 5 大块，然后从每块中切取对角的小三角形，将全部小三角形块锤碎混合后得原始样品，再用四分法取分析样品 200 g 左右。

四分法

小的油粕，要选取具有代表性者 25～30 片，粉碎后充分混合得原始样品，再用四分法取分析样品 200 g 左右。

4. 块根、块茎和瓜类饲料采样

块根、块茎和瓜类饲料采样的特点是含水量大，由不均匀的大体积单位组成。采样时，各部位随机抽取原始样品 15 kg，按大、中、小分堆称重求出比例，按比例取 5 kg

次级样品。先用水洗干净，注意不损伤外皮，用布拭去表面水分，然后从每个块根进行纵切为 1/4、1/8、1/16 等直至适量的分析样品，取 300 g 左右。

5. 青贮饲料采样

青贮饲料的样品一般在圆窖内、青贮塔或长方形窖内采样。取样前将表面 50 cm 的青贮料除去，以窖中心为原点，在距离窖壁 30～50 cm 处画一圆圈，然后由圆心及互相垂直的两直径与圆圈相交的各点进行采样，每点切取 20 cm 长的饲料方块，原始样品通过四分法缩至 500～1 000 g。

长方形窖的取样方法和圆形窖不同。首先除去上部草层，在距离窖两壁及窖底 30～50 cm 处取截面中心点为基准点，向上下左右直线延伸，再取延伸线上的中间点，总计为 9 点，每个点采取深度大于 15 cm，小于 25 cm。

6. 粗饲料采样

干草和秸秆等粗饲料取样的方法是在存放秸秆或干草的堆垛中选取至少 5 个不同部位进行采样，每点取 200 g 左右。由于叶子易脱落，应尽量避免，将原始样放在纸或塑料上，剪成 1～2 cm 长，充分混合后取分析样品 300 g，粉碎过筛，切不可随意丢弃某部分。

二、样品的制备

风干样品的制备方法。风干饲料是指自然含水量不高的饲料，一般含水量在 15% 以下，如玉米、小麦等作物籽实、糠麸、青干草、配合饲料等。对不均匀的原始样品如干草、秸秆等，可经过一定处理如剪碎或捶碎等混匀，按"四分法"采得次级样品。

磨口广口瓶使用方法

对均匀的样品如玉米、粉料等，可直接用"四分法"采得次级样品，用饲料样品粉碎机粉碎，通过孔径为 0.25～1.00 mm 孔筛即得分析样品。将粉碎完毕的样品 200～500 g 装入磨口广口瓶内保存备用，并注明样品名称、制样日期和制样人等。

三、样品的登记与保存

制备好的风干样品均应装在洁净、干燥的磨口广口瓶内作为分析样品备用。瓶外贴有标签，标明样品名称、采样和制样时间、采样和制样人等。

此外，分析实验室应有专门的样品登记本，系统、详细地记录与样品相关的资料，要求登记的内容如下：(1)样品名称和种类；(2)生长期(收获期、茬次)；(3)调制和加工方法及储存条件；(4)外观性状及混杂度；(5)采样地点和采样部位；(6)生产厂家、批次和出厂日期；(7)等级、质量；(8)采样人、制样人和分析人姓名。

样品应避光保存，并尽可能低温保存，并做好防虫措施。一般条件下原料样品应保留 2 周，成品样品应保留 1 个月，有时为了特殊目的饲料样品需保管 1～2 年。对需长期保存的样品可用锡铝纸软包装，经抽真空充氮气后密封，在冷库中保存备用。饲料质量检验监督机构的样品保存期一般为 3～6 个月，饲料样品应由专人采集、登记、制备与保管。

在生产中依据实际需要，根据各类饲料特点，能够准确完成样品采集、制备及保管，保障接下来的样品分析检测准确无误。

🧰 技能训练

初水分的测定分析

（1）准备瓷盘，称取其质量。使用普通天平上称取瓷盘的质量。

（2）称取样品质量。使用已知质量的瓷盘在普通天平上称取新鲜样品 200～300 g。

（3）高温钝化灭酶。把装有新鲜样品的瓷盘放入已经预热到 120 ℃的高温烘箱中烘干，时间为 10～15 min。其目的是钝化各种新鲜饲料的酶的活性，进而减轻饲料中养分的分解，以避免损失。

（4）烘箱烘干。把准备好的瓷盘立刻放入已经预热到 60～70 ℃的烘箱中，烘干一段时间，达到样品比较干燥直至容易磨碎为止。烘箱烘干时间可选择在 8～12 h，要依据样品的水分含量和样品数量。一般含水量较低、数量少的样品烘干 5～6 h 即可。

（5）样品回潮和称重。把瓷盘取出后放于室内，在自然条件下冷却 24 h，之后用普通天平称其质量。

（6）再烘干。把瓷盘再次放入 60～70 ℃的烘箱中继续烘干 2 h。

（7）再回潮和称重。把瓷盘取出，重复步骤（5），冷却、烘干。如果两次质量之差超过 0.5 g，则将瓷盘再放入烘箱，重复（6）和（7）步骤，直至两次称重之差不超过 0.5 g 为止。以最低的质量即为半干样品的质量。将半干样品粉碎至一定细度即为分析样品。

（8）计算公式。

$$初水分=(m_1-m_2)/m_1\times100\%$$

式中　　m_1——新鲜样品质量(g)；

　　　　m_2——半干样品质量(g)。

📋 任务书

一、任务分组

填写任务分组信息表，见表 4-1-1。

饲料样品的采集、制备及保存

普通天平使用

高温烘箱使用

表 4 - 1 - 1　任务分组信息表

任务名称				
小组名称		所属班级		
工作时间		指导教师		
团队成员	学号	岗位		职责
团队格言				
其他说明	分组任务实施过程中，各组内采用班组轮值制度，学生轮值担任不同岗位，确保每个人都有对接不同岗位的锻炼机会。在提升个人能力的同时，促进小组协作，培养学生团队合作和人际沟通的能力			

二、任务分析

通过前面的学习，已经获知饲料原料的种类及特点、饲料加工方式及饲料产品特点。饲料能够保障动物营养供给、保障其健康，那如何能保障饲料安全呢？

本次任务主要针对饲料厂的样品进行＿＿＿＿＿＿＿＿、＿＿＿＿＿＿＿＿和＿＿＿＿＿＿＿＿＿＿。通过知识点学习，获知不同饲料采样的差异性，饲料主要分为＿＿＿＿＿＿＿＿、＿＿＿＿＿＿＿＿、＿＿＿＿＿＿＿＿、＿＿＿＿＿＿＿＿、＿＿＿＿＿＿＿＿、＿＿＿＿＿＿＿＿类别。利用课程线上资源寻找收集资料，确定完成本次任务所需的知识、技能要点、试剂和设备。

1. 所需知识和技能要点

本次任务所需的知识要点包括：

本次任务所需的技能要点包括：

2. 所需试剂和设备

本次任务所需试剂包括：

本次任务所需设备包括：

3. 确立样品类别

通过查阅资料，结合所获知识和技能要点，根据饲料样品的实际情况和饲料厂品控岗采样员需要，确立本次任务的项目，并将具体信息填入样品类别记录表(表4-1-2)。

表4-1-2 样品类别记录表

样品类别		样本基本信息
粉状和颗粒饲料	散装饲料	
	袋装饲料	
	仓装饲料	
液体或半固体饲料	液体饲料	
	固体油脂	
	黏性液体	
块饼类		
副食及酿造加工副产品		
块根、块茎和瓜类		
新鲜青绿饲料及水生饲料		
青贮饲料		
粗饲料		

4. 确立采样方法

根据上述样品分类结果，结合饲料厂实际情况，确定采样方法，并将具体信息填入采样方法记录表(表4-1-3)。

表4-1-3 采样方法记录表

样品基本信息	采样方法	采样人员信息	完成时间

5. 确立样品制备方法

结合已完成的饲料样品类别项目和样品采集方法，确立样品制备方法，并针对遇到的问题，结合所学知识给予合理改进建议，完成样品制备方法记录表(表4-1-4)。

表 4 - 1 - 4　样品制备方法记录表

样品制备方法			
样品基本信息		样品制备人员信息	
制备方法	问题及产生原因	改进建议	完成时间

6. 样品的登记与保管

结合已完成的饲料样品类别项目、样品采集方法和样品制备，进行样品登记与保管，并针对遇到的问题，结合所学知识给予合理改进建议，完成样品登记与保管记录表（表 4 - 1 - 5）。

表 4 - 1 - 5　样品登记与保管记录表

样品的登记	
样品名称和种类	
生长期(收获期、茬次)	
调制、加工方法	
储存条件	
外观性状及混杂度	
采样地点和采集部位	
生产厂家、批次和出厂日期	
等级、质量	
采样人、制样人和分析人姓名	
样品保管	
保管方式	
保管时间	
保管日期	
保管人员	

三、任务实施

1. 设备和材料领取

根据任务方案，结合实验室实际情况，领取任务所需设备和材料，并填写设备材料领取表（表 4 - 1 - 6）。

表4-1-6 设备材料领取表

材料设备名称	规格/型号	数量	领取人

2. 完成样品类别、采样方法分析

根据任务方案和任务分组信息表(表4-1-1),明确岗位(采样员)职责,选出组长,组织各组员分工协作,将岗位工作记录填入样品类别、采样方法分析工作记录表(表4-1-7)。

表4-1-7 样品类别、采样方法分析工作记录表

岗位名称	岗位职责	工作记录	完成人
采样员	完成样品类别判断、采样方法选择		
工作总结			

3. 完成样品制备

根据任务方案和样品类别检查结果,结合饲料厂实际情况,由组长将组员划分为风干样品制备组和半干样品制备组,针对不同种类样品进行制备,并将工作记录填入样品制备工作记录表(表4-1-8)。

表4-1-8 样品制备工作记录表

岗位名称	工作记录	完成人
风干样品制备组		
半干样品制备组		
工作总结		

4. 完成样品登记与保管

根据已经完成的样品类别、采样方法分析和样品制备结果,进行样品登记与保管,并针对遇到的问题,结合所学知识给予合理改进建议,完成样品登记与保管工作表(表4-1-9)。

表4-1-9 样品登记与保管工作表

完成人	登记、保管		建议	
	对象	工作记录	问题及产生原因	建议
工作总结				

恭喜你已完成样品采集、制备和保存的全过程实施，明确了采样、制备和保存的工作内容，完整体验了作为饲料厂采样员在饲料厂工作的一天。如果对于某些知识和技能要点仍有疑问，可自行查找资料，并完成本任务的相关习题，借助课程信息化资源(课程视频、课件、动画、文字资料)复习任务设计的关键知识点和技能点，寻找存在的问题，利用线上资源进行互动，寻求解决问题的方法并进行自检。

四、任务评价

1. 小组自检

首先进行个人自检，即每名组员根据自己所在岗位，按照任务实施步骤进行复盘，并在下方空白处记录任务实施要点或关键数据。

个人自检记录：

完成个人自检的组员可以向组长提交任务完成审核申请。组长参照任务分组信息表(表4-1-1)，根据任务要求和实验室安全规范进行组内检查，并组织开展组员间检查，填写组内检查记录表(表4-1-10)，完成组内检查。

表4-1-10　组内检查记录表

任务名称			
小组名称		所属班级	
检查项目	问题记录	改进措施	完成时间
任务总结			
组员个人提出的建议		说明：如果本次任务组内检查中未提出建议，则不需要填写	
组员个人收到的建议		说明：如果本次任务组内检查中未收到建议，则不需要填写	

2. 提交验收

各任务小组完成组内检查后，将组内检查记录表提交至教师处。教师在各小组抽调学生组成任务验收组，针对各任务小组提交的材料进行验收，并指出各小组存在的问题，给予改进意见，并填写任务验收表(表4-1-11)。

表 4-1-11　任务验收表

任务名称			
小组名称		验收组成员	
任务概况	问题记录	改进意见	验收结果(通过/撤回)
组员个人提出的验收建议		说明：如果未参加本任务验收工作，则不需要填写	
组员个人收到的验收建议		说明：如果本任务验收中未收到建议，则不需要填写	
完成时间			
是否上传资料			

3. 结果与评价

各小组根据验收意见进一步整改后，将任务相关材料上传至线上课程资源库，方便实时查阅。教师组织结果与评价会议，各小组展示任务完成结果(选一名组员介绍任务完成过程，可以配合任务完成过程中录制的视频或配合讲义、图片等辅助完成展示过程)，教师组织完成组内自评、组间互评和教师评价，并填写任务考核评价表(表 4-1-12)。

表 4-1-12　任务考核评价表

评价项目	评价内容	分值	组内自评(20%)	组间互评(20%)	教师评价(40%)	第三方评价(20%)	总分
职业素养 (40%)	严谨务实、仔细认真	10					
	实事求是、坚持原则	10					
	爱岗敬业、团结协作	10					
	安全意识和服务意识，遵守职业道德标准和行为规范	10					
岗位技能 (50%)	能够根据样品特点选择采样、制备、保存方法	10					
	准确选择设备并配制试剂	10					
	操作规范、熟练，结果正确率高	10					
	正确填写报告单，书写工整、字迹清晰	10					
	检验后台面整理、废物处理、回收	10					
创新拓展 (10%)	优化样品采集、制备、保存方法	5					
	能够设计宠物食品检测方案	5					

⊙特色模块◎专业拓展⌇

地球上至少存活着 150 多万种动物，不仅有鸡、鸭、鹅、牛、羊等生产动物，还有一些可爱的小动物，如犬、猫等宠物。随着社会的不断发展和人均收入水平的不断提高，人们的消费水平也逐渐增长，各式各样的宠物逐渐进入人们的视野，宠物行业也逐渐规范化、产业化。据不完全统计，目前我国宠物的数量已超过一亿只，并仍在持续快速增长中。

为了让这些陪伴在人类身边的小动物能够健康成长，需要更多地了解它们的饲养安全性如何保障。下面我们就以犬、猫为例，看看宠物食品是如何进行质量检测，守护陪伴在我们身边的这些可爱的小动物。

1. 实验室检测

宠物食品实验室检测的程序如下。

(1)明确进行检验的目的。

(2)明确必须分析检验的项目。

(3)确定进行项目分析检测的检测方法(感官法、物理法、化学法、微生物法、动物实验法)。

(4)分析比较结果，看是否达到检验的目的。

(5)提交检验报告和检验相关文件。

2. 实验室评价新饲料原料及产品步骤

宠物饲料是宠物所需要营养物质的来源，是维系宠物生命活动、生产活动及构成动物体的物质基础。在合理利用现有宠物饲料资源的同时，还要积极开发新产品。新食品原料包括创新的原料或产品时，绝对不可仅以简单的饲养实验便对其价值轻易下结论。为了科学和经济地配制宠物食品，充分满足宠物对各种营养物质的需要，以充分提高宠物的身体素质，在实验室中必须进行以下科学步骤，逐项评鉴其价值。

实验室评价新饲料
原料及产品步骤

3. 广泛性生产验证

目前，我国对宠物食品产品的检验项目及广泛性验证周期尚无统一规定，根据饲料工业企业多年来的实际操作实践主要归纳为以下几类检验形式，以供参考。

拓展任务收获：

广泛性生产验证

任务4.2 饲料的感官鉴定和显微镜检验

🧰 任务描述

饲料厂新进一批次玉米原料，储存时遭遇下雨，未及时入库房，本任务要求每两名同学为一组，对本批次玉米原料进行感官鉴定及显微镜检验，判断此批次玉米是否合格，能否使用进行饲料加工，准确记录原始数据，并对该任务的完成情况进行评价。要求检验人员身体健康、不吸烟，保证感官灵敏。

对饲料的初始判断能有效评价其品质，利用感官鉴定、显微镜检验对其形态特征、物化特点、物理性状的评价遵循一定规律，因此制订饲料的感官鉴定和显微镜检验实施路径如图4-2-1所示。

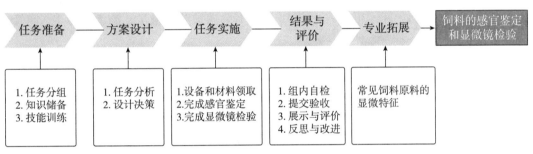

图4-2-1 饲料的感官鉴定和显微镜检验实施路径

📖 学习目标

1. 掌握饲料感官鉴定和显微镜检验方法。

2. 掌握饲料感官鉴定和显微镜检验过程中所使用试剂的配制方法、涉及仪器的使用方法。

3. 能够通过感官对饲料品质做初步分析。

4. 能够撰写检验报告单。

5. 增强团队协作能力。

📇 知识储备

一、饲料的感官鉴定

感官鉴定是最原始，也是最重要、最简单、最廉价的检测方法。要求检验人员身体健康、不吸烟，保证感官灵敏，检验时严谨认真、实事求是，在工作中不断增强自身技术技能。

感官鉴定主要分为视觉、味觉、嗅觉、触觉、齿觉等检测。

此方法就是对饲料不加任何特殊处理，根据感觉进行鉴定。

（1）视觉：观察饲料的形状、色泽、有无霉变、虫子、结块、异物、夹杂物等。

（2）味觉：通过舌头和牙咬来检查味道，辨别有无异味。

（3）嗅觉：嗅辨饲料气味是否正常，鉴别有无霉臭、腐臭、焦臭等。

（4）触觉：取样在手上，用手指捻，通过感觉来觉察其粒度的大小、硬度、黏稠性、有无夹杂物及水分的多少。

二、饲料的显微镜检验

饲料的显微镜检验是以动植物形态学、组织细胞学为基础，将显微镜下所见物质的形态特征、物化特点、物理性状与实际使用的饲料原料应有的特征进行对比分析的一种鉴别方法。

饲料的显微镜检验所需设备包括体视显微镜、生物显微镜、烘箱、抽滤器、分析天平、分样筛(10 目、20 目、30 目、40 目)、载玻片、盖玻片、镊子、滤纸、漏斗、滴管、烧杯、试管。

体视显微镜使用

生物显微镜使用

抽滤器使用

饲料显微镜检验的基本步骤如下。

1. 被检样品的检前处理

取有代表性的分析样品 10～15 g，进行以下工作。

（1）记录外部特征：将取好的待测样品平铺于纸上，仔细观察，记录颜色、粒度、软硬程度、气味、霉变、异物等情况。观察中应特别注意细粉粒，因为掺假，掺杂物往往被磨得很细。

（2）筛分处理：镜检之前应对样品进行筛分，通常用 20～40 目筛子将样品分成三组，然后观察。

（3）脱脂：对高脂含量的样品，脂肪溢于样品表面，往往粘上许多细粉，使观察产生困难。用乙醚、四氯化碳等有机溶剂脱脂，然后烘箱干燥 5～15 min 或室温干燥后，可使样品清晰可辨。

2. 被检样品的体视镜观察

将筛分好的各组样品分别平铺于纸下或培养皿中，置于体视显微镜下，从低倍至高倍进行检查。从上到下、从左到右逐粒观察，先粗后细，边检查边用探针将识别的样品分类，同时探测各种颗粒的硬度、结构、表面特征，如色泽、形状等并作记录。将检出的结果与生产厂家出厂记录上的成分相对照，即可对掺假、掺杂、污染等质量情况作出初步测定。

3. 被检样品的物镜观察

当某种异物掺入较少且磨得很细时，在体视显微镜下很难辨认，需通过生物镜进行观察。

样品处理：生物镜观察的样品，一般采用酸与碱进行处理。对于不同的原料，所用酸碱浓度和处理时间也不同。动物类原料多用酸处理，植物类和甲壳类需酸碱处理。对于动物中的单纯蛋白，如鱼粉、肉骨粉、水解羽毛粉等，只需用 1.25% 的硫酸处理 5～15 min。对含角蛋白的样品，如蹄角粉、皮革粉、生羽毛粉、猪毛等，需用 50% 的硫酸处理，时间也稍长。动物中的甲壳类和动植物中的玉米粉、麸皮、米糠、饼粕类等，先用 1.25% 硫酸再用 1.25% 的氢氧化钠处理，时间 10～30 min。稻壳粉和花生壳粉等硅质化程度高和含纤维较高的样品，需分别用 50% 硫酸和 50% 的氢氧化钠处理，对不同种样品的处理时间可根据经验而定。

处理步骤。过筛（粒大 10 目，粒小 20 目）→酸处理、加热、→过滤→蒸馏水冲洗 2～3 次→必要时还需碱处理、加热→过滤→蒸馏水冲洗 2～3 次→制作。

4. 制片与观察

取少量消化好的样品于载玻片上，加适量载液并将样品铺平，力求薄、均匀，载液可用 1∶1∶1 的蒸馏水、水合氯醛、甘油，也可以用矿物油，单纯用蒸馏水也较普遍。观察时，应注意样片的每个部位，而且至少要检查 3 个样片后再综合判断。

饲料的感官鉴定和
显微镜检验

 任务书

一、任务分组

填写任务分组信息表，见表 4-2-1。

表 4-2-1　任务分组信息表

任务名称			
小组名称		所属班级	
工作时间		指导教师	
团队成员	学号	岗位	职责

团队格言	
其他说明	分组任务实施过程中，各组内采用班组轮值制度，学生轮值担任不同岗位，确保每个人都有对接不同岗位的锻炼机会。在提升个人能力的同时，促进小组协作，培养学生团队合作和人际沟通的能力

二、任务分析

感官鉴定主要分为视觉、味觉、嗅觉、触觉、齿觉等检测。此法就是对饲料不加任何特殊处理，根据感觉进行鉴定。本次任务主要针对饲料厂的样品进行＿＿＿＿＿＿和＿＿＿＿＿＿。通过知识点学习，获知感官鉴定主要分为＿＿＿＿＿＿、＿＿＿＿＿＿、＿＿＿＿＿＿、＿＿＿＿＿＿、＿＿＿＿＿＿等类别，利用课程线上资源寻找收集资料，确定完成本次任务所需的知识、技能要点、材料和设备。

1. 所需知识和技能要点

本次任务所需的知识要点包括：

本次任务所需的技能要点包括：

2. 所需材料和设备

本次任务所需材料包括：

本次任务所需设备包括：

3. 感官鉴定

通过查阅资料，结合所获知识和技能要点，根据检查对象的实际情况和饲料厂检验需要，确立本次任务的感官鉴定项目，并将具体信息填入感官鉴定结果记录表(表4-2-2)。

表4-2-2 感官鉴定结果记录表

检测项目	检查结果	结论	完成时间
视觉			
味觉			
嗅觉			
触觉			

4. 显微镜检验

通过查阅资料，结合所获知识和技能要点，根据检查对象的实际情况和饲料厂检验需要，确立本次任务的显微镜检验项目，并将具体信息填入显微镜检验记录表(表4-2-3)。

表4-2-3 显微镜检验记录表

饲料名称	形态特征描述	完成时间

三、任务实施

1. 设备和材料领取

根据任务方案，结合实验室实际情况，领取任务所需设备和材料，并填写设备材料领取表(表4-2-4)。

表4-2-4 设备材料领取表

材料设备名称	规格/型号	数量	领取人

2. 完成饲料感官鉴定

根据任务方案和任务分组信息表(表4-2-1)，明确检验岗位(检验员)职责，选出组长，组织各组员分工协作，将不同岗位的工作记录填入饲料感官鉴定工作记录表(表4-2-5)。

表4-2-5 饲料感官鉴定工作记录表

岗位名称	岗位职责	工作记录	完成人
检验员	完成样品感官鉴定		
工作总结			

3. 完成饲料显微镜检验

通过查阅资料，结合所获知识和技能要点，根据检查对象的实际情况和饲料厂检验岗需要，确立本次任务的检查项目，并将具体信息填入饲料显微镜检验记录表(表4-2-6)。

表 4 - 2 - 6　饲料显微镜检验记录表

体视显微镜检验			
检验项目	检查结果	结论	完成时间
硬度			
质地			
结构			
生物显微镜检验			
检验项目	检查结果	结论	完成时间
硬度			
质地			
结构			

恭喜你已完成饲料感官鉴定和显微镜检验任务的全过程实施。如果对于某些知识和技能要点仍有疑问，可自行查找资料，并完成本任务的相关习题，借助课程信息化资源（课程视频、课件、动画、文字资料）复习任务设计的关键知识点和技能点，寻找存在的问题，利用线上资源进行互动，寻求解决问题的方法并进行自检。

四、任务评价

1. 小组自检

首先进行个人自检，即每名组员根据自己所在岗位，按照任务实施步骤进行复盘，并在下方空白处记录任务实施要点或关键数据。

个人自检记录：

完成个人自检的组员可以向组长提交任务完成审核申请。组长参照任务分组信息表（表 4 - 2 - 1），根据任务要求和实验室安全规范，进行组内检查，并组织开展组员间检查，填写组内检查记录表（表 4 - 2 - 7），完成组内检查。

表 4 - 2 - 7　组内检查记录表

任务名称			
小组名称		所属班级	
检查项目	问题记录	改进措施	完成时间
任务总结			
组员个人提出的建议		说明：如果本次任务组内检查中未提出建议，则不需要填写	
组员个人收到的建议		说明：如果本次任务组内检查中未收到建议，则不需要填写	

2. 提交验收

各任务小组完成组内检查后，将组内检查记录表提交至教师处。教师在各小组抽调学生组成任务验收组，针对各任务小组提交的材料进行验收，并指出各小组存在的问题，给予改进意见，并填写任务验收表(表4-2-8)。

表4-2-8　任务验收表

任务名称			
小组名称		验收组成员	
任务概况	问题记录	改进意见	验收结果(通过/撤回)
组员个人提出的验收建议		说明：如果未参加本任务验收工作，则不需要填写	
组员个人收到的验收建议		说明：如果本任务验收中未收到建议，则不需要填写	
完成时间			
是否上传资料			

3. 结果与评价

各小组根据验收意见进一步整改后，将任务相关材料上传至线上课程资源库，方便实时查阅。教师组织结果与评价会议，各小组展示任务完成结果(选一名组员介绍任务完成过程，可以配合任务完成过程中录制的视频或配合讲义、图片等辅助完成展示过程)，教师组织完成组内自评、组间互评和教师评价，并填写任务考核评价表(表4-2-9)。

表4-2-9　任务考核评价表

评价项目	评价内容	分值	组内自评(20%)	组间互评(20%)	教师评价(40%)	第三方评价(20%)	总分
职业素养(40%)	不喝酒、不吸烟，保证感官灵敏	10					
	主动承担脏、累任务	10					
	团结协作、爱岗敬业	10					
	具有安全意识，遵守行业规范	10					
岗位技能(50%)	根据检验样品，合理性设计感官检验方法	10					
	能够正确使用显微镜	10					
	操作规范、熟练，结果正确率高	10					
	正确填写报告单，书写工整、字迹清晰	10					
	检验后台面整理、废物处理、回收	10					
创新拓展(10%)	对宠物食品进行感官鉴定及显微镜检验	10					

常见饲料原料的显微特征

1. 常见植物性饲料原料的显微特征

(1)谷物类原料。谷物类原料的显微特征可扫码查看。

(2)饼粕类原料。饼粕类原料的显微特征可扫码查看。

谷物类原料的显微特征

饼粕类原料的显微特征

2. 常见动物性原料的显微特征

动物性原料的显微特征可扫码查看。

动物性原料的显微特征

拓展任务收获：

任务4.3 饲料水分的测定

任务描述

吉林省四平市梨树县某饲料厂新购买一批次饲料原料——牧草，作为该饲料厂检验员，对该批次饲料原料进行水分含量测定，以便加工出的饲料能够满足动物所需，质量符合出厂标准。

水分过多或过少都不利。原料中水分过多会造成霉菌在饲料上生长繁殖，霉变的饲料会影响饲料品质，还会引发动物各种疾病，进而影响人体的健康；水分过少则不易压实。它直接影响到饲料品质和加工企业的经济效益，对其进行有效控制是保证饲料产品质量安全的关键之一。制订饲料的水分测定实施路径如图4-3-1所示。

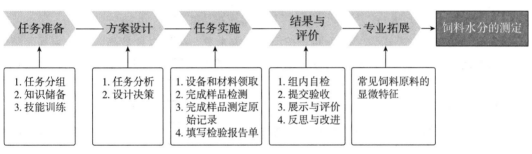

图4-3-1　饲料的水分测定实施路径

学习目标

1. 了解饲料干物质含量与饲料营养价值之间的关系。
2. 明确各类饲料样品中干物质(水分)的测定方法。
3. 能够对结果进行准确评估，注意操作事项。
4. 规范填写报告单。
5. 树立严谨、认真的工作态度。

知识储备

一、水的供给

水与动物营养之间存在哪些微妙的关系。水是机体内占比最多的营养物质，是机体内最重要的溶剂，是各种生化反应的媒介。水可调节体温，维持组织器官形态，更具有润滑作用。如果动物失去体内的全部脂肪和半数的蛋白质，仍然可存活。但当机体水分减少2%时，便开始有口渴感，食欲减退，尿量减少；失水10%时，消化机能开始紊乱。

失水20%时，机体就会死亡。

如此重要的水，机体是如何摄入的呢？机体对水的摄取，主要有以下三种途径。

（1）饮水。饮水是机体摄取水分的量最大、最直接的方式，是调节体内水平衡的重要环节。动物饮水的多少，与动物种类、生理状态、生产水平、饲料成分、环境温度有关。例如，环境温度高时，动物饮水量大。不同机体之间，体重大的机体饮水量大。牛比其他动物饮水量大，尤其是处于泌乳期的奶牛对水的需求量更大。

（2）从饲料中获取水分。不同饲料，含水量各有不同，青牧草、块根、块茎等含水量较高；干草、秸秆、谷物等含水量较低。动物采食饲料中水分含量越多，饮水越少。

（3）代谢水。代谢水是动物体细胞中，有机物质氧化分解，或合成过程中所产生的水，属于内源水。其主要通过粪尿排泄、皮肤和呼吸蒸发、离体产品产出三种途径排出体外。

二、不同动物对水的需求

1. 动物的种类、状态、时期不同影响对水的需求

不同动物对水的需求也大有不同。按动物种类来看，牛需水量最高，其次为马、猪、羊。按不同生长阶段来看，幼龄动物需水量大于成年动物；哺乳期的母畜大于非哺乳期母畜。使役后的动物大于静止的动物。

2. 饲料和水质影响动物对水的需求

除上述不同时期、不同状态的动物对水的需求量不同外，饲料也会影响动物对水的需求。

动物采食饲料的干物质越多，需要的水就越多。除禽类外，食入高蛋白饲料越多，需水量越多。饲料中脂肪、粗纤维、盐类含量越高，需水量也越大。在规模化的养殖中，水是必须24 h供给的。

除了水量要保持，对水的质量也是有要求的。清洁卫生的饮水可以提高动物的饮水量，促进采食，改善生产性能。水中盐或固体可溶物的总量，是判定水可用性的重要指标。水中有毒物质，包括硝酸盐、亚硝酸盐、重金属，以及氟化物等。其他影响水品质的还有病原菌、油脂，以及化学工业废弃物。低品质的水通常导致饮水量的减少，从而降低生产水平。

3. 动物品种不同影响对水的需求

在畜牧业实际生产中，不同品种动物对水有着不同的需求。

例如在猪生产中，仔猪出生第3天可饮0.8%的稀盐水或1%的乳酸水，以刺激消化液的产生。仔猪在断奶后，或是从外地购进仔猪的1~3 d，应饮用电解多维水，以减少应激反应。猪在应用药物水时，需停水一段时间，而后在1 h以内饮完药物水为宜。在鸡生产中，鸡对水质有较苛刻的要求。水的总硬度应控制在60~180 mg/L，低于60 mg的水太软，高于180 mg的水太硬，pH值最好在6.5~7.5。

畜牧业生产中鸡对水的需求。如果产蛋鸡24 h得不到饮水，产蛋量将下降30%，且需一个月才能恢复产蛋量。如果缺水76 h，则不能恢复产蛋量，还会发病，肉鸡会影响

增重。鸡的正常饮水量为采食量的 1.25～2.5 倍，不可过量饮水。当饮水超过 2.5 倍时，鸡会发生腹泻，影响产蛋及生长。此时采取早、中、晚饮水，每天饮水 3.5 h，会明显改善粪便的状态。鸡不但饮正常的清水，而且经常饮用药物水、营养水和免疫水。

①清水的给予量。健康鸡在 1～6 周龄时，每只每天饮水 100～200 mL，7～20 周龄的育成鸡每只每天饮水 200～230 mL，产蛋鸡每天每只饮水 230～300 mL。

此种饮水的益处是既能满足鸡对水的需求，又可发挥其生产性能，不贪饮，不引起水泄，以免造成鸡舍臭味；降低饲养成本，不浪费水。

夏季应给鸡饮用 8～12 ℃的冷水，益处是鸡群清醒，精神好，采食量增加，饲料的转化率高，生长发育好，增重提高。

②饮药物水。1～10 日龄雏鸡，饮用呋喃唑酮水或高锰酸钾水，以防鸡痢疾的发生。同时又可饮用抗生素类和抗病毒类药物水，以防传染病的发生。饮药物水之前应停清水，给药物水时，应在 45 min 内服完。

③饮营养水。饮营养水是指在进雏后和疾病发生期间饮电解多维水，来提高鸡的生长发育速度，增强抗寒能力和抗病能力。

④饮免疫水。我国目前使用的饮水免疫疫苗有新城疫Ⅱ、Ⅲ、Ⅳ系弱毒疫苗，传染性支气管炎 H52、H120 弱毒疫苗，传染性法氏囊弱毒苗，传染性脑脊髓炎弱毒苗。

饮水免疫需注意的问题是：注意鸡的健康检查，鸡群在患病期间或疑似患病的个体，不要进行饮水免疫；饮水器具应清洁、无污物，不用金属器具饮水，而选用塑料制品或陶瓷制品，器具使用完毕应煮沸灭菌。

饮疫苗水前，夏天停水 1～2 h，冬天停水 3～4 h。疫苗水应在 1～2 h 内全部饮完，饮水量为平时的 1/3。饮水前后 3 d 不应在饲料、水中添加任何抗病毒类和消毒类药物。饮用的免疫水可加入 0.1%～0.3% 的脱脂奶粉，以保护疫苗效益。

二、测定饲料中水分含量

饲料中水分含量的测定方法为《饲料中水分的测定》(GB/T 6435—2014)。

1. 测定原理、适用范围及所需仪器设备

(1)测定原理：试样于(103±2) ℃烘箱内，在 1 个大气压下烘干，直至恒重，逸失的质量为水分。

(2)适用范围：配合饲料和单一饲料中水分的含量，但奶制品、动物、植物油脂和矿物质除外。

(3)所需仪器设备：实验室用样品粉碎机；分析筛：孔径 0.42 mm(40 目)；分析天平或电子天平：感量 0.000 1 g；电热式恒温烘箱：可控制温度为(103±2) ℃；称量瓶：玻璃或铝质，直径 50 mm 以上，高 30 mm 以下；干燥器：用氯化钙或变色硅胶作为干燥剂。

2. 试样的选取和制备

选取有代表性的样品，其原始样品质量在 1 000 g 以上；用四分法将原始样品缩至 500 g，风干后粉碎至 40 目，再用四分法缩至 200 g，装入密封容器，于阴凉干燥处保存。

如试样是多汁的鲜样或无法粉碎，应预先干燥处理。称取试样 200～300 g，置于已知质量的瓷盘中，先在 120 ℃烘箱中烘 15 min，然后迅速将瓷盘移入 60～70 ℃烘箱中烘 8～12 h。取出瓷盘，置于室内空气中冷却 24 h，称重。再将瓷盘放入 60～70 ℃烘箱中烘 2 h，重复上述操作，直到两次称重之差不超过 0.5 g 为止。

3. 操作步骤

将洁净的称量瓶放入(103±2) ℃烘箱中，取下称量瓶盖并放在称量瓶的边上。干燥 (30±1) min 后盖上称量瓶盖，取出，放在干燥器中冷却至室温，称重，准确至 1 mg。

称取 5 g 试样于称量瓶内，样品要求：含水量 0.1 g 以上，样品厚度 4 mm 以下，准确至 1 mg，并摊平。

将盛有样品的称量瓶不盖盖，放在(103±2) ℃干燥箱内干燥(4±0.1) h(温度到达 103 ℃开始计时)，取出，盖好称量瓶盖，在干燥器中冷却至室温，称重，准确至 1 mg。

再于(103±2) ℃干燥箱内干燥(30±1) min，冷却，称重，取出，盖好称量瓶盖，在干燥器中冷却至室温，称重，准确至 1 mg。

如果两次称重的变化小于试样质量的 0.1％，以第一次称量的质量(m_3)计算水分含量。若两次称量值的变化大于试样质量的 0.1％，将称量瓶再次放入干燥箱中于(103±2) ℃干燥(2±0.1) h，移至干燥器中冷却至室温，称量其质量，准确至 1 mg。若此次干燥后与第二次称量值的变化小于等于试样质量的 0.2％，则以第一次称量的质量 (m_3)计算水分含量；若大于 0.2％时按减压干燥法测定水分。

饲料中水分的测定

4. 结果计算

计算公式为

$$W(H_2O) = \frac{m_2 - (m_3 - m_1)}{m_2} \times 100\%$$

式中　m_1——称量瓶的质量(g)；

　　　m_2——试样的质量(g)；

　　　m_3——称量瓶和干燥后试样的质量(g)。

重复性试验：每个试样应取 2 个平行样进行测定，以其算术平均值为测定结果。结果精确至 0.1％。含水量在 15％以下的样品绝对差值不大于 0.2％；水分含量大于等于 15％的样品相对偏差不大于 1.0％

注意事项

在操作过程中应注意以下事项。

(1)如果已按多汁鲜样进行过预先干燥处理，则应按下式计算原来试样中的水分含量：w(原试样总水分)＝w_1(预干燥减重)＋[1－w_1(预干燥减重)]×w_2(风干试样水分)。

(2)加热时试样中若有挥发性物质可能与试样中水分一起损失，例如青贮料中的挥发性脂肪酸。

(3)某些含脂肪高的样品，烘干时间长反而会增重，此为脂肪氧化所致，应以增重前那次称量为准。

(4)含糖分高的易分解或易焦化样品，应使用减压干燥法(80 ℃，13 kPa 以下，烘干 4 h)测定水分。

(5)规范填写原始记录及报告单，字迹清晰，避免涂抹。

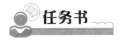 **任务书**

一、任务分组

填写任务分组信息表，见表 4-3-1。

表 4-3-1 任务分组信息表

任务名称			
小组名称		所属班级	
工作时间		指导教师	
团队成员	学号	岗位	职责
团队格言			
其他说明	分组任务实施过程中，各组内采用班组轮值制度，学生轮值担任不同岗位，确保每个人都有对接不同岗位的锻炼机会。在提升个人能力的同时，促进小组协作，培养学生团队合作和人际沟通的能力		

二、任务分析

通过前面的学习，已经获知水分在动物饲料中的重要性。本次任务主要针对饲料中的 ＿＿＿＿＿＿＿＿＿ 进行测定分析。通过知识点学习，获知完成本次分析的方法应该选择 ＿＿＿＿，其测定原理为 ＿＿＿＿＿＿＿。利用课程线上资源寻找收集资料，确定完成本次任务所需的知识、技能要点、材料和设备。

1. 所需知识和技能要点

本次任务所需的知识要点包括：

本次任务所需的技能要点包括：

2. 所需材料和设备

本次任务所需材料包括：

本次任务所需设备包括：

3. 确立饲料中水分测定记录项目

通过查阅资料，结合所获知识和技能要点，根据检查对象的实际情况和饲料厂检验需要，确立本次任务的检查项目，并将具体信息填入饲料中水分的测定原始记录表（表4－3－2）。

表4－3－2　饲料中水分的测定原始记录表

样品名称	检验日期		检测依据	
主要仪器名称及型号				
试样编号	1号		2号	
称量瓶质量 m_1/g				
试样质量 m_2/g				
称量瓶和干燥后试样的质量 m_3/g				
试样中水分含量/%				
平均值/%				
相对平均差/%				
计算公式/%	$W(\text{H}_2\text{O})=\left[m_2-(m_3-m_1)\right]/m_2\times100\%$			
检验结论				
备注				
检验人：		审核人：		

三、任务实施

1. 设备和材料领取

根据任务方案，结合实验室实际情况，领取任务所需设备和材料，并填写设备材料领取表（表4－3－3）。

表 4 - 3 - 3　设备材料领取表

材料设备名称	规格/型号	数量	领取人

2. 完成水分含量测定

根据任务方案和任务分组信息表(表 4 - 3 - 1),明确岗位职责,做好相关指标检测,并填写饲料检验报告单(表 4 - 3 - 4)。

表 4 - 3 - 4　饲料检验报告单

样品名称			样品编号		
规格			生产日期		
生产单位					
抽样人			抽样地点		
检验日期			报告日期		
检测项目					
检测依据					
判定依据					
主要仪器名称及型号					
检验结果	检验项目	计量单位	标准值	判断值	检验结果	单项判定
检验结论					
检验人			审核人		

恭喜你已完成饲料中水分测定任务的全过程实施,明确了饲料中水分测定的工作内容,完整体验了作为饲料厂检验员工作的一天。如果对于某些知识和技能要点仍有疑问,可自行查找资料,并完成本任务的相关习题,借助课程信息化资源(课程视频、课件、动画、文字资料)复习任务设计的关键知识点和技能点,寻找存在的问题,利用线上资源进行互动,寻求解决问题的方法并进行自检。

四、任务评价

1. 小组自检

首先进行个人自检,即每名组员根据自己所在岗位,按照任务实施步骤进行复盘,并在下方空白处记录任务实施要点或关键数据。

个人自检记录：

完成个人自检的组员可以向组长提交任务完成审核申请。组长参照任务分组信息表（表4-3-1），根据任务要求和实验室安全规范，进行组内检查，并组织开展组员间检查，填写组内检查记录表（表4-3-5），完成组内检查。

表4-3-5　组内检查记录表

任务名称				
小组名称			所属班级	
检查项目	问题记录		改进措施	完成时间
任务总结				
组员个人提出的建议			说明：如果本次任务组内检查中未提出建议，则不需要填写	
组员个人收到的建议			说明：如果本次任务组内检查中未收到建议，则不需要填写	

2. 提交验收

各任务小组完成组内检查后，将组内检查记录表提交至教师处。教师在各小组抽调学生组成任务验收组，针对各任务小组提交的材料进行验收，并指出各小组存在的问题，给予改进意见，并填写任务验收表（表4-3-6）。

表4-3-6　任务验收表

任务名称				
小组名称			验收组成员	
任务概况	问题记录		改进意见	验收结果（通过/撤回）
组员个人提出的验收建议			说明：如果未参加本任务验收工作，则不需要填写	
组员个人收到的验收建议			说明：如果本任务验收中未收到建议，则不需要填写	
完成时间				
是否上传资料				

3. 结果与评价

各小组根据验收意见进一步整改后,将任务相关材料上传至线上课程资源库,方便实时查阅。教师组织结果与评价会议,各小组展示任务完成结果(选一名组员介绍任务完成过程,可以配合任务完成过程中录制的视频或配合讲义、图片等辅助完成展示过程),教师组织完成组内自评、组间互评和教师评价,并填写任务考核评价表(表4-3-7)。

表4-3-7 任务考核评价表

评价项目	评价内容	分值	组内自评(20%)	组间互评(20%)	教师评价(40%)	第三方评价(20%)	总分
职业素养(40%)	具有严谨认真的工作态度	10					
	能够实事求是、坚持原则	10					
	能够爱岗敬业、团结协作	10					
	遵守职业道德标准和行为规范	10					
岗位技能(50%)	能够正确使用烘箱	10					
	能够准确称量样品	10					
	操作规范、熟练,结果正确率高	10					
	正确填写报告单,书写工整、字迹清晰	10					
	检验后台面整理、废物处理、回收	10					
创新拓展(10%)	快速烘干法(135 ℃)在饲料水分检测应用的可能性	10					

特色模块◎专业拓展

动物所需营养成分可扫码查看。

动物所需营养成分

拓展任务收获:

任务 4.4　饲料中粗蛋白的测定

🧰 任务描述

某养殖场出现幼龄动物生长明显减慢，有的个体甚至停止生长，成年动物体重大幅度减轻等症状，饲养员怀疑是饲料中蛋白质不足造成的。现取饲料样本进行蛋白质含量检测，确定饲料质量是否达标。

蛋白质是生命的物质基础，是生命活动的主要承担者，是人和动物的生命活动中最基本和不可缺少的物质。饲料粗蛋白与饲料营养价值之间的关系的评估能有效评价其品质。而对于饲料中粗蛋白的测定实施路径如图 4-4-1 所示。

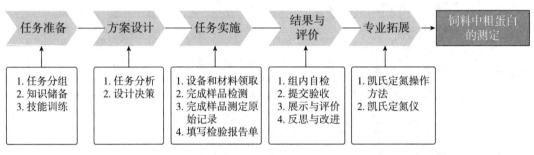

图 4-4-1　饲料中粗蛋白的测定实施路径

📖 学习目标

1. 了解饲料粗蛋白与饲料营养价值之间的关系。
2. 明确各类饲料样品中粗蛋白的测定方法。
3. 能够对结果进行准确评估，注意操作事项。
4. 规范填写报告单。
5. 增强团队实事求是、一丝不苟、坚持原则等岗位精神。

⌨ 知识储备

一、蛋白质简介

喜欢健身的同学，都会在运动后补充蛋白质，补充蛋白质主要通过食入瘦肉、鱼虾肉、禽蛋、乳类等。爱美的同学为了增加皮肤弹性还会补充肉皮、猪蹄、鱼皮等胶原蛋白含量较高的食物。

以上我们提到的蛋白质含量较高的食物几乎都为动物性产品，那么蛋白质是怎样进入动物机体体内，又是怎样被吸收利用的呢？我们一起来学习一下蛋白质的营养供给。

蛋白质是机体内除水分外，含量最高的物质，它与核酸共同构成生命的基础物质。

蛋白质的组成元素有碳、氢、氧、氮和少量的硫，一些特殊的蛋白质还含有磷、铁、铜和碘等元素。

构成蛋白的基本单位是氨基酸。氨基酸的数量、种类和排列顺序的变化，组成了各种各样的蛋白质。动物在生长发育过程中需要不断从自然界获得蛋白质，动物生产产品的本质也是将饲料中含氮化合物转化为动物机体蛋白质的过程。

1. 蛋白质是构成动物体最基本的物质

动物体各种组织器官如肌肉、皮肤、内脏、神经、血液、精液、毛发、喙等，均由蛋白质作为结构物质而形成，如球蛋白是构成体组织的主要组分，白蛋白是构成体液的主要组分、角蛋白与胶质蛋白则是构成筋腱、韧带、毛发和蹄角等的主要组分。

2. 蛋白质是组织更新、修补的必需物质

在动物的新陈代谢过程中，组织和器官的更新、损伤组织的修补都需要蛋白质。据实验测定，动物体蛋白总量中每天有 $0.25\%\sim0.30\%$ 进行更新，若按此计算则每经 $12\sim14$ 个月体组织蛋白质即全部更新一次。

3. 蛋白质是机体的调节物质

例如，催化和调节代谢过程的酶和激素，增强防御机能和提高抗病力的免疫球蛋白，运输脂溶性维生素和其他脂肪代谢产物的脂蛋白，运载氧气的血红蛋白，维持机体内环境酸碱平衡的缓冲物质等都与蛋白质有关。

4. 蛋白质可氧化供能和转化为糖、脂肪

在机体能量供应不足时，蛋白质也可分解供能，维持机体的代谢活动。当摄入蛋白质过多或氨基酸不平衡时，多余的部分也可转化成糖、脂肪或分解产热。

5. 蛋白质是组成遗传物质的基础

动物的遗传物质 DNA 与组蛋白结合成为一种称为核蛋白的复合体，存在于染色体上，将本身蕴藏的遗传信息，通过自身的复制过程传递给下一代。

6. 蛋白质是形成肉、蛋、奶、皮毛及羽毛等动物产品的重要原料

蛋白质除了对机体有以上生理作用，蛋白质过量或缺乏时也会对机体造成相应影响。例如，当蛋白质过量时多余的氨基酸在肝脏中脱氧，形成尿素由肾随尿排出体外，加重肝肾的负担，严重时引起肝肾疾患。当蛋白质缺乏时，首先影响胃黏膜及其分泌消化液的腺体组织、蛋白的更新，引起消化功能紊乱；对于幼龄动物会使其生长缓慢；成年动物肌肉和脏器内血红蛋白数量和白蛋白数量下降，影响精子数及相应动物性产品的质量。

我们习惯将氨基酸按照是否能自身合成而分为必需氨基酸和非必需氨基酸。

组成蛋白质的氨基酸有 20 多种，某些种类氨基酸在动物体内不能合成，或者合成速度慢，不能满足机体需要，必须由饲料供给，这类氨基酸称为必需氨基酸。

对于生长中的动物必需氨基酸有：赖氨酸、甲硫氨酸、色氨酸、苯丙氨酸、苏氨酸、异亮氨酸、亮氨酸、缬氨酸、组氨酸、精氨酸。禽类动物外加胱氨酸、甘氨酸、酪氨酸。反刍动物自身不能合成必需氨基酸，但瘤胃微生物几乎能合成宿主所需的全部必需和非必需氨基酸。

非必需氨基酸是在动物机体内可以合成，不必由饲料提供的氨基酸。

事实上，这部分氨基酸也是动物生长发育和维持生命过程中必不可少的，所谓"必需"和"非必需"氨基酸指的是该种氨基酸内源合成量与动物总需要量相比的满足程度。实际生产中，动物饲料中不但含有必需氨基酸，也含有大量非必需氨基酸。饲料是满足动物对非必需氨基酸需要的最经济有效的方式，内源合成只是饲料不足时的补充途径。

对于单胃动物而言，蛋白质进入胃，在胃酸与胃蛋白酶的作用下，部分被分解为胨与胨，与未被消化的部分共同进入小肠，在小肠中经胰蛋白酶和糜蛋白酶的作用消化分解而生成游离氨基酸和小分子肽（寡肽），未被消化的以粪的形式排出体外。

单胃动物主要以氨基酸的形式吸收利用蛋白质，其吸收部位主要在十二指肠，蛋白质在体内不断发生分解和合成，无论是外源性蛋白质或是内源性蛋白质，均是首先分解为氨基酸，然后进行代谢。因此，蛋白质代谢实质上是氨基酸的代谢。动物的种类不同，其蛋白质消化的特点各不相同。

对于反刍动物来说，进入瘤胃的蛋白质中有 $60\%\sim80\%$ 经细菌和纤毛虫分解，首先分解为肽，进一步分解为游离氨基酸，部分被微生物用于合成菌体蛋白，亦可在细菌脱氨酶的作用下，进一步降解为 NH_3、CO_2 和挥发性脂肪酸。未经瘤胃微生物降解的饲料蛋白质，直接进入后部胃肠道，其消化过程和单胃动物相近。

人对蛋白质的吸收与单胃动物吸收方式相似。同学们可根据自身生理特点合理选择适合自己的蛋白质予以补充。希望同学们都能拥有健康的体魄。

二、测定饲料中粗蛋白质含量

粗蛋白质的测定方法为《饲料中粗蛋白的测定　凯氏定氮法》（GB/T 6432—2018）。

1. 测定原理、适用范围、所需仪器设备及试剂

（1）测定原理：测定原理是凯氏法测定饲料中的含氮量，即在催化剂的作用下，用浓硫酸破坏有机物，使含氮物转化成硫酸铵。加入强碱进行蒸馏，使氨逸出，用硼酸吸收后，再用盐酸滴定，测出氮含量，将结果乘以换算系数 6.25，计算出粗蛋白质的含量。上述过程的化学反应式如下（以丙氨酸为例）。

$$2CH_3CHNH_2COOH+13H_2SO_4 \rightarrow (NH_4)_2SO_4+16CO_2\uparrow+12SO_2\uparrow$$

$$(NH_4)_2SO_4+NaOH \rightarrow 2NH_3\uparrow+2H_2O+Na_2SO_4$$

$$4H_3BO_3+NH_3 \rightarrow NH_4HB_4O_7+5H_2O$$

$$NH_4HB_4O_7+HCl+5H_2O \rightarrow NH_4Cl+4H_3BO_3$$

（2）适用范围：配合饲料、浓缩饲料和单一饲料，但奶制品、动物、植物油脂和矿物质除外。

（3）所需仪器设备：分析天平、消煮炉、消煮管、滴定管、定氮仪。

所需试剂：98%硫酸；混合催化剂：0.4 g 含 5 个结晶水的硫酸铜，6 g 硫酸钠，磨碎混匀；40%氢氧化钠溶液；2%硼酸溶液；混合指示剂：甲基红 1%溶液，溴甲酚绿0.5%乙醇溶液，两溶液等体积混合；盐酸标准溶液；蔗糖；硫酸铵。

2. 测定方法与操作步骤

粗蛋白的测定有仲裁法和推荐法两种方法。氨的蒸馏有半微量法和全量法，本试验采用推荐法（凯氏定氮仪法），接下来我们介绍具体的操作步骤。

（1）试样消煮：平行做两份试验。称取试样 0.5～2 g（含氮量 5～80 mg，准确至 0.000 1 g），置于消化管中，加入 6.4 g 混合催化剂，混匀，加入 12 mL 硫酸和 2 粒玻璃珠，将消化管置于消煮炉上，开始约 200 ℃加热，待试样焦化、泡沫消失后，再提高温度至约 400 ℃，直至呈透明的蓝绿色，然后继续加热至少 2 h。取出，冷却至室温。

（2）氨的蒸馏：采用半自动凯氏定氮仪时，将带消煮液的消煮管插在蒸馏装置上，以 25 mL 硼酸吸收液为吸收液，加入 2 滴混合指示剂。蒸馏装置的冷凝管末端要浸入装有吸收液的锥形瓶内，然后向消煮管中加入 50 mL 氢氧化钠溶液进行蒸馏．至流出液 pH 值为中性。蒸馏时间以吸收液体积达到约 100 mL 时为宜。

（3）降下锥形瓶，用水冲洗冷凝管末端，洗液均需流入锥形瓶内。

（4）滴定：用 0.1 mol/L 盐酸标准滴定溶液滴定，溶液由绿色变成灰红色为滴定终点。

（5）蒸馏步骤查验：精确称取 0.2 g 硫酸铁（精确至 0.000 1 g），代替试样，按上述步骤进行操作，测得硫酸铵含氮量应为（21.19±0.2）％，否则应检查加碱、蒸馏和滴定各步骤是否正确。

（6）空白测定：精确称取 0.5 g 蔗糖（精确至 0.000 1 g），代替试样，上述操作进行空白测定，消耗 0.1 mol/L 盐酸标准滴定溶液的体积不得超过 0.2 mL，消耗 0.02 mol/L 盐酸标准滴定溶液体积不得超过 0.3 mL。

3. 结果计算

计算公式为

$$W = \frac{(V_2 - V_1) \times c \times 0.014 \times 6.25 \times V}{m V_0} \times 100\%$$

式中 V_2——滴定样品时消耗的盐酸标准溶液的体积（mL）；

V_1——滴定空白时消耗的盐酸标准溶液的体积（mL）；

c——盐酸标准滴定溶液浓度（mol/l）；

m——试样质量（g）；

V——试样消煮液总体积（mL）；

0.014——氮的摩尔质量（g/mol）；

6.25——氮换算成粗蛋白的平均系数；

V_0——蒸馏用消煮液总体积（mL）。

计算结果保留至小数点后两位。

注意事项

在操作过程中应注意以下事项。

（1）粗蛋白含量大于 25％时，相对偏差不超过 1％。

（2）粗蛋白含量在 10％～25％时，相对偏差不超过 2％。

（3）粗蛋白含量小于10％时，相对偏差不超过3％。

（4）注意控制好消化温度，不要将消化液溢出或蒸干。

（5）消化时硫酸的用量以刚没过样品为宜，但脂肪含量高的样品应适量增加用量。

（6）规范填写原始记录及报告单，字迹清晰，避免涂抹。

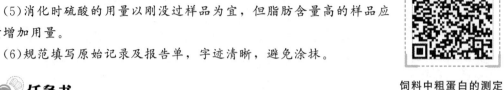

饲料中粗蛋白的测定

任务书

一、任务分组

填写任务分组信息表，见表 $4-4-1$。

表 $4-4-1$ 任务分组信息表

任务名称			
小组名称		所属班级	
工作时间		指导教师	
团队成员	学号	岗位	职责
团队格言			
其他说明	分组任务实施过程中，各组内采用班组轮值制度，学生轮值担任不同岗位，确保每个人都有对接不同岗位的锻炼机会。在提升个人能力的同时，促进小组协作，培养学生团队合作和人际沟通的能力		

二、任务分析

通过前面的学习，我们知道了当动物饲料中缺乏蛋白质，会影响动物的健康、生长发育和繁殖能力，降低生产力和产品品质。本次任务主要针对饲料中的_____进行测定分析。通过知识点学习，获知完成本次分析的方法应该选择_____，其测定原理为_____。利用课程线上资源寻找收集资料，确定完成本次任务所需的知识、技能要点、材料和设备。

1. 所需知识和技能要点

本次任务所需的知识要点包括：

本次任务所需的技能要点包括：

2. 所需材料和设备

本次任务所需材料包括：

本次任务所需设备包括：

3. 确立饲料中粗蛋白测定记录项目

通过查阅资料，结合所获知识和技能要点，根据检查对象的实际情况和饲料厂检验需要，确立本次任务的检查项目，并将具体信息填入饲料中粗蛋白的测定原始记录表（表 4-4-2）。

表 4-4-2 饲料中粗蛋白的测定原始记录表

样品名称	检验日期	检测依据
主要仪器名称及型号		
试样编号	1号	2号
试样质量 m/g		
试样分解液的总体积 V_1/mL		
蒸馏用试样分解液体积 V_1/mL		
滴定空白时消耗的盐酸标准溶液的体积 V_0/mL		
滴定样品时消耗的盐酸标准溶液的体积 V/mL		
盐酸标准溶液的浓度 c/(mol·L^{-1})		
粗蛋白含量/%		
平均值		
相对平均偏差		
计算公式/%	$W = [(V_2 - V_1) \times c \times 0.014 \times 6.25 \times V_1]/mV_0 \times 100\%$	
检验结论		
备注		
检验人：	审核人：	

三、任务实施

1. 设备和材料领取

根据任务方案，结合实验室实际情况，领取任务所需设备和材料，并填写设备材料领取表（表 4-4-3）。

表 4 - 4 - 3　设备材料领取表

材料设备名称	规格/型号	数量	领取人

2. 完成粗蛋白含量测定

根据任务方案和任务分组信息表(表 4 - 4 - 1),明确岗位职责,做好相关指标检测,并填写饲料检验报告单(表 4 - 4 - 4)。

表 4 - 4 - 4　饲料检验报告单

样品名称				样品编号		
规格				生产日期		
生产单位						
抽样人				抽样地点		
检验日期				报告日期		
检测项目						
检测依据						
判定依据						
主要仪器名称及型号						
检验结果	检验项目	计量单位	标准值	判断值	检验结果	单项判定
检验结论						
检验人				审核人		

恭喜你已完成饲料中粗蛋白测定任务的全过程实施,明确了饲料中粗蛋白测定的工作内容,完整体验了作为饲料厂检验员工作的一天。如果对于某些知识和技能要点仍有疑问,可自行查找资料,并完成本任务的相关习题,借助课程信息化资源(课程视频、课件、动画、文字资料)复习任务设计的关键知识点和技能点,寻找存在的问题,利用线上资源进行互动,寻求解决问题的方法并进行自检。

四、任务评价

1. 小组自检

首先进行个人自检,即每名组员根据自己所在岗位,按照任务实施步骤进行复盘,并在下方空白处记录任务实施要点或关键数据。

个人自检记录：

完成个人自检的组员可以向组长提交任务完成审核申请。组长参照任务分组信息表（表4-4-1），根据任务要求和实验室安全规范，进行组内检查，并组织开展组员间检查，填写组内检查记录表（表4-4-5），完成组内检查。

表4-4-5　组内检查记录表

任务名称			
小组名称		所属班级	
检查项目	问题记录	改进措施	完成时间
任务总结			
组员个人提出的建议		说明：如果本次任务组内检查中未提出建议，则不需要填写	
组员个人收到的建议		说明：如果本次任务组内检查中未收到建议，则不需要填写	

2. 提交验收

各任务小组完成组内检查后，将组内检查记录表提交至教师处。教师在各小组抽调学生组成任务验收组，针对各任务小组提交的材料进行验收，并指出各小组存在的问题，给予改进意见，并填写任务验收表（表4-4-6）。

表4-4-6　任务验收表

任务名称			
小组名称		验收组成员	
任务概况	问题记录	改进意见	验收结果（通过/撤回）
组员个人提出的验收建议		说明：如果未参加本任务验收工作，则不需要填写	
组员个人收到的验收建议		说明：如果本任务验收中未收到建议，则不需要填写	
完成时间			
是否上传资料			

3. 结果与评价

各小组根据验收意见进一步整改后，将任务相关材料上传至线上课程资源库，方便实时查阅。教师组织结果与评价会议，各小组展示任务完成结果(选一名组员介绍任务完成过程，可以配合任务完成过程中录制的视频或配合讲义、图片等辅助完成展示过程)，教师组织完成组内自评、组间互评和教师评价，并填写任务考核评价表(表4-4-7)。

表4-4-7 任务考核评价表

评价项目	评价内容	分值	组内自评(20%)	组间互评(20%)	教师评价(40%)	第三方评价(20%)	总分
职业素养(40%)	具有严谨认真的工作态度	10					
	能够实事求是、坚持原则	10					
	能够爱岗敬业、团结协作	10					
	遵守职业道德标准和行为规范	10					
岗位技能(50%)	正确使用硝化装置、凯氏定氮仪	10					
	能够正确标定盐酸标准溶液	10					
	操作规范、熟练，结果正确率高	10					
	正确填写报告单、书写工整、字迹清晰	10					
	检验后台面整理、废物处理、回收	10					
创新拓展(10%)	凯氏定氮仪与凯氏定氮装置的区别	10					

特色模块◎专业拓展

半微量凯氏定氮法

样品与消化液浓硫酸一同加热，含氮的有机物即分解产生氨(消化)，之后与强酸硫酸作用，转变成硫酸铵。之后经强碱碱化使之分解放出氨，借蒸汽挥发作用将氨蒸至酸液中，根据酸碱中和的程度，可计算得样品之中氮的含量。

绝大多数采用的是半微量凯氏定氮法，因其成本比较低，样品消耗量少，所用的试剂耗用量也不多，主要操作步骤耗时较短。各种饲料的粗蛋白中氮的含量，差异很大，变异范围在14.7%～19.5%，平均为16%。凡饲料的粗蛋白中实际含氮量已经确定的，可用它们的实际系数来换算。例如，荞麦、玉米用系数6.00，箭舌豌豆、大豆、蚕豆、燕麦、小麦、黑麦用系数5.70，牛奶用系数6.38。凡饲料的粗蛋白中实际含氮量尚未确定的，可用6.25平均系数乘以含氮量换算成粗蛋白含量。

上述过程中的化学反应式如下：

$$2CH_3CHNH_2COOH + 13H_2SO_4 \rightarrow (NH_4)_2SO_4 + 6CO_2 \uparrow + 12SO_2 \uparrow + 16H_2O$$

$$(NH_4)_2SO_4 + 2NaOH \rightarrow 2NH_3 \uparrow + 2H_2O + Na_2SO_4$$

$$4H_3BO_3 + NH_3 \rightarrow NH_4HB_4O_7 + 5H_2O$$

$$NH_4HB_4O_7 + HCl + 5H_2O \rightarrow NH_4Cl + 4H_3BO_3$$

1. 操作方法

半微量凯氏定氮法的相关知识可扫码查看。

半微量凯氏定氮法

2. 凯氏定氮仪

凯氏定氮仪，如图 4-4-2 所示。

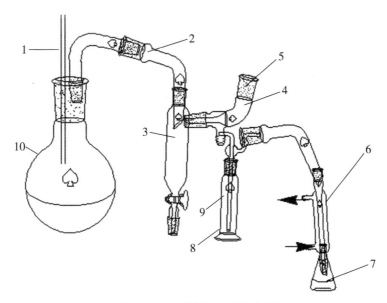

图 4-4-2 凯氏定氮仪示意图

1—安全管；2—导管；3—汽水分离罐；4—样品入口；5—塞子；6—直行冷凝管；

7—吸收瓶；8—隔热液套；9—反应管；10—蒸汽发生瓶

拓展任务收获：

任务4.5 饲料中粗脂肪的测定

🧰 任务描述

脂肪是动物体内能量的储存及供能形式，也是动物机体的最重要组成部分。仔猪饲料中添加 2%～3%，增重提高 10%～14%，单位增重耗料量降低 8%～10%。在仔猪开食料中加入糖和脂肪，可提高适口性，对仔猪尽早采食有利。某养猪场进了一批饲料，对其中脂肪含量进行检测，判断是否符合该养殖场仔猪对脂肪的需求。

饲料粗脂肪与饲料营养价值之间的关系的评估能有效评价其品质。而对于饲料中粗脂肪的测定实施路径如图 4-5-1 所示。

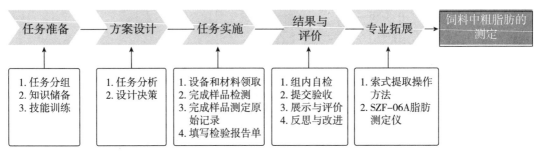

图 4-5-1 饲料中粗脂肪的测定实施路径

👤 学习目标

1. 了解饲料粗脂肪与饲料营养价值之间的关系。
2. 明确各类饲料样品中粗脂肪的测定方法。
3. 能够对结果进行准确评估，注意操作事项。
4. 规范填写报告单。
5. 增强团队实事求是、一丝不苟、坚持原则等岗位精神。

🖩 知识储备

一、饲料中脂肪简介

在动物生产中，如何才能对脂类物质进行合理利用。

脂类（又称脂质）是一类有机化合物，广泛存在于动植物性饲料中，是饲料中含能最高的一类营养物质，是动物能量的重要来源。不同动物对脂类的消化吸收机制不同，营养生理功能也存在差异。

脂类根据其结构不同，主要可分为真脂肪和类脂肪两大类，两者统称为粗脂肪。真脂肪在体内脂肪酶的作用下，分解为甘油和脂肪酸，类脂肪则除了分解为甘油和脂肪酸，还有磷酸、糖和其他含氮物质。

构成脂肪的脂肪酸种类很多，包括饱和脂肪酸和不饱和脂肪酸。

植物油脂中不饱和脂肪酸含量高于动物油脂，所以常温下，植物油脂呈液态，而动物油脂呈现固态。

脂类不溶于水，但在酸或碱的作用下可发生水解。水解后的脂肪酸大多无臭、无味，但低级脂肪酸，如丁酸和乙酸具有强烈的异味。多种细菌和霉菌均可产生脂肪酶，当饲料保管不善时，其所含脂肪易发生水解，使饲料品质下降。

天然脂肪暴露在空气中，经光、热、水分或微生物的作用，氧化生成过氧化物，再分解产生低级的醛、酮、酸等化合物，同时放出难闻的刺激性气味，就是我们常说的"哈喇味"，这种现象就是脂肪的氧化酸败。

脂肪酸败产生的醛、酮、酸等化合物，不仅具有刺激性气味，而且在氧化过程中，所生成的过氧化物，还会使一些脂溶性维生素发生破坏，从而影响机体健康。

脂肪中的不饱和脂肪酸分子结构中含有双键，故可与氢发生加成反应使双键消失，转变为饱和脂肪酸。从而使脂肪硬度增加，熔点增高，不易酸败，有利于储存。这种作用叫作脂肪的氧化作用。

脂肪对机体有着重要的生理作用。

(1)脂肪是构成动物体组织的重要原料。动物体各种组织器官，如神经、肌肉、骨骼、皮肤和血液的组成中均含有脂肪，主要为磷脂、糖脂和固醇等。

(2)脂肪是机体供能和贮能的最好形式。脂肪在体内氧化所产生的能量，为同质量碳水化合物的2.25倍。动物摄入过多有机物质时，可以以体脂肪形式将能量贮备起来。

(3)脂肪还是脂溶性维生素的载体。饲料中的脂溶性维生素均需融于脂肪后才能被吸收，而且吸收过程，还需要脂肪作为载体参与。

(4)脂肪还可为机体提供必需氨基酸。亚油酸、亚麻酸和花生四烯酸，这三种必需氨基酸对于幼龄动物的健康生长发育具有重要作用。缺乏时，导致生长停滞，甚至死亡。

(5)脂肪对机体具有保护作用。皮下脂肪能够防止体热的散失，在寒冷季节，有利于维持体温的恒定性，脂肪充填在脏器周围，具有固定和保护器官及缓和外力冲击的作用。禽类尾脂腺中脂肪可防止羽毛遇水变湿，从而保护水禽在水中活动。

(6)脂肪更是动物产品的组成成分。肉、蛋、奶、皮毛、羽绒等均含有一定数量的脂肪，脂肪的缺乏会影响到动物产品的形成和品质。

脂肪对机体有如此重要的作用，它在机体内是怎样代谢的呢?

由于不同动物解剖结构不同，我们按照单胃动物与反刍动物两种途径来分析机体对脂肪的代谢。

对于单胃动物而言，脂肪几乎不在胃内消化。大部分脂肪进入小肠后在胰液和胆汁的作用下，将脂肪水解，脂肪水解后，释放出游离脂肪酸和甘油，这些游离脂肪酸及甘油透过细胞膜被吸收后，在黏膜上皮细胞内重新合成甘油三酯。这些重新合成的甘油三酯、磷脂与固醇可与特定的蛋白质结合，形成乳糜微粒和极低密度脂蛋白，通过淋巴系统进入血液循环，进而分布于脂肪组织中。

反刍动物的饲料主要是牧草和秸秆类。其脂肪中所含不饱和脂肪酸占多数，饱和脂肪酸占少数。牧草中的脂肪，在瘤胃内微生物酶的作用下，水解为甘油和脂肪酸。其中大量不饱和脂肪酸、可经瘤胃细菌的氢化作用转变为饱和脂肪酸，再由小肠吸收后合成体脂肪。

脂类经过瓣胃和网胃，基本上不发生变化。

在皱胃，饲料脂肪、微生物与胃分泌物混合进入小肠后，由于反刍动物小肠内缺乏甘油一酯，小肠黏膜细胞中甘油三酯需通过磷酸甘油途径重新合成。在饲料脂类和能量供给充足的情况下，体内脂肪组织和肌肉组织均以甘油三酯的合成为主。饥饿条件下则以氧化分解，提供能量为主。

猪和反刍动物脂肪合成主要在脂肪组织中进行，禽在肝中合成。兔和鼠在肝和脂肪组织中均可进行脂肪合成。

单胃动物与反刍动物对脂肪的吸收途径有所不同：单胃动物在脂肪酶的作用及胆汁、胰脂酶等的参与下，经过乳化后吸收合成动物体脂肪。

反刍动物摄入的脂肪在瘤胃微生物作用下，水解为游离的脂肪酸、甘油和半乳糖等，进一步发酵而生成挥发性的脂肪酸。其中，大量的不饱和脂肪酸可经细菌的氢化作用转变为饱和脂肪酸，再由小肠吸收后合成体脂，因此单胃动物体脂肪品质受饲草脂肪性影响较大，反刍动物影响较小。

油脂属于高能饲料。在饲料中添加油脂，可提供能量，也可改善适口性，增加饲料在肠道的停留时间，有利于其他营养成分的消化吸收和利用，具有"增能效应"。在高温季节，还可降低动物的应激反应。

对于有如此诸多作用的脂肪我们应怎样合理利用呢？为了满足肉鸡对高能量饲料的要求，日粮中添加适量油脂，能显著提高肉鸡日增重和饲料转化率、改善肉质、缩短饲养周期，提高经济效益。

在饲料加工中，添加脂肪可降低粉尘，提高饲料的适口性和采食量。

在实际生产中，对不同动物有以下不同使用建议。

肉鸡体内脂肪沉积绝大部分在肥育阶段，从减少腹脂和提高生产性能两方面考虑，建议在肉鸡前期饲料中添加2%～4%的猪油；在后期饲料中添加必需脂肪酸含量高的玉米油、豆油等油脂来改善肉质。蛋鸡饲料中油脂添加量建议为3%左右，奶牛精饲料中油脂添加量建议为3%～5%。肉猪添加量为4%～6%，仔猪为3%～5%。添加植物油优于动物油，椰子油、玉米油、大豆油为仔猪的最佳添加油脂。

饲料中添加油脂时，以家禽为例，注意事项有以下7点。

第一，添加油脂后，饲粮的消化能、代谢能水平不能变化太大。因为过量添加油脂可能会降低采食量。

第二，满足含硫氨基酸的供应，建议肉鸡饲料中含硫氨基酸供给量可提高到1%，蛋鸡提高到0.8%。

第三，常量元素、微量元素及维生素 B$_2$、维生素 B$_6$、维生素 B$_{12}$ 和胆碱等的供给量应增加 10%～20%。

第四，控制粗纤维水平，肉鸡控制在最低量，特别是笼养鸡应比标准高出 1%～1.5%。

第五，长期添加油脂时，每千克饲料中应添加硒 0.05～0.1 mg。

第六，防止油脂氧化，保证油脂品质。

第七，要将油脂均匀混拌在饲料中，并在短期内喂完。

特别提示：在饲料中添加脂类物质虽可提高动物产品的质量，但一定要在合理范围内使用，否则得不偿失。

二、测定饲料中粗脂肪含量

粗脂肪指的是饲料中乙醚浸出物的总称，主要包括甘油三酯、磷脂、类固醇、脂肪酸等。脂肪易溶于乙醚中，所以可用乙醚反复浸提饲料，溶于乙醚的脂肪收集于盛醚瓶中，之后将乙醚蒸发除去，剩余的干物质即为脂肪，称其质量。此方法为索式提取脂肪的方法。除真脂肪能被乙醚所溶解外，尚有麦角固醇、胆固醇、脂溶性维生素、叶绿素等也可以被乙醚溶解。因其含有较多的杂质，所以被称为粗脂肪。在测定脂肪前，所有样品必须除去水分，可以采用烘干的方式，因为样品中含有的水分会影响浸提和蒸发两个操作。

1. 测定原理、适用范围、所需仪器设备及试剂

(1)测定原理：测定原理是用石油醚等有机溶剂反复浸提饲料样品，使其中的脂肪溶于石油醚，并收集于抽提瓶中，称取提取物的质量，除脂肪外，还有有机酸、磷脂、脂溶性维生素、叶绿素等，因而测定结果称粗脂肪或石油醚提取物。

(2)适用范围：配合饲料、浓缩饲料、单一饲料和预混料。

(3)所需仪器设备：实验室用样品粉碎机、分样筛(孔径 0.42 mm)、分析天平(感量 0.000 1 g)、电热恒温水浴锅、恒温烘箱、索氏脂肪提取器(100 mL)、滤纸(中速，脱脂)、干燥器。

所需试剂：石油醚(分析纯)。

2. 试样的选取和制备

选取有代表性的试样用四分法缩减至 200 g，粉碎至 40 目，装入密封容器中，防止试样成分发生变化或变质。

3. 测定步骤(仲裁法)

(1)索氏提取器应干燥无水，抽提瓶在(105±2) ℃烘箱中烘干 1 h，干燥器中冷却 30 min，称重。再烘干 30 min，同样冷却称重，两次称重之差小于 0.000 8 g 为恒重。

(2)称取试样 1～5 g(准确至 0.000 2 g)用滤纸包好(用铅笔做标记)，放入(105±2) ℃烘箱中烘 2 h。滤纸包长度应可以全部浸泡于石油醚中为准。

(3)将滤纸包放入抽提管，在抽提瓶中加入无水石油醚 60～100 mL，在 60～75 ℃的水浴(用蒸馏水)上加热，使石油醚回流，控制石油醚回流次数约为每小时 10 次，共回流约 50 次(含油高的试样约 70 次)或检查抽提管流出的石油醚挥发后不留下油迹为抽提终点。

(4)取出试样，仍用原提取器回收石油醚直至抽提瓶中的石油醚全部抽完，取下抽提瓶，在水浴上蒸去残余石油醚，擦净瓶外壁。将抽提瓶放入(105±2)℃烘箱中烘干2 h，干燥器中冷却30 min。再烘干30 min，同样冷却称重，两次称重之差小于0.001 g为恒重。

4. 结果计算

计算公式为

$$V = \frac{m_2 - m_1}{m} \times 100\%$$

式中　m——风干试样质量(g)；

　　　m_1——已恒重的抽提瓶质量(g)；

　　　m_2——已恒重的盛有脂肪的抽提瓶质量(g)。

重复性：每个试样取2个平行样进行测定，以其算术平均值为结果。

粗脂肪含量在10%以上(含10%)，允许相对偏差为3%；粗脂肪含量在10%以下时，允许相对偏差为5%。

注意事项

在操作过程中应注意以下事项。

(1)全部称量操作，样品包装时要戴乳胶手套或棉手套。

(2)使用石油醚时，严禁明火加热，保持室内良好通风，抽提时防止石油醚过热而爆炸。

(3)测定样品在浸提前必须粉碎烘干，以免在浸提过程中样品水分随石油醚溶解样品中糖类而引起误差。

(4)粗脂肪的测定也可采用脂肪分析仪测定，依仪器操作说明书进行测定。

(5)若样品为富含脂肪的饲料(如鱼粉、饼粕等)，为避免脂肪在烘干时氧化，应在真空干燥箱中干燥。

(6)回流时间视样品脂肪含量而定，若用石油醚浸泡过夜，回流时间可缩短2 h左右。

脂肪检测

(7)规范填写原始记录及报告单，字迹清晰，避免涂抹。

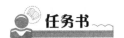 任务书

一、任务分组

填写任务分组信息表，见表4-5-1。

表 4 - 5 - 1　任务分组信息表

任务名称				
小组名称			所属班级	
工作时间			指导教师	
团队成员	学号		岗位	职责
团队格言				
其他说明	分组任务实施过程中，各组内采用班组轮值制度，学生轮值担任不同岗位，确保每个人都有对接不同岗位的锻炼机会。在提升个人能力的同时，促进小组协作，培养学生团队合作和人际沟通的能力			

二、任务分析

通过前面知识的学习，我们已经获知了饲料中脂肪的重要性。本次任务主要针对饲料中的＿＿＿＿＿＿＿＿＿＿＿＿＿＿＿进行测定分析。通过知识点学习，获知完成本次分析的方法应该选择＿＿＿＿＿＿＿＿＿＿＿＿＿，其测定原理为＿＿＿＿＿＿＿＿＿＿＿＿＿＿＿＿＿＿。利用课程线上资源寻找收集资料，确定完成本次任务所需的知识、技能要点、材料和设备。

1. 所需知识和技能要点

本次任务所需的知识要点包括：

本次任务所需的技能要点包括：

2. 所需材料和设备

本次任务所需材料包括：

本次任务所需设备包括：

3. 确立饲料中粗脂肪测定记录项目

通过查阅资料，结合所获知识和技能要点，根据检查对象的实际情况和饲料厂检验需要，确立本次任务的检查项目，并将具体信息填入饲料中粗脂肪的测定原始记录表（表 4 - 5 - 2）。

表 4－5－2　饲料中粗脂肪的测定原始记录表

样品名称	检验日期		检测依据	
主要仪器名称及型号				
试样编号	1 号		2 号	
风干试样质量 m/g				
已恒重的抽提瓶质量 m_1/g				
已恒重的盛有脂肪的抽提瓶质量 m_2/g				
粗脂肪含量/%				
平均值				
相对平均偏差				
计算公式/%	$V=(m_2-m_1)/m×100\%$			
检验结论				
备注				
检验人：		审核人：		

三、任务实施

1. 设备和材料领取

根据任务方案，结合实验室实际情况，领取任务所需设备和材料，并填写设备材料领取表(表 4－5－3)。

表 4－5－3　设备材料领取表

材料设备名称	规格/型号	数量	领取人

2. 完成粗脂肪含量测定

根据任务方案和任务分组信息表(表 4－5－1)，明确岗位职责，做好相关指标检测，并填写饲料检验报告单(表 4－5－4)。

表 4－5－4　饲料检验报告单

样品名称		样品编号	
规格		生产日期	
生产单位			
抽样人		抽样地点	
检验日期		报告日期	

检测项目						
检测依据						
判定依据						
主要仪器名称及型号						
检验结果	检验项目	计量单位	标准值	判断值	检验结果	单项判定
检验结论						
检验人				审核人		

恭喜你已完成饲料中粗脂肪测定任务的全过程实施，明确了饲料中粗脂肪测定的工作内容，完整体验了作为饲料厂检验员工作的一天。如果对于某些知识和技能要点仍有疑问，可自行查找资料，并完成本任务的相关习题，借助课程信息化资源(课程视频、课件、动画、文字资料)复习任务设计的关键知识点和技能点，寻找存在的问题，利用线上资源进行互动，寻求解决问题的方法并进行自检。

四、任务评价

1. 小组自检

首先进行个人自检，即每名组员根据自己所在岗位，按照任务实施步骤进行复盘，并在下方空白处记录任务实施要点或关键数据。

个人自检记录：

完成个人自检的组员可以向组长提交任务完成审核申请。组长参照任务分组信息表(表4-5-1)，根据任务要求和实验室安全规范，进行组内检查，并组织开展组员间检查，填写组内检查记录表(表4-5-5)，完成组内检查。

表 4-5-5　组内检查记录表

任务名称			
小组名称		所属班级	
检查项目	问题记录	改进措施	完成时间
任务总结			
组员个人提出的建议		说明：如果本次任务组内检查中未提出建议，则不需要填写	
组员个人收到的建议		说明：如果本次任务组内检查中未收到建议，则不需要填写	

2. 提交验收

各任务小组完成组内检查后，将组内检查记录表提交至教师处。教师在各小组抽调学生组成任务验收组，针对各任务小组提交的材料进行验收，并指出各小组存在的问题，给予改进意见，并填写任务验收表（表4-5-6）。

表4-5-6 任务验收表

任务名称			
小组名称		验收组成员	
任务概况	问题记录	改进意见	验收结果（通过/撤回）
组员个人提出的验收建议		说明：如果未参加本任务验收工作，则不需要填写	
组员个人收到的验收建议		说明：如果本任务验收中未收到建议，则不需要填写	
完成时间			
是否上传资料			

3. 结果与评价

各小组根据验收意见进一步整改后，将任务相关材料上传至线上课程资源库，方便实时查阅。教师组织结果与评价会议，各小组展示任务完成结果（选一名组员介绍任务完成过程，可以配合任务完成过程中录制的视频或配合讲义、图片等辅助完成展示过程），教师组织完成组内自评、组间互评和教师评价，并填写任务考核评价表（表4-5-7）。

表4-5-7 任务考核评价表

评价项目	评价内容	分值	组内自评（20%）	组间互评（20%）	教师评价（40%）	第三方评价（20%）	总分
职业素养（40%）	具有严谨认真的工作态度	10					
	能够实事求是、坚持原则	10					
	能够爱岗敬业、团结协作	10					
	遵守职业道德标准和行为规范	10					
岗位技能（50%）	正确称量样品						
	会使用索式脂肪提取器	10					
	操作规范、熟练，结果正确率高	10					
	正确填写报告单，书写工整、字迹清晰	10					
	检验后台面整理、废物处理、回收	10					
创新拓展（10%）	动物体脂肪如何测定	10					

脂肪—酸提取法

索氏抽提法只能提取游离态的脂肪，而对脂蛋白、磷脂等结合态的脂类，则不能完全提取出来，酸水解法又会使磷脂水解而损失。而在一定水分存在下，极性的甲醇与非极性的氯仿混合液（简称 CM 混合液）却能有效地提取结合态脂类。本法适用于含结合态脂类比较高，特别是磷脂含量高的样品（如鲜鱼、贝类、肉、禽蛋等），对于含水量高的试样更为有效。

脂肪—酸提取法

拓展任务收获：

任务 4.6　饲料中粗纤维的测定

任务描述

某养牛场新进一批牛饲料，牛进食几天后出现了消化不良，现取一定量的该批次饲料去实验室进行粗纤维含量检测。

粗纤维是植物细胞壁的主要组成成分，是饲料中不易消化的营养物质的总称。粗纤维可以刺激肠道蠕动，维持肠道微生态稳定，减少脂肪沉积、提高瘦肉沉积率，吸附有害物质。饲料粗纤维与饲料营养价值之间的关系的评估能有效评价其品质。而对于饲料中粗纤维的测定实施路径如图 4-6-1 所示。

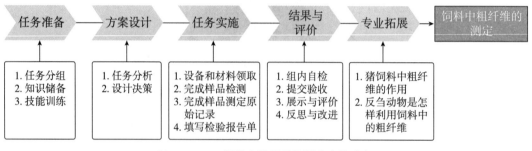

图 4-6-1　饲料中粗纤维的测定实施路径

学习目标

1. 了解饲料粗纤维与饲料营养价值之间的关系。
2. 明确各类饲料样品中粗纤维的测定方法。
3. 能够对结果进行准确评估，注意操作事项。
4. 规范填写报告单。
5. 增强团队实事求是、一丝不苟、坚持原则等岗位精神。

知识储备

一、糖的供给

糖类是自然界存在最多、分布最广的一类重要的有机化合物，主要由绿色植物光合作用而成，植物性饲料中的碳水化合物，就是我们所说的糖。除个别糖的衍生物中含有少量氮、硫等元素外，糖都由碳、氢、氧这三种元素组成。

按照糖类物质结构的不同，可将其分为单糖、低聚糖、多聚糖及复合糖。

单糖包括果糖、半乳糖、葡萄糖；低聚糖又称寡糖，主要包括蔗糖、乳糖、麦芽糖及棉籽糖；多聚糖包括同质糖和杂多糖；复合糖包括糖脂、糖蛋白、木质素、几丁质。

糖类物质是肌肉、脂肪组织、胎儿生长发育、乳腺等组织代谢活动的主要能量来源，长期缺乏营养性多糖，易造成牛的酮病、羊的妊娠毒血症、仔猪的低血糖病等。

在营养分析中，把糖类物质分为无氮浸出物和粗纤维两大类。

糖类可对机体产生如下几点营养作用。

(1)粗纤维在动物的盲肠中，可发酵生成挥发性脂肪酸，为动物提供能量及其他养分。因其在胃内降解速度慢，能吸附酸，可减缓酸中毒的发生。

(2)粗纤维可作为饲料的填充物质。动物自由采食会使动物体态过胖，从而降低瘦肉质量和饲料利用率。而在配合饲料中，加大粗料比例，增加粗纤维含量，可改善体脂肪沉积，提高肌间脂肪含量和胴体瘦肉率。

(3)粗纤维可促进胃肠蠕动及粪便排泄。粗纤维对肠黏膜有刺激作用，所以能促进胃肠蠕动及粪便排泄。

在妊娠母猪饲养过程中，经常出现习惯性便秘，是缠绕妊娠母猪饲养的难题。饲养经验表明，在饲料中添加麦麸，可以促进妊娠母猪的排粪。

(4)除维持机体必要能量外，多余的糖类可转变为糖原和脂肪在体内贮备，肥育期的动物，即利用该特点在体内沉积大量脂肪。

(5)饲料中的糖类化合物，可以减少动物体内蛋白质的分解供能。从而提高饲料蛋白质的利用率。

单胃动物与反刍动物解剖结构上的不同，使它们对物质的吸收也存在相应的差异。

单胃动物对饲料中无氮浸出物的消化，起始于口腔，猪、兔、灵长目等哺乳动物唾液中含有淀粉酶，当食物入口腔后，可将淀粉分解成糊精和麦芽糖。

食团到达十二指肠后，在胰淀粉酶的作用下，淀粉水解为麦芽糖，麦芽糖在麦芽糖酶的作用下再水解为葡萄糖，其他的糖类则由相应的酶作用水解或被机体吸收。

随后食糜由小肠排入盲肠、结肠，在微生物作用下，产生挥发性脂肪酸和二氧化碳、甲烷等气体。

整个消化过程中，粗纤维在盲肠之前不发生变化，到达盲肠、结肠后，在细菌微生物发酵作用下，将其分解为挥发性脂肪酸和二氧化碳。

部分挥发性脂肪酸可被肠壁吸收，进入血液被细胞利用，二氧化碳可经氢化作用形成甲烷，随粪便排出体外。

简单来说，单胃动物对糖类的利用，主要是对无氮浸出物的利用，是以酶的消化方式进行，最终分解产物为各种单糖，多从小肠进入机体参与代谢。

对粗纤维的利用，则是通过肠微生物的发酵，将粗纤维分解成各种挥发性脂肪酸。

对于反刍动物来说，糖类物质主要在瘤胃内消化。

瘤胃每天消化的糖类占摄入糖总量的 70%～90%，占总采食量的 50%～55%。以糖类形势进入前胃的淀粉、纤维素、半纤维素等在瘤胃微生物的作用下，最终分解产生挥发性脂肪酸，同时产生甲烷、氢气和二氧化碳等气体。

瘤胃中形成的挥发性脂肪酸约 75% 通过瘤胃壁扩散进入血液，约 20% 经皱胃和瓣胃壁吸收，约 5％经小肠吸收。

瘤胃中未被降解的粗纤维及淀粉到达盲肠、结肠后，在微生物作用下，分解产生挥发性脂肪酸和二氧化碳，二氧化碳有一部分变成甲烷，两种气体均由肠道排出体外，挥发性脂肪酸被肠壁吸收进入肝，参与体内代谢。最终未被消化的粗纤维由粪便排出。

反刍动物瘤胃内产生的挥发性脂肪酸比例受日粮因素影响，如饲料中精饲料比例提高后，会使体内乙酸比例减少，从而使乳腺内脂肪合成率下降，继而影响乳液中的乳脂率。

对于肉牛而言，相应提高饲料中精料比例或将粗料磨成粉状饲喂，会使瘤胃中产生的丙酸增多，有利于合成体脂肪，提高增重，改善肉质。

在单胃动物的饲养过程中，需控制日粮中粗纤维的含量，以防粗纤维含量过高之后促进排空，降低其他养分的利用。

二、测定饲料中粗纤维含量

粗纤维的测定方法为过滤法。

1. 测定原理、适用范围、所需仪器设备及试剂

(1)测定原理：用固定量的酸和碱，在特定的条件下消煮样品，再用醚、丙酮除去醚溶物，经高温灼烧扣除矿物质的量，剩余的量为粗纤维，即试样用沸腾的稀释硫酸处理，过滤分离残渣、洗涤，然后用沸腾的氢氧化钾溶液处理，过滤分离残渣、洗涤、干燥、称量，然后灰化。因灰化而失去的质量相当于试料中粗纤维质量。它不是一个确切的化学实体，只是在公认强制规定的条件下，测出的概率养分，其中以粗纤维为主，还有少量半纤维素和木质素。

(2)适用范围：混合饲料、配合饲料、浓缩饲料和单一饲料。

(3)所需仪器设备：分析天平、坩埚、粗纤维测定仪等。

干燥箱：用电加热，能通风，能保持温度(130±2) ℃。

干燥器：盛有蓝色硅胶干燥剂，内有厚度为 2～3 mm 的多孔板，最好由铝或不锈钢制成。

马福炉：又称高温炉。用电加热，可以通风，温度可调控，在 475～525 ℃的条件下，保持坩埚周围温度冷至±25 ℃。马福炉的高温表读数不总是可信的，可能发生误差，因此对高温炉中的温度要定期检查。因高温炉的大小及类型不同，炉内不同位置的温度可能不同。当炉门关闭时，必须有充足的空气供应。空气体积流速不宜过大，以免带走坩埚中物质。

所需试剂：0.5 mol/L 盐酸溶液。

(0.13±0.005) mol/L 硫酸溶液：吸取浓硫酸 6.89 mL，注入 800 mL 水中，冷却后稀释至 1 000 mL，用无水碳酸钠标定。

(0.23±0.005) mol/L 氢氧化钾溶液：称取分析纯氢氧化钾 12.88 g，溶于 100 mL水中，定容至 1 000 mL，用邻苯二甲酸氢钾法标定。

95％乙醇。

防泡剂：如正辛醇。

2. 试样的选取和制备

选取有代表性的试样用四分法缩减至 200 g，粉碎至完全通过 18 目筛，装入密封容器中，防止试样成分发生变化或变质。

3. 测定步骤

(1)坩埚用蒸馏水洗净，用恒温烘箱(130±2)℃，烘干 30 min，冷却、编号、备用。将配置好的酸、碱及蒸馏水放到粗纤维测定仪顶部的加热盘上。

(2)酸处理：称取 1 g 左右样品，准确至 0.000 1 g，记录数据。将试样放入坩埚中，然后安装至消煮器，加入已沸腾的硫酸溶液 200 mL 和 2 滴正辛醇，立即加热，使其连续沸腾 30 min(注意要保持硫酸浓度不变，试样也不应沾到瓶壁上)，随后抽滤，残渣用沸蒸馏水洗涤 2～3 次。

(3)碱处理：测定仪中加入已经沸腾的 200 mL 氢氧化钾溶液和 2 滴正辛醇，立即加热，使其连续沸腾 30 min，随后抽滤，残渣用沸蒸馏水洗涤 2～3 次。

(4)乙醇浸泡：在消煮管上口加入 20 mL 左右的 95％乙醇，浸泡十几分钟后抽滤掉。

(5)干燥：将坩埚置于烘箱中，(130±2)℃烘干 2 h，取出后，在干燥器中冷却至室温，称重，记录数据。

(6)灰化：将坩埚置于高温炉中，其内容物在(500±25) ℃下灰化，30 min，取出，在干燥器中冷却至室温，称重，记录数据。

4. 结果计算

计算公式为

$$X = \frac{m_2 - m_3}{m_1} \times 100\%$$

式中　m_1——试料的质量(g)；

　　　m_2——坩埚在 130 ℃干燥后获得的残渣的质量(g)；

　　　m_3——坩埚在 500 ℃干燥后获得的残渣的质量(g)。

结果四舍五入，准确至 1 g/kg。也可用质量分数(％)表示。

重复性：每个样品取两个平行样进行测定，如果相对偏差在以下允许的范围之内，以其算术平均值为结果。

粗纤维含量在 10％以上时，允许相对偏差为 4％；粗纤维含量在 10％以下时，允许相差(绝对值)为 0.4。

注意事项

(1)用本方法测定的粗纤维，不是一个确切的化学实体，只是在公认强制规定的条件下，测定的概略养分，包括纤维素和部分半纤维素、木质素。为了保证测定结果的重现性较好，使测定结果具有可比性，在测定过程中必须满足以下条件。

①硫酸和氢氧化钾的浓度必须准确，并且经过标定。

②样品的粒度必须保证全部通过 18 目的标准筛。

③在酸、碱处理期间要及时补充水分，保持硫酸的浓度不变；试样不能离开溶液沾

到瓶壁上。

（2）规范填写原始记录及报告单，字迹清晰，避免涂抹。

粗纤维检测

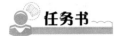 **任务书**

一、任务分组

填写任务分组信息表，见表4-6-1。

表4-6-1 任务分组信息表

任务名称			
小组名称		所属班级	
工作时间		指导教师	
团队成员	学号	岗位	职责
团队格言			
其他说明	分组任务实施过程中，各组内采用班组轮值制度，学生轮值担任不同岗位，确保每个人都有对接不同岗位的锻炼机会。在提升个人能力的同时，促进小组协作，培养学生团队合作和人际沟通的能力		

二、任务分析

通过前面的分析，我们已获知了饲料中粗纤维的重要性，动物饲料中缺少粗纤维，会导致动物出现疾病。本次任务主要针对饲料中的_____进行测定分析。通过知识点学习，获知完成本次分析的方法应该选择_____，其测定原理为_____。利用课程线上资源寻找收集资料，确定完成本次任务所需的知识、技能要点、材料和设备。

1. 所需知识和技能要点

本次任务所需的知识要点包括：

本次任务所需的技能要点包括：

2. 所需材料和设备

本次任务所需材料包括：

本次任务所需设备包括：

3. 确立饲料中粗纤维测定记录项目

通过查阅资料，结合所获知识和技能要点，根据检查对象的实际情况和饲料厂检验需要，确立本次任务的检查项目，并将具体信息填入饲料中粗纤维的测定原始记录表（表4-6-2）。

表4-6-2 饲料中粗纤维的测定原始记录表

样品名称	检验日期	检测依据
主要仪器名称及型号		
试样编号	1号	2号
试样质量 m/g		
烘干后坩埚与残渣质量 m_1/g		
灼烧后坩埚与残渣质量 m_2/g		
粗纤维含量/%		
平均值		
相对平均偏差		
计算公式/%	$X = (m_2 - m_3)/m_1 \times 100\%$	
检验结论		
备注		
检验人：	审核人：	

三、任务实施

1. 设备和材料领取

根据任务方案，结合实验室实际情况，领取任务所需设备和材料，并填写设备材料领取表（表4-6-3）。

表4-6-3 设备材料领取表

材料设备名称	规格/型号	数量	领取人

2. 完成粗纤维含量测定

根据任务方案和任务分组信息表（表4-6-1），明确岗位职责，做好相关指标检测，并填写饲料检验报告单（表4-6-4）。

表 4 - 6 - 4 饲料检验报告单

样品名称			样品编号	
规格			生产日期	
生产单位				
抽样人			抽样地点	
检验日期			报告日期	
检测项目				
检测依据				
判定依据				
主要仪器名称及型号				
检验结果	检验项目	计量单位	标准值	判断值	检验结果	单项判定
检验结论				
检验人			审核人	

恭喜你已完成饲料中粗纤维测定任务的全过程实施，明确了饲料中粗纤维测定的工作内容，完整体验了作为饲料厂检验员工作的一天。如果对于某些知识和技能要点仍有疑问，可自行查找资料，并完成本任务的相关习题，借助课程信息化资源(课程视频、课件、动画、文字资料)复习任务设计的关键知识点和技能点，寻找存在的问题，利用线上资源进行互动，寻求解决问题的方法并进行自检。

饲料中粗纤维的测定

四、任务评价

1. 小组自检

首先进行个人自检，即每名组员根据自己所在岗位，按照任务实施步骤进行复盘，并在下方空白处记录任务实施要点或关键数据。

个人自检记录：

完成个人自检的组员可以向组长提交任务完成审核申请。组长参照任务分组信息表(表 4 - 6 - 1)，根据任务要求和实验室安全规范，进行组内检查，并组织开展组员间检查，填写组内检查记录表(表 4 - 6 - 5)，完成组内检查。

表 4 - 6 - 5 组内检查记录表

任务名称			
小组名称		所属班级	
检查项目	问题记录	改进措施	完成时间
任务总结			
组员个人提出的建议		说明：如果本次任务组内检查中未提出建议，则不需要填写	
组员个人收到的建议		说明：如果本次任务组内检查中未收到建议，则不需要填写	

2. 提交验收

各任务小组完成组内检查后，将组内检查记录表提交至教师处。教师在各小组抽调学生组成任务验收组，针对各任务小组提交的材料进行验收，并指出各小组存在的问题，给予改进意见，并填写任务验收表（表 4 - 6 - 6）。

表 4 - 6 - 6 任务验收表

任务名称			
小组名称		验收组成员	
任务概况	问题记录	改进意见	验收结果（通过/撤回）
组员个人提出的验收建议		说明：如果未参加本任务验收工作，则不需要填写	
组员个人收到的验收建议		说明：如果本任务验收中未收到建议，则不需要填写	
完成时间			
是否上传资料			

3. 结果与评价

各小组根据验收意见进一步整改后，将任务相关材料上传至线上课程资源库，方便实时查阅。教师组织结果与评价会议，各小组展示任务完成结果（选一名组员介绍任务完成过程，可以配合任务完成过程中录制的视频或配合讲义、图片等辅助完成展示过程），教师组织完成组内自评、组间互评和教师评价，并填写任务考核评价表（表 4 - 6 - 7）。

表 4-6-7 任务考核评价表

评价项目	评价内容	分值	组内自评（20%）	组间互评（20%）	教师评价（40%）	第三方评价(20%)	总分
职业素养（40%）	具有严谨认真的工作态度	10					
	能够实事求是、坚持原则	10					
	能够爱岗敬业、团结协作	10					
	遵守职业道德标准和行为规范	10					
岗位技能（50%）	正确配制试剂，并进行标准溶液标定	10					
	会使用粗纤维测定仪	10					
	操作规范、熟练，结果正确率高	10					
	正确填写报告单，书写工整、字迹清晰	10					
	检验后台面整理、废物处理、回收	10					
创新拓展（10%）	粗纤维替代物质在饲料中的应用	5					
	粗纤维在宠物食品中的使用	5					

特色模块◎专业拓展

粗纤维在饲料中的应用

拓展任务收获：

任务 4.7 饲料中粗灰分的测定

🧰 任务描述

某养殖场新进一批饲料，检验员对其取样进行粗灰分测定，并对饲料品质进行评价。粗灰分含量过高，影响饲料的适口性，从而降低采食量。说明饲料中可能人为添加一些低廉、不具营养作用的矿物质，饲料品质较差。

饲料粗灰分与饲料营养价值之间的关系的评估能有效评价其品质。而对于饲料中粗灰分的测定实施路径如图 4-7-1 所示。

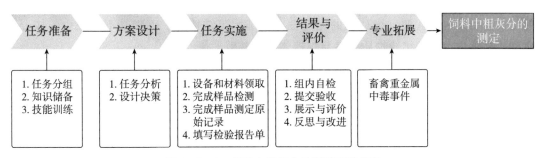

图 4-7-1 饲料中粗灰分的测定实施路径

📖 学习目标

1. 了解饲料粗灰分与饲料营养价值之间的关系。
2. 明确各类饲料样品中粗灰分的测定方法。
3. 能够对结果进行准确评估，注意操作事项。
4. 规范填写报告单。
5. 增强团队实事求是、一丝不苟、坚持原则等岗位精神。

⌨️ 知识储备

一、矿物质供给

矿物质虽然在动物机体中所占比例小，却是动物体不可缺少的成分，并起着极为重要的营养作用。钙、磷、镁参与骨骼和牙齿的构成；锌、锰、铜、硒构成酶的活性中心；碘是甲状腺素的组成成分；铁参与血红蛋白的构成；钠、钾、氯等以离子形式维持体液和细胞内外的渗透压及酸碱平衡；钙、镁、钠、钾和氢离子维持神经肌肉的兴奋性。动物体缺乏这些必需矿物质元素时，动物的生长发育和代谢过程就会受到影响，甚至表现出明显的疾病症状。严重时会死亡。

现今已知，动物的必需常量矿物质元素有钙、磷、钾、钠、氯、镁、硫 7 种，以及 20 种微量元素，铁、钴、锌、锰、铜、碘、硒、钼、铬、氟及 10 种含量更少的元素。在实际生产中微量元素缺乏症几乎看不见。

1. 主要矿物质元素对机体的作用

(1) 钙、磷。机体内主要常量矿物质元素中，钙、磷含量最多，几乎占矿物质总量的 65%～70%。99% 的钙和 80% 磷存在于骨骼和牙齿中，其余存在于软组织和体液中。钙的吸收部位在小肠，钙的吸收需要维生素 D_3 和钙结合蛋白的参与，形成复合物后经扩散吸收，磷以离子态形式吸收。

钙参与构成骨骼与牙齿；维持神经和肌肉兴奋性；维持细胞膜的通透性；调节激素分泌；钙信号在激活细胞参与细胞分裂过程中起信息传递作用。

磷不仅构成骨骼与牙齿，还以有机磷的形式存在于细胞核和肌肉中，参与核酸代谢、能量代谢与蛋白质代谢；维持膜的完整性，在细胞膜结构中，磷脂是不可缺少的成分；磷酸盐是体内重要的缓冲物质，参与维持体液的酸碱平衡。

钙缺乏时，动物会表现出食欲不振，生产力下降，繁殖力下降。母鸡产软壳蛋或蛋壳破损率高，产蛋率和孵化率下降。动物体骨骼病变，幼龄动物发生佝偻病，常会引起自发性骨折和后躯瘫痪；成年动物表现为骨软病或骨质疏松症，其骨组织疏松呈海绵状；乳牛还会发生产后瘫痪的现象。

磷缺乏时，动物会出现异嗜癖、低磷性的骨质疏松，牛出现关节僵硬、肌肉软弱。反刍动物钙过量会降低脂肪消化率、抑制锌的吸收，磷过量引起甲状腺功能亢进。动物性的饲料如乳、鱼粉、肉骨粉等一般含钙较为丰富。当饲料中钙、磷含量不足，可直接在饲料中添加钙、磷的补充料，可用骨粉、磷酸氢钙、磷酸钙、碳酸钙、石粉等。

(2) 镁。常用饲料含镁丰富，不易缺乏，糠麸、饼粕和青饲料含镁丰富，缺镁时，用硫酸镁、氯化镁、碳酸镁补饲。研究表明，补镁有利于防止过敏反应和集约化饲养时咬尾巴的现象。动物缺镁主要表现为厌食、生长受阻、过度兴奋、痉挛和肌肉抽搐。严重的导致昏迷死亡。实际生产过程中缺镁主要见于反刍动物，猪和禽不需另外补饲。产奶母牛在采食大量生长旺盛的青草后出现的"草痉挛"，主要是由于成年奶牛体内镁储存量低、青草中的镁含量和吸收率低引起。镁过量引起动物中毒，主要表现为采食量下降、生产力降低、昏睡、运动失调和腹泻，严重时可引起死亡。

(3) 钠、钾、氯。机体内钠、钾、氯的主要作用是维持电解质渗透压，调节酸碱平衡，控制水的代谢。钠和氯主要分布于细胞外液中，是维持外渗透压和酸碱平衡的主要离子，并参与水的代谢。此外，钠和其他元素一起参与维持肌肉和神经的兴奋性，对心脏活动起调节作用。以碳酸盐形式存在的钠离子，可抑制反刍动物瘤胃中产生过多的酸，为瘤胃微生物活动创造适宜环境。氯是胃酸中的主要阴离子，它与氢离子结合形成盐酸，使胃蛋白酶活化，并保持胃液呈酸性，具有杀菌作用。

食盐可刺激唾液分泌，提高食欲。钠和氯缺乏时，动物表现为食欲差，生长慢，饲料利用率低，生产力下降，被毛粗乱，出现异食癖，尤其是奶牛，猪会相互咬尾，产蛋鸡易形成啄癖，动物常出现喝尿的现象。重役动物缺少食盐，又大量出汗，可发生急性食盐缺乏症，导致神经错乱，肌肉运动失调。

食盐过多，饮水量少，会引起动物中毒，特别是鸡，对高剂量的食盐耐受力差。雏鸡日粮中食盐达 2% 时便会死亡。饲喂含食盐为 2% 日粮的生长猪，在给水少的情况下，可出现食盐中毒，表现为极度口渴，步态不稳，后肢麻痹，剧烈抽搐，甚至死亡。日粮钾过量时，可影响镁的吸收，降低镁的吸收率。因此，牧草大量施用钾肥时，可引起反刍动物低镁性痉挛。

(4) 硫。各种蛋白质饲料均为动物硫的重要来源，青玉米和块根类食物含硫贫乏。生产中鸡补饲硫酸钙，猪补饲亚硫酸钠，牛补饲硫酸镁效果较好。缺乏硫很少见，硫的缺乏症通常是在缺乏蛋白质时才产生。动物缺乏硫表现为消瘦，角、蹄、爪、毛、羽生长缓慢；反刍动物体重减轻、生产性能下降；禽类发生啄食癖、羽毛质量下降。自然条件下硫过量的情况少见。

2. 微量元素对机体的影响作用

(1) 铁。除乳和块根饲料外，动物性和植物性饲料中均富含铁，大部分饲料中铁含量超过动物需要量。铁是血红蛋白、肌红蛋白、细胞色素酶和多种氧化酶的成分。缺铁的典型症状是贫血，初生仔猪最容易发生，原因是体内铁储备量少，从母乳中获得的铁有限。

(2) 铜。铜广泛存在于各种饲料中，对于动物缺铜多存在地域性倾向，常用硫酸铜作为补铜的原料。铜缺乏会造成动物贫血，运动失调，骨代谢不正常，被毛品质差，繁殖率下降。

铜过量会引起中毒，导致家畜胃炎，粪便呈蓝绿色黏液状。在肝中蓄积到一定水平时，就会释放进入血液，使红细胞溶解，动物产生血尿、黄疸、组织坏死甚至死亡。

(3) 锌。幼嫩植物含锌量较高，谷实类饲料含锌量较低，块根块茎类饲料含锌量贫乏。锌可参与体内酶组成，维持上皮细胞和皮毛的正常形态，生长和健康，维持生物膜的正常结构和功能。动物缺锌时，开始表现为食欲减退和生长受阻，随之发生皮肤不全角化症，进而皮肤干燥粗厚，形成污垢状痂块，以头、颈、背、腹侧、臀和腿部最为明显。

家禽羽毛发育异常，末端磨损。生长鸡严重皮炎，脚爪特别明显。绵羊的羊角和羊毛易脱落。另外影响繁殖性能，钙与锌拮抗，高钙时应注意补锌。锌过量对铁、铜元素吸收不利。

(4) 锰。猪、鸡日粮以玉米为主时可能缺锰。动物缺锰时，采食量下降、生长发育受阻、骨骼畸形、关节肿大、骨质疏松。雏鸡患"滑腱症"，症状为腿骨粗短，不能站立，难以觅食和饮水，严重时死亡；缺锰母畜不发情或性周期失常、不易受孕，受胎后易造成流产、仔畜活力下降；缺锰母鸡体重减轻、产蛋减少、孵化中的鸡胚软骨退化、死胎多、孵化率低。锰过量导致生长受阻，贫血和胃肠道损害，并致使钙磷利用率降低。

(5) 硒。饲料中大部分硒含量较少。禾谷类籽实饲料中变动范围大，豆科牧草的含硒量高于禾本科牧草。常用亚硒酸钠作为添加剂，皮下或肌内注射，也可和其他矿物质制成混合矿物盐补饲。

硒是谷胱甘肽过氧化物酶的主要成分，具有抗氧化作用，能分解组织脂类氧化产生的过氧化物，保护细胞膜的完整性。

硒具有保证肠道脂肪酶活性，促进乳糜微粒正常形成，从而促进脂类及其脂溶性物质消化吸收的作用。缺硒会使羔羊发生"白肌病"，鸡出现渗出性素质病，胰腺纤维变性，猪、兔营养性肝坏死，猪出现桑葚心，繁殖机能减退。硒可产生慢中毒，其表现是消瘦、贫血、关节强直、脱蹄、脱毛和影响繁殖等。硒可出现急性或亚急性中毒，病畜眼失明，痉挛瘫痪，窒息死亡，肺部充血，呼出气体带蒜味。

（6）碘。我国缺碘地区分布较广，一般远离海洋的内陆地区易缺碘。在饲养实践中，常用碘化食盐进行补碘。碘最主要的功能是参与甲状腺组成，调节代谢和维持体内热平衡，对繁殖、生长、发育、红细胞生成和血液循环等起调控作用。体内一些特殊蛋白质，如皮毛角质蛋白的代谢和胡萝卜素转变成维生素 A，都离不开甲状腺素。

动物缺碘，因甲状腺细胞代偿性实质增生而表现肿大，生长受阻，繁殖力下降。缺碘症多见于幼龄动物，主要是生长迟缓和骨骼短小，并形成侏儒症，初生牛犊和羔羊表现为甲状腺肿大。初生仔猪无毛，皮厚颈粗。成年动物黏液性水肿，皮肤、被毛及性腺发育不良。妊娠动物表现为胎儿发育受阻，弱胎、死胎。雄性动物精液品质下降，影响繁殖。奶牛泌乳中断。都是缺碘的典型症状，机体内的营养物质与矿物质之间存在着微妙关系，如高脂肪饲料不利于钙磷的吸收，而高蛋白饲料能提高钙磷的吸收。糖类中的乳糖、葡萄糖、半乳糖及果糖对钙的吸收均起有利作用。

除矿物质与营养物质之间存在微妙关系外，矿物质与矿物质之间也存在一定的影响。

钙、磷之间的关系：饲料中钙磷比对动物体内矿物质正常代谢有决定性意义，如果比例失调，钙磷代谢紊乱，影响元素之间的吸收。

钙和锌、镁、锰、铜的相互关系：猪饲料中含钙过多引起锌的不足，易使生长猪出现不全角化症。饲料中大剂量钙对镁吸收不利。高钙抑制锰的吸收。饲料中含锰过多抑制钙的吸收，乳牛给予大量锰盐可引起钙磷的负平衡。反刍动物对饲料中铜的利用和饲粮中钙的含量有关。含钙量越高，对机体内铜的平衡越不利。

铜、钼和硫的关系：钼过量则增加尿中铜的排出。铜和钼的相互关系因饲粮中含硫量的差异而变得比较复杂，因硫和铜在消化道中结合形成不易吸收的硫化铜而影响铜的吸收。硫和钼也能结合形成难溶的硫化钼，增加钼的排出。

钼和钨的关系：钼和钨为拮抗物，补饲鸡钨盐后提高钼的排出。

铜、锌、镉的相互关系：导致贫血。而铜不足可引起过量锌的中毒。含铜高的饲粮中补加锌能使肝中的含铜量降低。镉是引起家禽缺锌的特殊拮抗物。饲喂氯化镉时锌的吸收变差，生长和羽毛的形成受阻，补锌可消除上述症状。

此外，在矿物元素中尚存在铜、钴和锰，铜和铁，氯化钠和氟，镁、钾和磷，锰和锌、碘之间的拮抗和协同作用。

铜与钼、硫、锌之间存在拮抗作用：饲粮中钼和硫不足时，反刍动物对铜的吸收量增加，易引起铜中毒。猪饲粮中锌过量则引起铜代谢紊乱。我们在生产中一直追寻的钙磷比在不同动物不同时期也有着不同的比例需求；如：对于猪来说钙磷比在（1～2）：1

饲喂效果较好，产蛋鸡钙磷比控制在(5～6)∶1时效果较好。

生产中，我们应根据动物种类及生长时期的不同，及时更换日粮来预防由营养因素造成的疾病的发生。

二、测定饲料中粗灰分含量

粗灰分的测定方法为《饲料中粗灰分的测定》(GB/T 6438—2007)。

1. 测定原理、适用范围及所需仪器设备

(1)测定原理：试样在550 ℃高温炉中灼烧后，物质分解所得残渣用质量分数表示。残渣中主要是氧化物、盐类等矿物质，也包括混入饲料中的砂石、土等，故称粗灰分。

(2)适用范围：配合饲料、浓缩饲料和单一饲料。

(3)所需仪器设备：实验室用样品粉碎机；分析筛[孔径0.42 mm(40目)]；分析天平(感量0.000 1 g)；可调温电炉(1 000 W)；高温炉(可控制炉温在550～600 ℃)；坩埚(30 mL，瓷质)；干燥器(用氯化钙或变色硅胶为干燥剂)。

2. 试样的选取和制备

选取有代表性的试样用四分法缩至200 g，粉碎至40目，装入密封容器中，防止试样成分发生变化或变质。

3. 操作步骤

(1)将带盖坩埚洗净烘干后，放入高温炉中，于(550±20) ℃下灼烧30 min，冷却至200 ℃时，取出，在空气中冷却约1 min，放入干燥器中冷却30 min，称重。再重复灼烧、冷却、称重，直至两次称重之差小于0.000 5 g为恒重。

(2)在已知质量的坩埚中称取2～5 g试样(灰分质量应在0.05 g以上，不超过坩埚容量的一半)，在电炉上低温炭化至无烟。

(3)炭化后将坩埚移入高温炉中，于(550±20) ℃下灼烧3 h。冷却至200 ℃时，取出，在空气中冷却约1 min，放入干燥器中冷却30 min，称重。再同样灼烧1 h，冷却、称重，直至两次称重之差小于0.001 g为恒重。

4. 结果计算

计算公式为

$$W(Ash) = (m_2 - m_0)/(m_1 - m_0) \times 100\%$$

式中　　m_0——恒重空坩埚的质量(g)；

m_1——坩埚加试样的质量(g)；

m_2——灰化后坩埚加灰分质量(g)。

重复性：每个试样应取2个平行样进行测定，以其算术平均值为结果。粗灰分含量在5%以上时，允许相对偏差为1%；粗灰分含量在5%以下时，允许相对偏差为5%。

注意事项

(1)新坩埚编号，将带盖的坩埚洗净烘干后，用钢笔蘸5 g/L氯化铁墨水溶液(称0.5 g $FeCl_3 \cdot 6H_2O$溶于100 mL蓝墨水中)编号，然后于高温炉中550 ℃灼烧30 min即可。

（2）试样开始炭化时，应打开部分坩埚盖，便于气流流通；温度应逐渐上升，防止火力过大而使部分样品颗粒被逸出的气体带走。

（3）为了避免试样氧化不足，不应把试样压得过紧，试样应松散地放在坩埚内。

（4）灼烧温度不宜超过 600 ℃，否则会引起磷、硫等盐的挥发。

（5）灼烧残渣颜色与试样中各元素含量有关，含铁高时为红棕色，含锰高时为淡蓝色。但有明显黑色炭粒时，为灰化不完全，应延长灼烧时间或将坩埚取出，冷却后滴入 5～10 滴蒸馏水，小心蒸干后，重新灼烧，直至全部灰化为止。

饲料中粗灰分测定

（6）用于微量元素测定时，可选择铂坩埚或石英坩埚。

（7）规范填写原始记录及报告单，字迹清晰，避免涂抹。

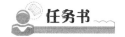

一、任务分组

填写任务分组信息表，见表 4-7-1。

表 4-7-1　任务分组信息表

任务名称			
小组名称		所属班级	
工作时间		指导教师	
团队成员	学号	岗位	职责
团队格言			
其他说明	分组任务实施过程中，各组内采用班组轮值制度，学生轮值担任不同岗位，确保每个人都有对接不同岗位的锻炼机会。在提升个人能力的同时，促进小组协作，培养学生团队合作和人际沟通的能力		

二、任务分析

饲料中的粗灰分是指规定条件下饲料完全燃烧后所得的残留物，无机矿物质在燃烧过程中形成的反应产物和有机质燃烧后的残渣。粗灰分是饲料质量的一个重要评价指标，为保证饲料质量就要进行粗灰分的测定。本次任务主要针对饲料中的_____进行测定分析。通过知识点学习，获知完成本次分析的方法应该选择_____，其测定原理为_____。利用课程线上资源寻找收集资料，确定完成本次任务所需的知识、技能要点、材料和设备。

1. 所需知识和技能要点

本次任务所需的知识要点包括：

本次任务所需的技能要点包括：

2. 所需材料和设备

本次任务所需材料包括：

本次任务所需设备包括：

3. 确立饲料中粗灰分测定记录项目

通过查阅资料，结合所获知识和技能要点，根据检查对象的实际情况和饲料厂检验需要，确立本次任务的检查项目，并将具体信息填入饲料中粗灰分的测定原始记录表(表 4-7-2)。

表 4-7-2　饲料中粗灰分的测定原始记录表

样品名称	检验日期	检测依据
主要仪器名称及型号		
试样编号	1 号	2 号
空坩埚的质量 m_0/g		
坩埚加试样的质量 m_1/g		
灰化后坩埚加灰分的质量 m_2/g		
粗灰分含量/%		
平均值		
相对平均偏差		
计算公式/%	$W(Ash)=(m_2-m_0)/(m_1-m_0)\times100\%$	
检验结论		
备注		
检验人：	审核人：	

三、任务实施

1. 设备和材料领取

根据任务方案，结合实验室实际情况，领取任务所需设备和材料，并填写设备材料领取表(表 4-7-3)。

表 4-7-3 设备材料领取表

材料设备名称	规格/型号	数量	领取人

2. 完成粗灰分含量测定

根据任务方案和任务分组信息表(表 4-7-1),明确岗位职责,做好相关指标检测,并填写饲料检验报告单(表 4-7-4)。

表 4-7-4 饲料检验报告单

样品名称			样品编号		
规格			生产日期		
生产单位					
抽样人			抽样地点		
检验日期			报告日期		
检测项目					
检测依据					
判定依据					
主要仪器名称及型号					
检验结果	检验项目	计量单位	标准值	判断值	检验结果	单项判定
检验结论					
检验人			审核人		

恭喜你已完成饲料中粗灰分测定任务的全过程实施,明确了饲料中粗灰分测定的工作内容,完整体验了作为饲料厂检验员工作的一天。如果对于某些知识和技能要点仍有疑问,可自行查找资料,并完成本任务的相关习题,借助课程信息化资源(课程视频、课件、动画、文字资料)复习任务设计的关键知识点和技能点,寻找存在的问题,利用线上资源进行互动,寻求解决问题的方法并进行自检。

四、任务评价

1. 小组自检

首先进行个人自检,即每名组员根据自己所在岗位,按照任务实施步骤进行复盘,并在下方空白处记录任务实施要点或关键数据。

个人自检记录:

完成个人自检的组员可以向组长提交任务完成审核申请。组长参照任务分组信息表（表4-7-1），根据任务要求和实验室安全规范，进行组内检查，并组织开展组员间检查，填写组内检查记录表（表4-7-5），完成组内检查。

表4-7-5 组内检查记录表

任务名称			
小组名称		所属班级	
检查项目	问题记录	改进措施	完成时间
任务总结			
组员个人提出的建议		说明：如果本次任务组内检查中未提出建议，则不需要填写	
组员个人收到的建议		说明：如果本次任务组内检查中未收到建议，则不需要填写	

2. 提交验收

各任务小组完成组内检查后，将组内检查记录表提交至教师处。教师在各小组抽调学生组成任务验收组，针对各任务小组提交的材料进行验收，并指出各小组存在的问题，给予改进意见，并填写任务验收表（表4-7-6）。

表4-7-6 任务验收表

任务名称			
小组名称		验收组成员	
任务概况	问题记录	改进意见	验收结果（通过/撤回）
组员个人提出的验收建议		说明：如果未参加本任务验收工作，则不需要填写	
组员个人收到的验收建议		说明：如果本任务验收中未收到建议，则不需要填写	
完成时间			
是否上传资料			

3. 结果与评价

各小组根据验收意见进一步整改后，将任务相关材料上传至线上课程资源库，方便实时查阅。教师组织结果与评价会议，各小组展示任务完成结果（选一名组员介绍任务完

成过程，可以配合任务完成过程中录制的视频或配合讲义、图片等辅助完成展示过程），教师组织完成组内自评、组间互评和教师评价，并填写任务考核评价表（表 4-7-7）。

表 4-7-7　任务考核评价表

评价项目	评价内容	分值	组内自评（20%）	组间互评（20%）	教师评价（40%）	第三方评价（20%）	总分
职业素养（40%）	具有严谨认真的工作态度	10					
	能够实事求是、坚持原则	10					
	能够爱岗敬业、团结协作	10					
	遵守职业道德标准和行为规范	10					
岗位技能（50%）	正确使用高温炉	10					
	能够准确确定灰化终点	10					
	操作规范、熟练，结果正确率高	10					
	正确填写报告单，书写工整、字迹清晰	10					
	检验后台面整理、废物处理、回收	10					
创新拓展（10%）	宠物食品重金属含量检测	10					

特色模块◎专业拓展

在前面内容中，较全面地介绍了维生素、微量元素等饲料之中常用的添加剂。而各种微量元素在畜禽养殖生产中的使用不断增多，虽然铜、锌等重金属微量元素可以提高饲料利用率，促进畜禽生长发育，提高畜禽养殖经济效益，但由于畜禽对铜、锌等重金属微量元素的需求量较低，畜禽饲料中重金属元素的大量滥用会导致过多重金属在畜禽体内蓄积，造成畜禽重金属中毒，直接对畜禽身体机能造成损害，影响畜禽正常生长发育，严重者甚至引起畜禽死亡，大大影响了养殖户的经济收益。而且重金属在畜禽体内的大量聚积对动物源性食品安全造成巨大危害，严重威胁人类身体健康，同时随粪便排入环境中的重金属在环境中不断蓄积，对土壤、水质及农作物造成污染，从而危害公共卫生安全。

重金属及其中毒的
危害和防治方法

下面介绍几种常见重金属及其中毒的危害和防治方法。

拓展任务收获：

任务4.8 饲料中钙含量的测定

📦 任务描述

某蛋鸡场最近出现母鸡产软壳蛋或蛋壳破损率高、产蛋率和孵化率下降情况。兽医经过检查发现可能是鸡饲料的问题，现请检验员对鸡饲料中的钙含量进行检测。

钙参与构成骨骼与牙齿，维持神经和肌肉兴奋性，维持细胞膜的通透性；调节激素分泌。钙信号在激活细胞参与细胞分裂过程中起信息传递作用。钙缺乏时动物会表现出食欲不振，生产力下降，繁殖力下降。动物体骨骼病变，幼龄动物发生佝偻病，常会引起自发性骨折和后躯瘫痪；成年动物表现为骨软病或骨质疏松症，其骨组织疏松呈海绵状；乳牛还会发生产后瘫痪的现象。饲料钙与饲料营养价值之间的关系的评估能有效评价其品质。而对于饲料中钙含量的测定实施路径如图4-8-1所示。

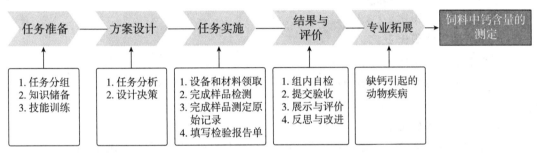

图4-8-1 饲料中钙含量的测定实施路径

🏅 学习目标

1. 了解饲料钙与饲料营养价值之间的关系。
2. 明确各类饲料样品中钙的测定方法。
3. 能够对结果进行准确评估，注意操作事项。
4. 规范填写报告单。
5. 增强团队实事求是、一丝不苟、坚持原则等岗位精神。

📖 知识储备

国标中测定饲料中钙含量的方法为《饲料中钙的测定》(GB/T 6436—2018)。

测定方法包括高锰酸钾法和乙二胺四乙酸二钠络合滴定法。下面主要介绍高锰酸钾法测定饲料中钙含量。

1. 测定原理、适用范围、仪器设备及试剂

(1)测定原理：是将试样有机物破坏，钙变成溶于水的离子，并与盐酸反应生成氯化钙。溶液中加入草酸铵溶液，使钙成为草酸钙白色沉淀，然后用硫酸溶液溶解草酸钙，再用高锰酸钾标准溶液滴定游离的草酸根离子。根据高锰酸钾标准溶液的用量，可计算出试样中钙含量。

(2)适用范围：本方法适用于饲料原料、配合饲料、浓缩饲料、精料补充料和添加剂预混合。本方法检出限为0.015%，定量限为0.05%。

主要化学反应式如下：

$$CaCl_2 + (NH_4)_2C_2O_4 \rightarrow CaC_2O_4 \downarrow + 2NH_4Cl$$

$$CaC_2O_4 + H_2SO_4 \rightarrow CaSO_4 + H_2C_2O_4$$

$$2KMnO_4 + 5H_2C_2O_4 + 3H_2SO_4 \rightarrow 10CO_2 \uparrow + 2MnSO_4 + 8H_2O + K_2SO_4$$

(3)仪器设备：实验室用样品粉碎机；分析筛[孔径0.42 mm(40目)]；分析天平(感量0.000 1 g)；高温炉(可控制炉温在550～600 ℃)；可调温电炉(1 000 W)；坩埚(30 mL，瓷质)；容量瓶(100 mL)；酸式滴定管(25 mL、50 mL)；玻璃漏斗(直径6 cm)；定量滤纸(中速，7～9 cm)；移液管(10 mL、20 mL)；烧杯(200 mL)。

试剂：

盐酸溶液：体积比1∶3。

硫酸溶液：体积比1∶3。

氨水溶液：体积比1∶1。

42 g/L草酸铵溶液：溶解42 g分析纯草酸铵于水中，稀释至1 000 mL。

甲基红指示剂：0.1 g分析纯甲基红溶于10 mL的95%乙醇中。

氨水溶液：体积比1∶50。

高锰酸钾标准溶液：称取高锰酸钾约1.6 g溶于800 mL水中，煮沸10 min，再用水稀释至1 000 mL，冷却静置1～2 d，用烧结玻璃滤器过滤，再进行标定，保存于棕色瓶中。

2. 试样的选取和制备

选取有代表性的试样用四分法缩至200 g，粉碎至40目，装入密封容器中，防止试样成分发生变化或变质。

3. 测定步骤

(1)试样分解液的制备。称取试样0.5～5 g于坩埚中(准确至0.000 1 g)，在电炉上小心炭化，再放入高温炉中于550 ℃下燃烧3 h。在坩埚内加入1∶3盐酸10 mL和浓硝酸数滴，小心煮沸。将此溶液无损转入100 mL容量瓶中，并以热蒸馏水洗涤坩埚及漏斗中滤纸，洗液亦收集入容量瓶中，将此溶液冷却至室温，定容，摇匀，为试样分解液。

(2)试样的测定。

①草酸钙的沉淀：用移液管准确吸取试样液10～20 mL(含钙量为20 mg左右)于200 mL烧杯中，加入蒸馏水100 mL和甲基红指示剂2滴，滴加1∶1的氨水溶液至溶液由红色变橙黄色，再滴加1∶3盐酸溶液至溶液又恰呈红色(pH＝2.5～3.0)为止。小心煮沸，慢慢滴加草酸铵溶液10 mL，且不断搅拌。若溶液变橙黄色，应补滴1∶3盐酸溶液至红色，煮沸2～3 min，沉淀颗粒增大后，放置过夜使沉淀陈化(或在80 ℃水浴上加

热 2 h)。

②沉淀的洗涤：将上述溶液用滤纸过滤，用 1：50 氨水溶液洗涤沉淀 6～8 次，洗涤沉淀时，应自滤纸的边向中心冲洗，使沉淀集中在滤纸的中心，避免损失，在每次洗涤时必须等上一次的洗液全部滤净后才能再加，每次所用的氨水溶液均不应超过滤纸容积的 2/3，直洗至无草酸根离子为止。检测草酸铵洗净的方法：用试管接取滤液 2～3 mL，加 1：3 硫酸溶液数滴，加热至 80 ℃，加高锰酸钾溶液 1 滴，溶液呈微红色，且 30 s 不褪色为止。

③沉淀的溶解与滴定：将沉淀和滤纸转移入原烧杯中，用玻璃棒将滤纸捣碎，加 1：3 硫酸溶液 10 mL 和蒸馏水 50 mL，加热至 75～85 ℃后，立即用高锰酸钾标准溶液滴定至粉红色且 30 s 不褪色即可。

④空白：在干净烧杯中加滤纸 1 张，加 1：3 硫酸溶液 10 mL 和蒸馏水 50 mL，加热至 75～85 ℃后，用高锰酸钾标准溶液滴定至微红色且 30 s 不褪色即可。实验过程中使用到指示剂，一定要注重滴定终点颜色的变化，观察不细致会误判，造成结果偏差，这也是由量变到质变的过程。

4. 结果计算

计算公式为

$$W(\mathrm{Ca}) = (V_3 - V_0) \times c \times 0.02 \times V_1 / (m \times V_2) \times 100\%$$

式中 m——试样质量(g)；

V_1——试样分解液体积(mL)；

V_2——测定钙时样品溶液移取用量(mL)；

V_3——样品滴定时消耗高锰酸钾标准溶液体积(mL)；

V_0——空白滴定时消耗高锰酸钾标准溶液体积(mL)；

c——高锰酸钾标准溶液浓度(mol/L)；

0.02——与 1.00 mL 高锰酸钾标准溶液 $\left[c\left(\dfrac{1}{5}\mathrm{KMnO_4}\right) = 1.000 \ \mathrm{mol/L} \right]$ 相当的以克表示的钙的质量。

重复性：每个试样取 2 个平行样进行测定，以其算术平均值为分析结果。

钙含量在 10% 以上时，在重复性条件下获得的两次独立测定结果的绝对差值不大于这两个测定值的算术平均值的 3%；钙含量在 5%～10% 时，在重复性条件下获得的两次独立测定结果的绝对差值不大于这两个测定值的算术平均值的 5%；钙含量在 1%～5% 时，在重复性条件下获得的两次独立测定结果的绝对差值不大于这两个测定值的算术平均值的 9%；钙含量在 1% 以下时，在重复性条件下获得的两次独立测定结果的绝对差值不大于这两个测定值的算术平均值的 18%。

注意事项

本实验操作时注意事项有以下几点。

(1)高锰酸钾溶液浓度不稳定，至少每月需标定 1 次。

(2)每种滤纸空白值不同，消耗高锰酸钾标准溶液的用量不同，至少每盒滤纸做 1 次空白测定。

（3）高锰酸钾与草酸的反应，开始较慢，当形成锰离子后，即有催化作用，反应随之加快，故滴定刚开始时不宜过快，否则未反应的高锰酸钾在酸性溶液中易分解。

（4）常温下，高锰酸钾与草酸的反应较慢，加热可促进反应，但滴定前溶液加热不应超过 80 ℃，否则因温度过高，将造成草酸盐分解。

（5）规范填写原始记录及报告单，字迹清晰，避免涂抹。

饲料中钙含量检测

任务书

一、任务分组

填写任务分组信息表，见表 4-8-1。

表 4-8-1　任务分组信息表

任务名称			
小组名称		所属班级	
工作时间		指导教师	
团队成员	学号	岗位	职责
团队格言			
其他说明	分组任务实施过程中，各组内采用班组轮值制度，学生轮值担任不同岗位，确保每个人都有对接不同岗位的锻炼机会。在提升个人能力的同时，促进小组协作，培养学生团队合作和人际沟通的能力		

二、任务分析

通过前面学习的知识，我们已经获知钙元素在动物体中的重要作用，饲料是动物补充钙元素的主要方法。本次任务主要针对饲料中的_____进行测定分析。通过知识点学习，获知完成本次分析的方法应该选择_____，其测定原理为_____。利用课程线上资源寻找收集资料，确定完成本次任务所需的知识、技能要点、材料和设备。

1. 所需知识和技能要点

本次任务所需的知识要点包括：

本次任务所需的技能要点包括：

2. 所需材料和设备

本次任务所需材料包括：

本次任务所需设备包括：

3. 确立饲料中钙含量测定记录项目

通过查阅资料，结合所获知识和技能要点，根据检查对象的实际情况和饲料厂检验需要，确立本次任务的检查项目，并将具体信息填入饲料中钙含量的测定原始记录表（表4-8-2）。

表4-8-2 饲料中钙含量的测定原始记录表

样品名称	检验日期	检测依据
主要仪器名称及型号		
试样编号	1号	2号
试样质量 m/g		
样品灰化液定容体积 V_1/mL		
测定钙时样品溶液移取用量 V_2/mL		
空白滴定时消耗高锰酸钾标准溶液的体积 V_0/mL		
样品滴定时消耗的高锰酸钾标准溶液的体积 V_3/mL		
高锰酸钾标准溶液的浓度 c/(mol·L^{-1})		
钙含量/%		
平均值		
相对平均偏差		
计算公式/%	$W(\mathrm{Ca}) = (V_3 - V_0) \times c \times 0.02 \times V_1 / m \times V_2 \times 100\%$	
检验结论		
备注		
检验人：		审核人：

三、任务实施

1. 设备和材料领取

根据任务方案，结合实验室实际情况，领取任务所需设备和材料，并填写设备材料领取表（表4-8-3）。

表 4-8-3　设备材料领取表

材料设备名称	规格/型号	数量	领取人

2. 完成钙含量测定

根据任务方案和任务分组信息表(表 4-8-1),明确岗位职责,做好相关指标检测,并填写饲料检验报告单(表 4-8-4)。

表 4-8-4　饲料检验报告单

样品名称			样品编号		
规格			生产日期		
生产单位					
抽样人			抽样地点		
检验日期			报告日期		
检测项目					
检测依据					
判定依据					
主要仪器名称及型号					
检验结果	检验项目	计量单位	标准值	判断值	检验结果	单项判定
检验结论					
检验人			审核人		

　　恭喜你已完成饲料中钙含量测定任务的全过程实施,明确了饲料中钙含量测定的工作内容,完整体验了作为饲料厂检验员工作的一天如果对于某些知识和技能要点仍有疑问,可自行查找资料,并完成本任务的相关习题,借助课程信息化资源(课程视频、课件、动画、文字资料)复习任务设计的关键知识点和技能点,寻找存在的问题,利用线上资源进行互动,寻求解决问题的方法并进行自检。

四、任务评价

1. 小组自检

　　首先进行个人自检,即每名组员根据自己所在岗位,按照任务实施步骤进行复盘,并在下方空白处记录任务实施要点或关键数据。

　　个人自检记录:

完成个人自检的组员可以向组长提交任务完成审核申请。组长参照任务分组信息表（表4-8-1），根据任务要求和实验室安全规范，进行组内检查，并组织开展组员间检查，填写组内检查记录表（表4-8-5），完成组内检查。

表 4-8-5　组内检查记录表

任务名称			
小组名称		所属班级	
检查项目	问题记录	改进措施	完成时间
任务总结			
组员个人提出的建议		说明：如果本次任务组内检查中未提出建议，则不需要填写	
组员个人收到的建议		说明：如果本次任务组内检查中未收到建议，则不需要填写	

2. 提交验收

各任务小组完成组内检查后，将组内检查记录表提交至教师处。教师在各小组抽调学生组成任务验收组，针对各任务小组提交的材料进行验收，并指出各小组存在的问题，给予改进意见，并填写任务验收表（表4-8-6）。

表 4-8-6　任务验收表

任务名称			
小组名称		验收组成员	
任务概况	问题记录	改进意见	验收结果（通过/撤回）
组员个人提出的验收建议		说明：如果未参加本任务验收工作，则不需要填写	
组员个人收到的验收建议		说明：如果本任务验收中未收到建议，则不需要填写	
完成时间			
是否上传资料			

3. 结果与评价

各小组根据验收意见进一步整改后，将任务相关材料上传至线上课程资源库，方便实时查阅。教师组织结果与评价会议，各小组展示任务完成结果（选一名组员介绍任务完

成过程，可以配合任务完成过程中录制的视频或配合讲义、图片等辅助完成展示过程），教师组织完成组内自评、组间互评和教师评价，并填写任务考核评价表（表4-8-7）。

表4-8-7 任务考核评价表

评价项目	评价内容	分值	组内自评（20%）	组间互评（20%）	教师评价（40%）	第三方评价（20%）	总分
职业素养（40%）	具有严谨认真的工作态度	10					
	能够实事求是、坚持原则	10					
	能够爱岗敬业、团结协作	10					
	遵守职业道德标准和行为规范	10					
岗位技能（50%）	能够准确配制试剂	10					
	能够进行滴定操作，正确判断滴定终点	10					
	操作规范、熟练，结果正确率高	10					
	正确填写报告单，书写工整、字迹清晰	10					
	检验后台面整理、废物处理、回收	10					
创新拓展（10%）	高锰酸钾法与EDTA法测定饲料中钙含量准确性比较	10					

特色模块◎专业拓展

家畜、家禽在生长发育过程中，需要从饲料中摄取适当数量和质量的营养。任何营养物质的缺乏或过量和代谢失常，均可造成机体内某些营养物质代谢过程的障碍，由此而引起的疾病，统称为营养代谢病。

拓展任务收获：

营养代谢病

任务 4.9 饲料中总磷含量的测定

任务描述

某养殖场新进一批饲料，现请检验员对这批饲料中的磷含量进行检测。

磷不仅构成骨骼与牙齿，还以有机磷的形式存在于细胞核和肌肉中，参与核酸代谢、能量代谢与蛋白质代谢。磷能维持细胞膜的完整性，在细胞膜结构中，磷脂是不可缺少的成分。磷酸盐是体内重要的缓冲物质，参与维持体液的酸碱平衡。磷缺乏时，动物会出现异嗜癖、低磷性的骨质疏松，牛出现关节僵硬、肌肉软弱。反刍动物钙过量时会降低脂肪消化率。钙过量抑制锌的吸收，磷过量引起甲状腺功能亢进。

饲料总磷与饲料营养价值之间的关系的评估能有效评价其品质。而对于饲料中总磷含量的测定实施路径如图 4-9-1 所示。

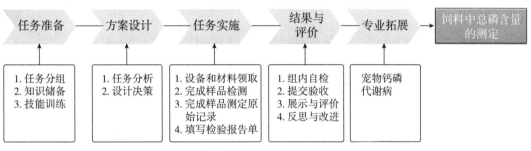

图 4-9-1 饲料中总磷含量的测定实施路径

学习目标

1. 了解饲料磷与饲料营养价值之间的关系。

2. 明确各类饲料样品中磷含量的测定方法。

3. 能够对结果进行准确评估，注意操作事项。

4. 规范填写报告单。

5. 增强团队实事求是、一丝不苟、坚持原则等岗位精神。

知识储备

国标中测定饲料中总磷含量的方法为《饲料中总磷的测定 分光光度法》(GB/T 6437—2018)。

1. 测定原理、适用范围、仪器设备及试剂

(1)测定原理：试样中的总磷经消解，在酸性条件下与钒钼酸铵生成黄色的钒钼黄 $[(NH_4)_3PO_4NH_4VO_3 \cdot 16MoO_3]$络合物，钒钼黄的吸光度值与总磷的浓度成正比。在波长 400 nm 下测定试样溶液中钒钼黄的吸光度值,与标准系列比较定量。

(2)适用范围:本方法适用于饲料原料及饲料产品中磷的测定。

(3)仪器设备如下:实验室用样品粉碎机;分析天平(感量 0.000 1 g);紫外－可见分光光度计(带 1 cm 比色皿);高温炉(可控温度在±20 ℃);电热干燥箱(可控温度在±2 ℃);可调温电炉(1 000 W);容量瓶、移液管、坩埚。

试剂:盐酸溶液、磷标准贮备液(50μ g/mL)、钒钼酸铵显色剂。

2. 试样的选取和制备

选取有代表性的饲料样品,用四分法缩减取约 200 g,按照《动物饲料 试样的制备》(GB/T 20195—2006)制备样品,粉碎后过 0.42 mm 孔径的分析筛,混匀,装入磨口瓶中,备用。

3. 测定步骤

(1)试样分解液的制备。称取试样 2～5 g,精确到 1 mg,置于坩埚中,在电炉上小心炭化,再放入高温炉,在 550 ℃灼烧 3 h,取出冷却,加盐酸溶液 10 mL 和硝酸数滴,小心煮沸约 10 min,冷却后转入 100 mL 容量瓶中,加水稀释至刻度,摇匀,为试样溶液。

(2)磷标准工作液的制备。准确移取标准贮备液 0 mL、1 mL、2 mL、5 mL、10 mL、15 mL 于 50 mL 容量瓶中(相当于磷含量为 0 μg、50 μg、100 μg、250 μg、500 μg、750 μg),于各容量瓶中分别加入钒钼酸铵显色剂 10 mL,用水稀释至刻度,摇匀,常温下放置 10 min 以上,以 0 mL 磷标准溶液为参比,用 1 cm 比色皿,在 400 nm 波长下用分光光度计测各溶液的吸光度,以磷含量为横坐标,吸光度为纵坐标,绘制工作曲线。

(3)试样的测定。准确移取试样溶液 1～10 mL(含磷量 50 μg～750 μg)于 50 mL 容量瓶中,加入钒钼酸铵显色剂 10 mL,用水稀释至刻度,插匀,常温下放置 10 min 以上,用 1 cm 比色皿,在 400 nm 波长下用分光光度计测定试样溶液的吸光度,通过工作曲线上计算试样溶液的磷含量,若试样溶液磷含量超过磷标准工作曲线范围,应对试样溶液进行稀释。

4. 结果计算

计算公式为

$$w(P) = m_1 \times V/(m \times V_1 \times 10^{-6}) \times 100\%$$

式中　w——试样中磷的含量;

V——试样溶液的总体积(mL);

m_1——通过工作曲线计算出试样溶液中磷的含量(mg);

m——试样质量(g);

V_1——试样测定时移取试样溶液的体积(mL);

10^{-6}——换算系数。

重复性:每个试样取 2 个平行样进行测定,以其算术平均值为分析结果。

所得到的结果应表示至小数点后两位。

本实验操作时注意事项有以下几点。

注意事项

(1)比色时待测试样溶液中磷含量不宜过浓,最好控制在 1 mL 含磷 0.5 mg 以下。

(2)待测液在加入显色剂后需要静置 10 min,再进行比色,但不能静置过久。

(3)规范填写原始记录及报告单,字迹清晰,避免涂抹。

饲料中磷含量测定

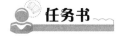 **任务书**

一、任务分组

填写任务分组信息表,见表 4-9-1。

表 4-9-1 任务分组信息表

任务名称			
小组名称		所属班级	
工作时间		指导教师	
团队成员	学号	岗位	职责
团队格言			
其他说明	分组任务实施过程中,各组内采用班组轮值制度,学生轮值担任不同岗位,确保每个人都有对接不同岗位的锻炼机会。在提升个人能力的同时,促进小组协作,培养学生团队合作和人际沟通的能力		

二、任务分析

通过前面学习的知识,我们已经获知磷元素在动物体中的重要作用,饲料是动物补充磷元素的主要方法。本次任务主要针对饲料中的_____进行测定分析,通过知识点学习,获知完成本次分析的方法应该选择_____,其测定原理为_____。利用课程线上资源寻找收集资料,确定完成本次任务所需的知识、技能要点、材料和设备。

1. 所需知识和技能要点

本次任务所需的知识要点包括:

本次任务所需的技能要点包括：

2. 所需材料和设备

本次任务所需材料包括：

本次任务所需设备包括：

3. 确立饲料中总磷含量测定记录项目

通过查阅资料，结合所获知识和技能要点，根据检查对象的实际情况和饲料厂检验需要，确立本次任务的检查项目，并将具体信息填入饲料中总磷含量的测定原始记录表（表 4-9-2）。

表 4-9-2 饲料中总磷含量的测定原始记录表

样品名称	检验日期	检测依据
主要仪器名称及型号		
试样编号	1 号	2 号
试样质量 m/g		
试样分解液的总体积 V/mL		
比色测定时所移取试样分解液体积 V_1/mL		
由标准曲线查得试样分解液含磷量 α/μg		
总磷含量/%		
平均值		
相对平均偏差		
计算公式/%	$w(P) = m_1 \times V/(m \times V \times 10^{-6}) \times 100\%$	
检验结论		
备注		
检验人：		审核人：

三、任务实施

1. 设备和材料领取

根据任务方案,结合实验室实际情况,领取任务所需设备和材料,并填写设备材料领取表(表4-9-3)。

表4-9-3 设备材料领取表

材料设备名称	规格/型号	数量	领取人

2. 完成总磷含量测定

根据任务方案和任务分组信息表(表4-9-1),明确岗位职责,做好相关指标检测,并填写饲料检验报告单(表4-9-4)。

表4-9-4 饲料检验报告单

样品名称			样品编号		
规格			生产日期		
生产单位					
抽样人			抽样地点		
检验日期			报告日期		
检测项目					
检测依据					
判定依据					
主要仪器名称及型号					

检验结果	检验项目	计量单位	标准值	判断值	检验结果	单项判定

检验结论			
检验人		审核人	

恭喜你已完成饲料中总磷含量测定任务的全过程实施,明确了饲料中总磷含量测定的工作内容,完整体验了作为饲料厂检验员工作的一天。如果对于某些知识和技能要点仍有疑问,可自行查找资料,并完成本任务的相关习题,借助课程信息化资源(课程视频、课件、动画、文字资料)复习任务设计的关键知识点和技能点,寻找存在的问题,利用线上资源进行互动,寻求解决问题的方法并进行自检。

四、任务评价

1. 小组自检

首先进行个人自检，即每名组员根据自己所在岗位，按照任务实施步骤进行复盘，并在下方空白处记录任务实施要点或关键数据。

个人自检记录：

完成个人自检的组员可以向组长提交任务完成审核申请。组长参照任务分组信息表（表4-9-1），根据任务要求和实验室安全规范，进行组内检查，并组织开展组员间检查，填写组内检查记录表（表4-9-5），完成组内检查。

表4-9-5 组内检查记录表

任务名称				
小组名称			所属班级	
检查项目	问题记录		改进措施	完成时间
任务总结				
组员个人提出的建议		说明：如果本次任务组内检查中未提出建议，则不需要填写		
组员个人收到的建议		说明：如果本次任务组内检查中未收到建议，则不需要填写		

2. 提交验收

各任务小组完成组内检查后，将组内检查记录表提交至教师处。教师在各小组抽调学生组成任务验收组，针对各任务小组提交的材料进行验收，并指出各小组存在的问题，给予改进意见，并填写任务验收表（表4-9-6）。

表4-9-6 任务验收表

任务名称				
小组名称			验收组成员	
任务概况	问题记录		改进意见	验收结果（通过/撤回）
组员个人提出的验收建议		说明：如果未参加本任务验收工作，则不需要填写		
组员个人收到的验收建议		说明：如果本任务验收中未收到建议，则不需要填写		
完成时间				
是否上传资料				

3. 结果与评价

各小组根据验收意见进一步整改后，将任务相关材料上传至线上课程资源库，方便实时查阅。教师组织结果与评价会议，各小组展示任务完成结果（选一名组员介绍任务完成过程，可以配合任务完成过程中录制的视频或配合讲义、图片等辅助完成展示过程），教师组织完成组内自评、组间互评和教师评价，并填写任务考核评价表（表4-9-7）。

表 4-9-7　任务考核评价表

评价项目	评价内容	分值	组内自评（20%）	组间互评（20%）	教师评价（40%）	第三方评价（20%）	总分
职业素养（40%）	具有严谨认真的工作态度	10					
	能够实事求是、坚持原则	10					
	能够爱岗敬业、团结协作	10					
	遵守职业道德标准和行为规范	10					
岗位技能（50%）	准确配制试剂	10					
	正确使用分光光度计	10					
	操作规范、熟练，结果正确率高	10					
	正确填写报告单，书写工整、字迹清晰	10					
	检验后台面整理、废物处理、回收	10					
创新拓展（10%）	不同动物对饲料中的磷的需求差异	10					

特色模块◎专业拓展

矿物质是构成动物机体组织和维持正常生理功能所必需重要元素。犬猫的矿物质代谢，由于无机盐在食物中分布较广，通常能满足其机体的生理需要。但在特殊地理环境中或其他特殊条件下，也可能发生矿物质代谢病。食品中钙磷不足或比例失调，或阳光照射不足及维生素D缺乏，引起的幼犬骨组织钙化不全，骨质疏松、变形的疾病称为佝偻病。如果发生在成年犬身上，称为软骨病。

软骨病

拓展任务收获：

任务 4.10 饲料中水溶性氯化物的测定

🧰 任务描述

某养殖场动物最近出现食欲差、生长慢、被毛粗乱、生产能力下降等问题，检验员对其饲料取样进行水溶性氯化物检测，判断饲料产品品质。

动物机体缺乏钠和氯时，动物共性表现为食欲差，生长慢，饲料利用率低，生产能力下降，被毛粗乱；个性表现为奶牛易出现异食癖，猪可能相互咬尾，产蛋鸡易形成啄癖。食盐过多时，饮水量少，会引起动物中毒，特别是鸡对高食盐耐受力差。猪饲料中食盐过高可出现中毒症状。饲料水溶性氯化物与饲料营养价值之间的关系的评估能有效评价其品质。而对于饲料中水溶性氯化物的测定实施路径如图 4-10-1 所示。

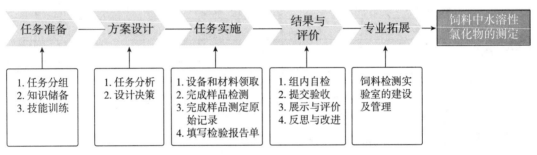

图 4-10-1 饲料中水溶性氯化物的测定实施路径

🔍 学习目标

1. 了解饲料水溶性氯化物与饲料营养价值之间的关系。
2. 明确各类饲料样品中水溶性氯化物的测定方法。
3. 能够对结果进行准确评估，注意操作事项。
4. 规范填写报告单。
5. 增强团队实事求是、一丝不苟、坚持原则等岗位精神。

📖 知识储备

国标中测定饲料中水溶性氯化物含量的方法为《饲料中水溶性氯化物的测定》(GB/T 6439—2023)。

1. 测定原理、适用范围、仪器设备及试剂

(1)测定原理：试样中的氯离子溶解于水溶液中，如果试样含有有机物质，需将溶液澄清，然后用硝酸稍加酸化，并加入硝酸银标准溶液，使氯化物生成氯化银沉淀，过量的硝酸银溶液用硫氰酸铵标准溶液滴定。

（2）适用范围：本标准适用于饲料中水溶性氯化物的测定。

主要化学反应式如下。

$AgNO_3 + Cl^- \rightarrow NO_3^- + AgCl\downarrow$（白色）

$AgNO_3 + NH_4SCN \rightarrow NH_4NO_3 + AgSC\downarrow$（白色）

$6NH_4SCN + Fe_2(SO_4)_3 \rightarrow 3(NH_4)_2SO_4 + 2Fe(SCN)_3\downarrow$

（3）仪器设备：回旋振荡器（35～40 r/min）；容量瓶（250 mL、500 mL）；移液管；滴定管；分析天平（感量 0.000 1 g）；中速定量滤纸。

试剂：硝酸、活性炭、硫酸铁铵饱和溶液。

Carrez Ⅰ：称取 10.6 g 亚铁氰化钾，溶解并用水定容至 100 mL。

Carrez Ⅱ：称取 21.9 g 乙酸锌，加 3 mL 冰乙酸，溶解并用水定容至 100 mL。

0.1 mol/L 硫氰酸钾标准溶液。

0.1 mol/L 硝酸银标准滴定液。

2. 试样的选取和制备

选取有代表性的试样 500 g，粉碎至全部通过孔径为 1 mm 的样品筛，装入密封容器中，防止试样成分发生变化或变质。

3. 测定步骤

（1）试样试液的制备：称取 5 g 试样，准确至 0.000 1 g，转移至 500 mL 容量瓶中，加入 1 g 活性炭，加入 400 mL 温度约 20 ℃的水和 5 mL Carrez Ⅰ溶液，搅拌，然后加入 Carrez Ⅱ溶液混合，在振荡器中摇 30 min，用水稀释至刻度混合，混匀、过滤，滤液供滴定用。

（2）滴定：用移液管移取一定体积滤液至三角瓶中，25～100 mL，其中氯化物含量不超过 150 mg，加 5 mL 硝酸、2 mL 硫酸铁铵饱和溶液，并从加满硫氰酸钾标准滴定溶液至 0 刻度生物滴定管中滴加 2 滴硫氰酸钾溶液。用硝酸银标准溶液滴定直至红棕色消失，再加入 5 mL 过量的硝酸银溶液，剧烈摇动使沉淀聚集，必要时加入 5 mL 正己烷，以助沉淀凝聚。用硫氰酸钾滴定过量硝酸银溶液，直至产生红棕色，能保持 30 s 不褪色。

（3）做空白试验。

4. 结果计算

水溶性氯化物（以氯化钠计）的含量以质量分数 w 计，数值以百分含量（%）表示，按下列公式计算

$$w = \frac{M \times \left[(V_{a1} - V_{a0}) \times c_a - (V_{t1} - V_{t0}) \times c_t\right]}{m \times 1\,000} \times \frac{V_i}{V_a} \times F \times 100\%$$

式中　m——试样质量（g）；

M——氯化钠的摩尔质量（g/mol）；

V_{a1}——测试溶液滴加硝酸银溶液体积（mL）；

V_{a0}——空白溶液滴加硝酸银溶液体积（mL）；

c_a——硝酸银标准溶液浓度（mol/L）；

V_{t1}——测试溶液滴加硫氰酸钾溶液体积（mL）；

V_{t0}——空白溶液滴加硫氰酸钾溶液体积(mL)；

c_t——硫氰酸钾或硫氰酸铵标准滴定溶液浓度，(mol/L)；

V_i——试液的总体积(mL)；

V_a——移出液的体积(mL)；

F——稀释因子。

注意事项

本实验操作时注意事项有以下几点。

(1)硝酸银标准滴定溶液不稳定，应定期(1个月)用标准氯化钠溶液标定。

(2)在标定硝酸银溶液或滴定试样滤液时，滴定速度要快且不可过分用力摇动，以防氯化银沉淀转化为硫氰酸银沉淀，从而使测定结果偏低。

(3)规范填写原始记录及报告单，字迹清晰，避免涂抹。

饲料中水溶性氯化物
的测定

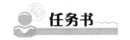

一、任务分组

填写任务分组信息表，见表4-10-1。

表4-10-1 任务分组信息表

任务名称			
小组名称		所属班级	
工作时间		指导教师	
团队成员	学号	岗位	职责
团队格言			
其他说明	分组任务实施过程中，各组内采用班组轮值制度，学生轮值担任不同岗位，确保每个人都有对接不同岗位的锻炼机会。在提升个人能力的同时，促进小组协作，培养学生团队合作和人际沟通的能力		

二、任务分析

通过前面学习的知识，我们已经知道水溶性氯化物在饲料中的重要性。本次任务主要针对饲料中的_____进行测定分析。通过知识点学习，获知完成本次分析的方法应该选择_____。其测定原理为_____。利用课程线上资源寻找收集资料，确定完成本次任务所需的知识、技能要点、材料和设备。

1. 所需知识和技能要点

本次任务所需的知识要点包括：

本次任务所需的技能要点包括：

2. 所需材料和设备

本次任务所需材料包括：

本次任务所需设备包括：

3. 确立饲料中水溶性氯化物测定记录项目

通过查阅资料，结合所获知识和技能要点，根据检查对象的实际情况和饲料厂检验需要，确立本次任务的检查项目，并将具体信息填入饲料中水溶性氯化物的测定原始记录表（表 4-10-2）。

表 4-10-2　饲料中水溶性氯化物的测定原始记录表

样品名称	检验日期	检测依据
主要仪器名称及型号		
试样编号	1 号	2 号
试样质量 m/g		
硝酸银标准溶液体积 V_1/mL		
滴定消耗的硫氰酸铵溶液体积 V_2/mL		
硝酸银与硫氰酸铵溶液体积比 F		
硝酸银标准滴定溶液的浓度 $c/(\mathrm{mol \cdot L^{-1}})$		
食盐含量/%		
平均值		
相对平均偏差		
计算公式	$w = \dfrac{M \times \left[(V_{a1} - V_{a0}) \times c_a - (V_{t1} - V_{t0}) \times c_t \right]}{m \times 1\,000} \times \dfrac{V_i}{V_a} \times F \times 100\%$	
检验结论		
备注		
检验人：		审核人：

三、任务实施

1. 设备和材料领取

根据任务方案，结合实验室实际情况，领取任务所需设备和材料，并填写设备材料领取表(表4-10-3)。

表4-10-3 设备材料领取表

材料设备名称	规格/型号	数量	领取人

2. 完成水溶性氯化物含量测定

根据任务方案和任务分组信息表(表4-10-1)，明确岗位职责，做好相关指标检测，并填写饲料检验报告单(表4-10-4)。

表4-10-4 饲料检验报告单

样品名称				样品编号		
规格				生产日期		
生产单位						
抽样人				抽样地点		
检验日期				报告日期		
检测项目						
检测依据						
判定依据						
主要仪器名称及型号						
检验结果	检验项目	计量单位	标准值	判断值	检验结果	单项判定
检验结论						
检验人				审核人		

恭喜你已完成饲料中水溶性氯化物测定任务的全过程实施，明确了饲料中水溶性氯化物测定的工作内容，完整体验了作为饲料厂检验员工作的一天。如果对于某些知识和技能要点仍有疑问，可自行查找资料，并完成本任务的相关习题，借助课程信息化资源(课程视频、课件、动画、文字资料)复习任务设计的关键知识点和技能点，寻找存在的问题，利用线上资源进行互动，寻求解决问题的方法并进行自检。

四、任务评价

1. 小组自检

首先进行个人自检,即每名组员根据自己所在岗位,按照任务实施步骤进行复盘,并在下方空白处记录任务实施要点或关键数据。

个人自检记录:

完成个人自检的组员可以向组长提交任务完成审核申请。组长参照任务分组信息表(表4-10-1),根据任务要求和实验室安全规范,进行组内检查,并组织开展组员间检查,填写组内检查记录表(表4-10-5),完成组内检查。

表4-10-5　组内检查记录表

任务名称			
小组名称		所属班级	
检查项目	问题记录	改进措施	完成时间
任务总结			
组员个人提出的建议		说明:如果本次任务组内检查中未提出建议,则不需要填写	
组员个人收到的建议		说明:如果本次任务组内检查中未收到建议,则不需要填写	

2. 提交验收

各任务小组完成组内检查后,将组内检查记录表提交至教师处。教师在各小组抽调学生组成任务验收组,针对各任务小组提交的材料进行验收,并指出各小组存在的问题,给予改进意见,并填写任务验收表(表4-10-6)。

表4-10-6　任务验收表

任务名称			
小组名称		验收组成员	
任务概况	问题记录	改进意见	验收结果(通过/撤回)
组员个人提出的验收建议		说明:如果未参加本任务验收工作,则不需要填写	
组员个人收到的验收建议		说明:如果本任务验收中未收到建议,则不需要填写	
完成时间			
是否上传资料			

3. 结果与评价

各小组根据验收意见进一步整改后,将任务相关材料上传至线上课程资源库,方便实时查阅。教师组织结果与评价会议,各小组展示任务完成结果(选一名组员介绍任务完成过程,可以配合任务完成过程中录制的视频或配合讲义、图片等辅助完成展示过程),教师组织完成组内自评、组间互评和教师评价,并填写任务考核评价表(表4-10-7)。

表4-10-7 任务考核评价表

评价项目	评价内容	分值	组内自评（20%）	组间互评（20%）	教师评价（40%）	第三方评价（20%）	总分
职业素养（40%）	具有严谨认真的工作态度	10					
	能够实事求是、坚持原则	10					
	能够爱岗敬业、团结协作	10					
	遵守职业道德标准和行为规范	10					
岗位技能（50%）	准确配制使用的试剂	10					
	准确硫氰酸铵进行滴定,会对终点进行判断	10					
	操作规范、熟练,结果正确率高	10					
	正确填写报告单、书写工整、字迹清晰	10					
	检验后台面整理、废物处理、回收	10					
创新拓展（10%）	水溶性氯化物在宠物食品中的使用	10					

特色模块◎专业拓展

畜牧产品的需求量越来越大,生产大量优质的、安全的畜牧产品是畜牧养殖业的共识。做好饲料安全检测工作对促进畜牧业的健康发展,提升人们对畜牧产品的信心具有极大的帮助作用。前面介绍了饲料相关检测的原理、方法,都要在一定空间进行操作,下面对饲料检测实验室建设和仪器设备管理进行简单介绍。

拓展任务收获:

饲料检测实验室建设和仪器设备管理

任务 4.11　饲料中无氮浸出物的计算

🧰 任务描述

无氮浸出物是非常复杂的一组物质，包括淀粉、可溶性单糖、双糖，一部分果胶、木质素、有机酸、单宁、色素等。在植物性精料中（籽实饲料），无氮浸出物以淀粉为主，在青饲料中以戊聚糖为最多。淀粉和可溶性糖容易被各类动物消化吸收。常规饲料不能直接分析饲料中无氮浸出物含量，而是通过计算求得。请对饲料厂新进饲料进行无氮浸出物计算。

饲料无氮浸出物与饲料营养价值之间的关系的评估能有效评价其品质。而对于饲料中无氮浸出物的计算实施路径如图 4-11-1 所示。

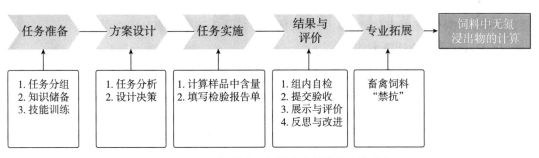

图 4-11-1　饲料中无氮浸出物的计算实施路径

📖 学习目标

1. 了解饲料无氮浸出物与饲料营养价值之间的关系。
2. 明确各类饲料样品中无氮浸出物的计算方法。
3. 能够准确计算饲料中无氮浸出物的含量。
4. 规范填写报告单。
5. 增强团队实事求是、一丝不苟、坚持原则等岗位精神。

📠 知识储备

无氮浸出物中除碳水化合物外，还包括水溶性维生素等其他成分。随着营养科学的发展，饲料养分分析方法的不断改进，分析手段越来越先进，如氨基酸自动分析仪、原子吸收光谱仪、气相色谱分析仪等的使用，使饲料分析的劳动强度大大减轻，效率提高，各种纯养分皆可进行分析，促使动物营养研究更加深入细致，饲料营养价值评定也更加精确可靠。

1. 无氮浸出物的作用

(1)对动物能供给能量，维持体温、肌肉运动，以及其他生命活动；

(2)形成体组织与器官成分；

(3)形成肥肉和乳中的脂肪；

(4)多余的转变为肝糖原和肌糖原的形式贮备起来；

(5)利用无氮浸出物供给能量，可以节省蛋白质和脂肪在体内的消耗。

饲料中无氮浸出物主要指的是淀粉、葡萄糖、果糖、蔗糖、糊精、五碳糖胶、有机酸和不属于纤维素的其他糖类，如半纤维素及一部分木质素(不同来源的饲料，其无氮浸出物中所含木质素的量相差极大)。在植物性饲料中只有少量的有机酸游离存在或与钾、钠、钙等形成盐类。有机酸多为酒石酸、柠檬酸、草酸、苹果酸；发酵过的饲料多含乳酸、醋酸和酪酸等。

一般采用的饲料分析方案中，无氮浸出物是根据相差计算法而求得，即在 1 中减去水分、粗蛋白质、粗脂肪、粗纤维、粗灰分等的质量分数，所得之差即为无氮浸出物的质量分数。由于不进行直接测定，只能概括说明饲料中这部分养分的含量。

2. 无氮浸出物的计算方法

不同种类饲料的无氮浸出物所含上述各种养分的比重相差很大(特别是木质素的成分)，因此不同种类饲料无氮浸出物的营养价值相差悬殊。但在新的饲料分析方案未确定下来之前，无氮浸出物的成分比较复杂，一般不进行实际测定，而根据相差计算法来求得，暂时仍采用旧方案中规定的相差计算法。规范填写原始记录及报告单，字迹清晰，避免涂抹。

$$无氮浸出物(\%) = 100\% - [水分 + 粗灰分(Ash) + 粗蛋白质(CP) +$$
$$粗脂肪(EE) + 粗纤维(CF)]\%$$

常用饲料中无氮浸出物含量一般在 50% 以上，特别是植物籽实和块根块茎饲料中含量高达 70%～85%。饲料中无氮浸出物含量高，适口性好，消化率高，是动物能量的主要来源。动物性饲料中无氮浸出物含量很少。

任务书

一、任务分组

填写任务分组信息表，见表 4-11-1。

表 4-11-1 任务分组信息表

任务名称			
小组名称		所属班级	
工作时间		指导教师	
团队成员	学号	岗位	职责

团队格言	
其他说明	分组任务实施过程中，各组内采用班组轮值制度，学生轮值担任不同岗位，确保每个人都有对接不同岗位的锻炼机会。在提升个人能力的同时，促进小组协作，培养学生团队合作和人际沟通的能力

二、任务分析

本次任务主要针对饲料中的＿＿＿＿＿＿＿＿＿＿＿＿＿＿＿＿进行计算分析。通过知识点学习，获知完成本次分析的方法应该选择＿＿＿＿＿＿＿＿，其计算原理为＿＿＿＿＿＿＿＿＿＿＿＿。利用课程线上资源寻找收集资料，确定完成本次任务所需的知识、技能要点、材料和设备。

1. 所需知识和技能要点

本次任务所需的知识要点包括：

本次任务所需的技能要点包括：

2. 所需材料和设备

本次任务所需材料包括：

本次任务所需设备包括：

3. 确立饲料中无氮浸出物计算记录项目

通过查阅资料，结合所获知识和技能要点，根据检查对象的实际情况和饲料厂检验需要，确立本次任务的检查项目，并将具体信息填入饲料中无氮浸出物计算原始记录表（表4-11-2）。

表4-11-2 饲料中无氮浸出物计算原始记录表

样品名称	检验日期	检测依据
主要仪器名称及型号		
试样编号	1号	2号
水分/%		
灰分/%		
粗蛋白质/%		
粗脂肪/%		
粗纤维/%		
无氮浸出物含量/%		
平均值		

样品名称	检验日期	检测依据
相对平均偏差		
计算公式/%	$W(NFE) = 100\% - [H_2O(\%) + Ash(\%) + CP(\%) + EE(\%) + CF(\%)]$	
检验结论		
备注		
检验人：		审核人：

三、任务实施

1. 设备和材料领取

根据任务方案，结合实验室实际情况，领取任务所需设备和材料，并填写设备材料领取表(表 4 - 11 - 3)。

表 4 - 11 - 3　设备材料领取表

材料设备名称	规格/型号	数量	领取人

2. 完成无氮浸出物含量计算

根据任务方案和任务分组信息表(表 4 - 11 - 1)，明确岗位职责，做好相关指标检测，并填写饲料检验报告单(表 4 - 11 - 4)。

表 4 - 11 - 4　饲料检验报告单

样品名称				样品编号		
规格				生产日期		
生产单位						
抽样人				抽样地点		
检验日期				报告日期		
检测项目						
检测依据						
判定依据						
主要仪器名称及型号						
检验结果	检验项目	计量单位	标准值	判断值	检验结果	单项判定
检验结论						
检验人				审核人		

恭喜你已完成饲料中无氮浸出物含量的计算任务的全过程实施，明确了饲料中无氮浸出物含量计算的工作内容，完整体验了作为饲料厂检验员工作的一天。如果对于某些知识和技能要点仍有疑问，可扫码获取相应的微课资源。

饲料中无氮浸出物
的计算

四、任务评价

1. 小组自检

首先进行个人自检，即每名组员根据自己所在岗位，按照任务实施步骤进行复盘，并在下方空白处记录任务实施要点或关键数据。

个人自检记录：

完成个人自检的组员可以向组长提交任务完成审核申请。组长参照任务分组信息表（表 4-11-1），根据任务要求和实验室安全规范，进行组内检查，并组织开展组员间检查，填写组内检查记录表（表 4-11-5），完成组内检查。

表 4-11-5　组内检查记录表

任务名称			
小组名称		所属班级	
检查项目	问题记录	改进措施	完成时间
任务总结			
组员个人提出的建议		说明：如果本次任务组内检查中未提出建议，则不需要填写	
组员个人收到的建议		说明：如果本次任务组内检查中未收到建议，则不需要填写	

2. 提交验收

各任务小组完成组内检查后，将组内检查记录表提交至教师处。教师在各小组抽调学生组成任务验收组，针对各任务小组提交的材料进行验收，并指出各小组存在的问题，给予改进意见，并填写任务验收表（表 4-11-6）。

表 4-11-6　任务验收表

任务名称			
小组名称		验收组成员	
任务概况	问题记录	改进意见	验收结果（通过/撤回）

组员个人提出的验收建议		说明：如果未参加本任务验收工作，则不需要填写
组员个人收到的验收建议		说明：如果本任务验收中未收到建议，则不需要填写
完成时间		
是否上传资料		

3. 结果与评价

各小组根据验收意见进一步整改后，将任务相关材料上传至线上课程资源库，方便实时查阅。教师组织结果与评价会议，各小组展示任务完成结果（选一名组员介绍任务完成过程，可以配合任务完成过程中录制的视频或配合讲义、图片等辅助完成展示过程），教师组织完成组内自评、组间互评和教师评价，并填写任务考核评价表（表 4 - 11 - 7）。

表 4 - 11 - 7　任务考核评价表

评价项目	评价内容	分值	组内自评（20%）	组间互评（20%）	教师评价（40%）	第三方评价（20%）	总分
职业素养（40%）	具有严谨认真的工作态度	10					
	能够实事求是、坚持原则	10					
	能够爱岗敬业、团结协作	10					
	遵守职业道德标准和行为规范	10					
岗位技能（50%）	设计饲料分析方案	10					
	能够熟练计算	10					
	获得准确结果	10					
	正确填写报告单，书写工整、字迹清晰	10					
	检验后台面整理、废物处理、回收	10					
创新拓展（10%）	其他方法在无氮浸出物检测中的应用	10					

特色模块◎专业拓展

畜禽饲料"禁抗"

拓展任务收获：

任务 4.12　饲料用大豆制品中尿素酶活性的测定

📦 任务描述

饲料厂新进一批饲料生产原料，其中包括大豆及其制品，请对饲料生产用大豆制品中尿素酶活性进行测定。

饲料用大豆制品中尿素酶活性与饲料营养价值之间的关系的评估能有效评价其品质。而对于饲料用大豆制品中尿素酶活性的测定实施路径如图 4-12-1 所示。

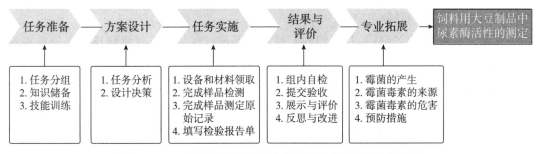

图 4-12-1　饲料用大豆制品中尿素酶活性的测定实施路径

🔖 学习目标

1. 了解饲料大豆制品中尿素酶活性与饲料营养价值之间的关系。
2. 明确各类饲料样品中大豆制品中尿素酶活性的测定方法。
3. 能够对结果进行准确分析评估，注意操作事项。
4. 规范填写报告单。
5. 增强团队实事求是、一丝不苟、坚持原则等岗位精神。

📖 知识储备

国标中测定饲料用大豆制品中尿素酶活性的方法为《饲料用大豆制品中尿素酶活性的测定》(GB/T 8622—2006)。

1. 测定原理、适用范围、仪器设备及试剂

(1)测定原理：将粉碎的大豆制品与中性尿素缓冲溶液混合，在 30±0.5 ℃下精确保温 30 min，尿素酶催化尿素水解产生氨的反应。用过量盐酸中和所产生的氨，再用氢氧化钠标准溶液回滴。

(2)适用范围：本方法适用于大豆、由大豆制得的产品和副产品中尿素酶活性的测定。

(3)仪器设备：实验室用样品粉碎机；分析筛（孔径 200 μm）；分析天平（感量 0.000 1 g）；恒温水浴锅[可控温(30±0.5)℃]。

试剂：尿素缓冲溶液(pH7.0±0.1)：称取 8.95 g 磷酸氢二钠($Na_2HPO_4 \cdot 12H_2O$)、3.40 g 磷酸二氢钾(KH_2PO_4)溶于水并稀释至 1 000 mL，再将 30 g 尿素溶在此缓冲液中，有效期 1 个月。

盐酸溶液[$c(HCl)$＝0.1mo/L]：移取 8.3 mL 盐酸，用水稀释至 1 000 mL。

氢氧化钠溶液[$c(NaOH)$＝0.1 mol/L]：称取 4 g 氢氧化钠溶于水并稀释至 1 000 mL 并进行标定。

甲基红、溴甲酚绿混合乙醇溶液：称取 0.1 g 甲基红，溶于 95％乙醇并稀释至 100 mL，再称取 0.5 g 溴甲酚绿，溶于 95％乙醇并稀释至 100 mL，两种溶液等体积混合，储存于棕色瓶中。

2. 试样的选取和制备

用粉碎机将具有代表性的样品粉碎，使之全部通过样品筛。对特殊样品应先在实验室温度下进行预干燥，再进行粉碎，当计算结果时应将干燥失重计算在内。

3. 测定步骤

(1)称取约 0.2 g 制备好的试样，精确至 0.1 mg，于玻璃试管中（如活性很高可称 0.05 g 试样），加入 10 mL 尿素缓冲液，立即盖好试管盖剧烈振摇后，将试管马上置于 (30±0.5)℃恒温水浴中，计时保持 30 min±10 s。要求每个试样加入尿素缓冲液的时间间隔保持一致。停止反应时再以相同的时间间隔加入 10 mL 盐酸溶液，振摇后迅速冷却至 20 ℃。将试管内容物全部转入烧杯中，用 20 mL 水冲洗试管数次，将试管内容物全部转入 250 mL 锥形瓶中加入 8～10 滴混合指示剂，以氢氧化钠标准溶液滴定至溶液呈蓝绿色。

(2)另取试管作空白试验，称取约 0.2 g 制备好的试样精确至 0.1 mg，于玻璃试管中，加入 10 mL 盐酸溶液，振摇后再加入 10 mL 尿素缓冲液，立即盖好试管盖剧烈振摇，将试管马上置于(30±0.5)℃恒温水浴中，计时保持 30 min±10 s。停止反应时将试管迅速冷至 20 ℃。将试管内容物全部转入小烧杯中，用 20 mL 水冲洗试管数次，将试管内容物全部转入 250 mL 锥形瓶中加入 8～10 滴混合指示剂，以氢氧化钠标准溶液滴定至溶液呈蓝绿色。

4. 结果计算

计算公式为

$$X = [14 \times c(V_0 - V)]/(30 \times m)$$

式中　X——试样的尿素酶活性(U/g)；

c——氢氧化钠标准滴定溶液浓度(mol/L)；

V_0——空白消耗氢氧化钠标准滴定溶液体积(ml)；

V——试样消耗氢氧化钠标准滴定溶液体积(ml)；

14——氮的摩尔质量，$M(N_2)$＝14 g/mol；

30——反应时间(min)；

m——试样质量(g)。

计算结果表示到小数点后两位。

重复性：同一分析人员用相同分析方法，同时或连续两次测定活性≤0.2时结果之差不超过平均值的20％，活性＞0.2时结果之差不超过平均值的10％，结果以算术平均值表示。

规范填写原始记录及报告单，字迹清晰，避免涂抹。

饲料用大豆制品中
尿素酶活性的测定

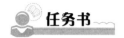 **任务书**

一、任务分组

填写任务分组信息表，见表4-12-1。

表4-12-1 任务分组信息表

任务名称			
小组名称		所属班级	
工作时间		指导教师	
团队成员	学号	岗位	职责
团队格言			
其他说明	分组任务实施过程中，各组内采用班组轮值制度，学生轮值担任不同岗位，确保每个人都有对接不同岗位的锻炼机会。在提升个人能力的同时，促进小组协作，培养学生团队合作和人际沟通的能力		

二、任务分析

尿素酶属于酰胺酶类，存在于大豆中的尿素酶有很高的活性，它可以催化酰胺类物质、尿素产生二氧化碳和氨。氨会加速肠黏膜细胞的老化，从而影响肠道对营养物质的吸收。尿素酶对热较为敏感，受热容易失活。动物饲料大豆中尿素酶活性强就容易对大豆蛋白的有益成分造成很大的破坏，影响动物的营养摄入，所以大豆制品要检查尿素酶活性。

本次任务主要针对饲料中的＿＿＿＿＿＿＿＿＿＿＿＿＿＿进行测定分析。通过知识点学习，获知完成本次分析的方法应该选择＿＿＿＿＿＿＿＿＿，其测定原理为＿＿＿＿＿＿＿＿＿＿＿＿。利用课程线上资源寻找收集资料，确定完成本次任务所需的知识、技能要点、材料和设备。

1. 所需知识和技能要点

本次任务所需的知识要点包括:

本次任务所需的技能要点包括:

2. 所需材料和设备

本次任务所需材料包括:

本次任务所需设备包括:

3. 确立饲料用大豆制品中尿素酶活性测定记录项目

通过查阅资料,结合所获知识和技能要点,根据检查对象的实际情况和饲料厂检验需要,确立本次任务的检查项目,并将具体信息填入饲料用大豆制品中尿素酶活性的测定原始记录表(表4-12-2)。

表4-12-2 饲料用大豆制品中尿素酶活性的测定原始记录表

样品名称	检验日期		检测依据
主要仪器名称及型号			
试样编号	1号		2号
试样质量 m/g			
空白试验消耗氢氧化钠溶液体积 V_0/mL			
测定试样消耗氢氧化钠溶液体积 V/mL			
氢氧化钠标准溶液浓度 $C/(mol \cdot L^{-1})$			
尿素酶活性			
平均值			
相对平均偏差			
计算公式	$X = [14 \times c(V_0 - V)]/(30 \times m)$		
检验结论			
备注			
检验人:		审核人:	

三、任务实施

1. 设备和材料领取

根据任务方案,结合实验室实际情况,领取任务所需设备和材料,并填写设备材料领取表(表4-12-3)。

表 4 - 12 - 3 设备材料领取表

材料设备名称	规格/型号	数量	领取人

2. 完成饲料用大豆制品中尿素酶活性测定

根据任务方案和任务分组信息表（表 4 - 12 - 1），明确岗位职责，做好相关指标检测，并填写饲料检验报告单（表 4 - 12 - 4）。

表 4 - 12 - 4 饲料检验报告单

样品名称		样品编号	
规格		生产日期	
生产单位			
抽样人		抽样地点	
检验日期		报告日期	
检测项目			
检测依据			
判定依据			
主要仪器名称及型号			

	检验项目	计量单位	标准值	判断值	检验结果	单项判定
检验结果						

检验结论			
检验人		审核人	

恭喜你已完成饲料用大豆制品中尿素酶活性测定任务的全过程实施，明确了饲料用大豆制品中尿素酶活性测定的工作内容，完整体验了作为饲料厂检验员工作的一天。如果对于某些知识和技能要点仍有疑问，可自行查找资料，并完成本任务的相关习题，借助课程信息化资源（课程视频、课件、动画、文字资料）复习任务设计的关键知识点和技能点，寻找存在的问题，利用线上资源进行互动，寻求解决问题的方法并进行自检。

四、任务评价

1. 小组自检

首先进行个人自检，即每名组员根据自己所在岗位，按照任务实施步骤进行复盘，并在下方空白处记录任务实施要点或关键数据。

个人自检记录：

完成个人自检的组员可以向组长提交任务完成审核申请。组长参照任务分组信息表（表4-12-1），根据任务要求和实验室安全规范，进行组内检查，并组织开展组员间检查，填写组内检查记录表（表4-12-5），完成组内检查。

表4-12-5　组内检查记录表

任务名称			
小组名称		所属班级	
检查项目	问题记录	改进措施	完成时间
任务总结			
组员个人提出的建议		说明：如果本次任务组内检查中未提出建议，则不需要填写	
组员个人收到的建议		说明：如果本次任务组内检查中未收到建议，则不需要填写	

2. 提交验收

各任务小组完成组内检查后，将组内检查记录表提交至教师处。教师在各小组抽调学生组成任务验收组，针对各任务小组提交的材料进行验收，并指出各小组存在的问题，给予改进意见，并填写任务验收表（表4-12-6）。

表4-12-6　任务验收表

任务名称			
小组名称		验收组成员	
任务概况	问题记录	改进意见	验收结果（通过/撤回）
组员个人提出的验收建议		说明：如果未参加本任务验收工作，则不需要填写	
组员个人收到的验收建议		说明：如果本任务验收中未收到建议，则不需要填写	
完成时间			
是否上传资料			

3. 结果与评价

各小组根据验收意见进一步整改后，将任务相关材料上传至线上课程资源库，方便实时查阅。教师组织结果与评价会议，各小组展示任务完成结果（选一名组员介绍任务完成过程，可以配合任务完成过程中录制的视频或配合讲义、图片等辅助完成展示过程），教师组织完成组内自评、组间互评和教师评价，并填写任务考核评价表（表4-12-7）。

表 4 - 12 - 7 任务考核评价表

评价项目	评价内容	分值	组内自评（20%）	组间互评（20%）	教师评价（40%）	第三方评价（20%）	总分
职业素养（40%）	具有严谨认真的工作态度	10					
	能够实事求是、坚持原则	10					
	能够爱岗敬业、团结协作	10					
	遵守职业道德标准和行为规范	10					
岗位技能（50%）	正确对标准溶液进行标定	10					
	会用氢氧化钠进行滴定，准确判定滴定终点	10					
	操作规范、熟练，结果正确率高	10					
	正确填写报告单，书写工整、字迹清晰	10					
	检验后台面整理、废物处理、回收	10					
创新拓展（10%）	大豆制品的湿热处理程度对大豆制品的品质影响	10					

特色模块◎专业拓展

霉菌毒素是由丝状真菌产生的小分子次生代谢产物，污染广、毒性大，严重危害人类和动物健康。下面了解一下霉菌毒素，霉菌毒素理化性质非常稳定，导致其在谷物的采收、运输、贮藏过程中长期存在。研究表明，饲料及谷物原料中的霉菌毒素污染非常普遍，而且广泛存在多种霉菌毒素共污染现象。

霉菌毒素

饲料中霉菌毒素的污染及其所造成的危害目前仍是养殖者易于忽略的问题，且容易与其他疾病产生混淆。目前，饲料工业和养殖业的着重点是抑霉、杀霉，饲料及其饲料原料无肉眼可见的霉变即可，然而霉菌毒素是肉眼看不见的。它的产生至今仍是全世界畜禽及谷类饲料安全无时不存在的自然威胁，它的来源生成及其特性导致了一系列的困扰，比如，饲料配方不变，饲料品质却出现时好时差的情况；免疫程序不变，疫苗按时接种，可是畜禽抗体水平上不去；畜禽的生产性能下降、易感性提高。疾病频频发生等一系列的问题。以下就霉菌及其霉菌毒素的产生、来源、危害和预防措施做相应介绍。

拓展任务收获：

项目 5　新型饲料的配方设计与研发

💼 知识框架

本项目以"动物营养状况检查与分析"和"饲料的配方设计"两个任务进行驱动，包含动物营养需要、动物的消化特点、动物的营养状况检查方法、饲料配方的设计方法、饲料配方设计等学习内容。

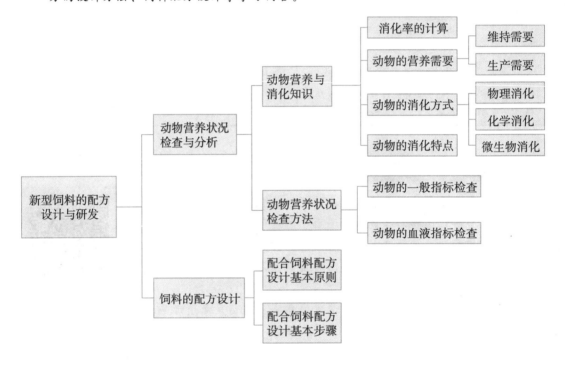

 **学习目标**

知识目标

1. 掌握饲料配方的研发部门岗位所必需的动物营养状况检查方法。

2. 掌握岗位必需的畜禽营养需要和消化特点相关知识。

3. 掌握研发岗位所必需的饲料的配方设计的原则和注意事项。

4. 掌握研发岗位所必需的饲料的配方设计的方法，并熟悉相关设计案例。

技能目标

1. 掌握研发岗位所必需的检查和分析动物的营养状况的技能。

2. 针对饲料配方的研发部门岗位，能够独立完成饲料配方的设计。

素养目标

1. 秉持理论创新也没有止境的理念，完成研发岗位任务。
2. 坚持问题导向，增强问题意识，聚焦生产实践遇到的个性化问题，实事求是地评估动物营养状况。
3. 厚植爱农情怀，了解党的二十大报告中关于推进现代畜牧产业集群建设的相关政策，树立扎根农牧行业的信心。
4. 增强团队合作意识，树立专业和岗位责任感。

项目导入

党的二十大报告提出，未来一个时期畜牧产业要突出抓好"秸秆变肉"暨千万头肉牛建设工程，全力推进现代畜牧产业集群建设，切实抓好生猪产业持续健康发展，加快推进特色养殖产业建设，必将促进饲料行业的迅猛发展，这就要求从业者必须秉持着理论创新也没有止境的理念，敢于试错、敢于创新，团结协作研发出符合新时代畜牧行业发展的新型饲料。

目前，吉林省四平市周边的多家养殖合作社和养殖农户，相继出现因原有的饲料报酬低，动物生长速度慢，迫切需要更换效果更好的饲料。而作为饲料厂研发部的工作人员，责无旁贷地帮助养殖户解决实际问题，完成饲养效果和转化率更好的饲料配方设计。

要想完成这项任务，研发人员必须对畜禽的消化特点和不同种类、生长阶段的营养需求有清晰而准确的认知，并且要树立吃苦耐劳、精益求精的"匠心"，扎根养殖场，实时观察畜禽的生长情况，分析解决生产实践中的复杂因素，实事求是地评价其营养状况，有效促进畜禽消化吸收，针对不同种类和生长阶段动物营养需要提供高品质的饲料。

任务5.1 动物营养状况检查与分析

任务描述

通过前面的学习，我们知道饲料的饲喂效果与转化率除了与饲料本身的配方设计、原料选取、加工工艺等因素相关，还与动物自身的营养状况和饲养方法息息相关。因此，要想为农户真正解决问题，首先需要检查并分析相关畜禽的营养状况，寻找问题，然后以此为基础，运用新型饲料和先进的饲喂技术，帮助养殖农户提升饲喂效果。

清晰的思路可以有效提升任务的实施成效，达到事半功倍的效果。不同种类和生长阶段的动物的消化特点和营养需求都有规律可循。而对于动物营养状况检查与分析的实施路径如图5-1-1所示。通过任务分析、设计完成方案、完成知识储备和技能训练，并通过二维码为其提供相关三维动画、知识点讲解微课和"锦囊妙计"等立体化学习资源，突破学习障碍，顺利完成任务和综合评价。

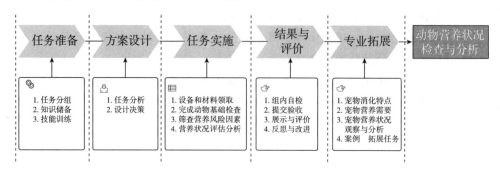

图 5 - 1 - 1　动物营养状况检查与分析的实施路径

学习目标

1. 了解动物饲料的营养物质组成。
2. 掌握畜禽对饲料的消化过程。
3. 明确不同种类和生长阶段畜禽的营养需要。
4. 观察并分析畜禽的营养状况。
5. 坚持问题导向，增强问题意识，聚焦生产实践遇到的个性化问题。

知识储备

一、动物的消化方式

动物通过饲料获取所需营养物质，必须在消化道内经历一系列消化过程，将大分子有机物逐步分解为可溶解性的小分子物质，才能够顺利被动物机体利用和吸收。

不同种类动物的消化道结构不同，对饲料的消化利用程度也不尽相同。这直接影响了饲料中营养成分的利用效率。首先，以畜牧养殖中常见的牛、猪、鸡为例，介绍一下动物的消化方式。动物的消化方式主要分为物理性消化、化学性消化和微生物消化。

近年来，某些饲料中大量使用甚至滥用抗生素，不仅使微生物产生抗药性，更加破坏了动物正常的胃肠道菌群。目前，人们正在不断尝试通过直接饲喂微生物（益生菌）、使用化学物质（有机酸、糖）等方法恢复动物的胃肠道微生物菌群平衡。

二、动物的消化特点

下面以兔、牛和鸡为例，分别介绍非反刍动物、反刍动物和禽类的消化特点。

首先，让我们通过下面的资料，一起了解兔和马等非反刍动物的消化特点。

非反刍动物的消化特点

离体家兔肠肌运动展示

其次，让我们通过下面的资料，一起了解反刍动物的消化特点。

动物对饲料的消化过程是一个环环相扣，并且各具特色的过程，动物似乎会根据自身的生理结构和饲料的性质来选择适合自己的消化方式。这就要求我们要综合上述因素，根据饲喂的实际情况，为动物选择契合其消化特点的饲料。

**反刍动物和禽类的
消化特点**

动物的消化

三、动物的营养需要及其具体衡量指标

不同种类、年龄和生长阶段动物对于营养物质的需求也不尽相同。全面了解不同动物的营养需要特点、变化规律，以及影响因素，有助于准确掌握动物的营养需要，并以此为依据合理调配饲料，优化其饲喂效果。

首先，介绍营养需要的概念。动物的营养需要是指动物在生长、繁殖及从事生产等过程中对营养物质需要的量。确切地讲是指每天每头（只）动物对能量、蛋白质、矿物质和维生素等营养物质的总需要量，包括维持营养需要和生产营养需要。

动物的营养需要不仅要考虑所需养分的种类，还需要考虑各种养分的数量和比例。那么，用以衡量营养需要的具体指标又有哪些呢？

动物营养基础

四、动物的维持需要及其影响因素

动物的维持需要是动物生存和生产的基础，不能满足动物的维持需要，就不能保证动物的健康，更不可能获得生产产品。

而牛、羊、猪等动物都是恒温动物，动物机体通过调节产热量和散热量来维持恒定的体温。而只有当产热量与散热量相等时，才能保持体温恒定。

体温调节与维持需要的关系

动物的营养需要 1

动物的营养需要 2

五、动物的生产需要

动物的生产营养需要是指动物在生长、育肥、繁殖、泌乳、产蛋、产毛和使役等过程中所需的营养物质和能量，简称生产需要。值得注意的是，在实际生产中，动物可能

会在同一时期进行一项或多项生产。

🧰 技能训练

一、消化率的计算及其影响因素分析

表观消化率：饲料中被动物吸收的营养物质称为可消化营养物质。可消化营养物质占食入营养物质的百分比即为表现消化率。

$$表观消化率 = \frac{可消化营养物质}{食入营养物质} \times 100\%$$

真消化率：用食入营养物质减去粪中排出物质和代谢产物，来表示可消化的营养物质。

$$真消化率 = \frac{食入营养物质 - (粪中排除营养物质 - 粪中代谢产物)}{食入营养物质} \times 100\%$$

通过对比两个公式，不难发现，表观消化率要比真消化率低，但真消化率的测定较难，因此，一般用表观消化率来衡量动物对饲料的消化。而在整个消化过程中，动物本身的种类、健康状况、饲料的原料、加工调制方法及饲喂水平都会影响到最终的消化率。

二、动物营养需要的测定

动物营养需要可通过综合法和析因法来进行测定。

三、动物一般指标的检查与分析

动物检查试验中，需要对其以下指标进行观察。

（1）发育状态，即体格发育是否与年龄、品种相称，各部发育比例是否正常，有无畸形。

（2）营养状态，检查标准分为营养良好、营养中等和营养不良三种程度。检查其体态是丰满还是消瘦，检查时可用手抚摸试验动物的背部、腰部，营养良好时，背腰部厚实，皮肤弹性好。

检查资料　　　　　恒温动物与变温动物

我们通过下面的资料学习动物各指标的检查方法。

下面请打开 3 个锦囊，分别解决动物的脉搏测定、呼吸频率的测定和血液指标检查。

待动物安静后，用手指按股动脉测脉率或用听诊器进行听诊技术和用测量脉搏的仪器进行自动追踪记录。

呼吸频率的测定则需要使动物保持相对安静状态，以肉眼观察并记录呼吸的次数，或用记录仪自动记录动物的呼吸次数。可采用普通心电图机描记动物心电图。

动物的血液指标检查包括血红蛋白测定、红细胞计数、白细胞计数、血细胞比容的测定和网织红细胞计数。

锦囊妙计 1　　　　　　　　锦囊妙计 2　　　　　　　　锦囊妙计 3

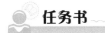

任务书

一、任务分组

填写任务分组信息表，见表 5-1-1。

表 5-1-1　任务分组信息表

任务名称			
小组名称		所属班级	
工作时间		指导教师	
团队成员	学号	岗位	职责
团队格言			
其他说明	分组任务实施过程中，各组内采用班组轮值制度，学生轮值担任不同岗位，确保每个人都有对接不同岗位的锻炼机会。在提升个人能力的同时，促进小组协作，培养学生团队合作和人际沟通的能力		

二、任务分析

通过前面的学习，我们已经明白牛羊猪等生产动物必须从外界中摄取所需要的营养物质，以维持自身生命活动和生产。而饲料是各种营养物质的载体，动物通过采食，摄取饲料中的营养物质后，需要经过一系列消化吸收的过程，才能转化为动物体成分，满足其维持生命活动，完成生产过程的需要。本次任务主要针对养殖场的＿＿＿＿＿＿＿＿＿＿＿＿＿＿＿＿进行营养状态检查。通过知识点学习，获知动物营养状况的检查标准分为＿＿＿＿＿＿＿＿＿、＿＿＿＿＿＿＿＿＿和＿＿＿＿＿＿＿＿＿三种程度。利用课程线上资源寻找收集资料，确定完成本次任务所需的知识、技能要点和材料设备。

1. 所需知识和技能要点

本次任务所需的知识要点包括：

本次任务所需的技能要点包括：

2. 所需材料和设备

本次任务所需材料包括：

本次任务所需设备包括：

3. 确立检查项目

通过查阅资料，结合所获知识和技能要点，根据检查对象的实际情况和饲料厂研发需要，确立本次任务的检查项目，并将具体信息填入检查项目结果记录表(表5-1-2)。

表5-1-2　检查项目结果记录表

动物基础检查项目			
动物基本信息		检查人员信息	
表观检查			
检查项目	检查结果	结论	完成时间
体格、发育			
营养状态			
精神状态			
牙齿、皮肤、被毛			
指标检测			
检查项目	检查结果	结论	完成时间
体重			
呼吸、脉搏、心电			
体温			
血液指标			

4. 筛查风险因素

根据上述检查结果，结合养殖场实际情况，确定营养筛查风险因素，并将具体信息填入营养筛查结果记录表(表5-1-3)。

表 5-1-3　营养筛查结果记录表

营养筛查风险因素			
动物基本信息		筛查人员信息	
常规因素			
筛查项目	筛查标准	筛查结果	完成时间
体况	5 分系统：低于 3 分 9 分系统：低于 4 分		
肌肉状态	轻度、中度、明显 肌肉丢失		
计划外减重/增重	增/减幅度＞10%		
皮肤、被毛状态	状态不佳		
牙齿状态	牙齿异常或疾病		
防疫记录	疫苗接种记录养殖场防疫措施		
病理因素			
筛查项目	筛查标准	筛查结果	完成时间
就医记录	近 1 个月内就医记录		
胃肠功能改变	出现呕吐、腹泻、胀气、便秘		
非常规食物摄入	自制饲料、生肉、异物		
食物摄入量	超标/不足		
饲喂方式	时间、频率等记录		
不充分/不适应的饲养条件	温度、场所面积、卫生等指标		

5. 评估营养状况

根据已完成的动物基础检查项目和营养风险因素筛查结果，填写动物营养状况评估结果，并针对存在的问题，结合所学知识给予合理整改建议，完成营养状况评估结果表（表 5-1-4）。

表 5-1-4　营养状况评估结果表

动物营养状况评估与分析			
动物基本信息		评估人员信息	
评估结果	问题及产生原因	整改措施	完成时间

三、任务实施

1. 设备和材料领取

根据任务方案，结合实验室实际情况，领取任务所需设备和材料，并填写设备材料领取表（表5-1-5）。

表5-1-5　设备材料领取表

材料设备名称	规格/型号	数量	领取人

2. 完成动物基础检查

根据任务方案和任务分组信息表（表5-1-1），明确各岗位（表观检查员、指标检测员、信息录入员和资料分析员）职责，选出组长，组织各组员分工协作，将不同岗位的工作记录，填入动物基础检查工作记录表（表5-1-6）。

表5-1-6　动物基础检查工作记录表

岗位名称	岗位职责	工作记录	完成人
表观检查员	完成表观检查项目		
指标检测员	完成指标检测项目		
信息录入员	记录各项检查项目结果，填写相关表格		
资料分析员	利用线上、线下资源提供相关资料，并针对检查结果进行分析		
工作总结			

3. 筛查营养风险因素

根据任务方案和动物基础检查结果，结合养殖场实际情况，由组长将组员划分为常规因素筛查组和病理因素筛查组，针对不同方向对动物进行营养风险因素筛查，并将工作记录填入营养风险因素筛查工作记录表（表5-1-7）。

表5-1-7　营养风险因素筛查工作记录表

岗位名称	工作记录	完成人
常规因素筛查组		
病理因素筛查组		
工作总结		

4. 营养状况评估分析

根据已经完成的动物基础检查项目和营养风险因素筛查结果，对动物的营养状况进行系统评估，找出存在问题，结合所学知识分析其成因，并给予合理整改建议，完成营养状况评估工作表(表5-1-8)。

表5-1-8　营养状况评估工作表

完成人	评估工作		分析与建议	
	评估对象	工作记录	问题及产生原因	整改措施
工作总结				

恭喜你已完成动物营养状况检查与分析任务的全过程实施，明确了动物营养状况检查的工作内容，完整体验了作为饲料厂研发员在养殖场工作的一天。如果对于某些知识和技能要点仍有疑问，可扫码获取相应的微课资源。

饲料配方设计原则

四、任务评价

1. 小组自检

首先进行个人自检，即每名组员根据自己所在岗位，按照任务实施步骤进行复盘，并在下方空白处记录任务实施要点或关键数据。

个人自检记录：

完成个人自检的组员可以向组长提交任务完成审核申请。组长参照任务分组信息表(表5-1-1)，根据任务要求和实验室安全规范，进行组内检查，并组织开展组员间检查，填写组内检查记录表(表5-1-9)，完成组内检查。

表5-1-9　组内检查记录表

任务名称			
小组名称		所属班级	
检查项目	问题记录	改进措施	完成时间
任务总结			
组员个人提出的建议		说明：如果本次任务组内检查中未提出建议，则不需要填写	
组员个人收到的建议		说明：如果本次任务组内检查中未收到建议，则不需要填写	

2. 提交验收

各任务小组完成组内检查后，将组内检查记录表提交至教师处。教师在各小组抽调学生组成任务验收组，针对各任务小组提交的材料进行验收，并指出各小组存在的问题，给予改进意见，并填写任务验收表(表5-1-10)。

表5-1-10　任务验收表

任务名称				
小组名称			验收组成员	
任务概况	问题记录	改进意见		验收结果(通过/撤回)
组员个人提出的验收建议		说明：如果未参加本任务验收工作，则不需要填写		
组员个人收到的验收建议		说明：如果本任务验收中未收到建议，则不需要填写		
完成时间				
是否上传资料				

3. 结果与评价

各小组根据验收意见进一步整改后，将任务相关材料上传至线上课程资源库，方便实时查阅。教师组织结果与评价会议，各小组展示任务完成结果(选一名组员介绍任务完成过程，可以配合任务完成过程之中录制的资料或配合讲义、图片等辅助完成展示过程)，教师组织完成组内自评、组间互评和教师评价，并填写任务考核评价表(表5-1-11)。

表5-1-11　任务考核评价表

评价项目	评价内容	分值	组内自评(20%)	组间互评(20%)	教师评价(40%)	第三方评价(20%)	总分
职业素养(40%)	具有严谨认真的科学态度	10					
	吃苦耐劳，不怕脏、不怕累	10					
	具有爱岗敬业，爱农、助农的意识	10					
	具有安全意识和服务意识，遵守行业规范和现场6S标准	10					
岗位技能(50%)	熟知专业知识，融会贯通，运用能力强	10					
	动物基础检查操作规范、熟练，结果正确率高	10					
	营养筛查准确，病理因素分析准确，合理归纳营养风险因素	10					
	综合评估动物营养状况	10					
	任务记录准确无误，提出饲养改进建议合理	10					

评价项目	评价内容	分值	组内自评 (20%)	组间互评 (20%)	教师评价 (40%)	第三方 评价(20%)	总分
创新拓展 (10%)	运用阳光猪舍和无抗养殖等先进养殖技术理念的能力	5					
	专业拓展能力	5					

特色模块◎专业拓展

1. 犬的消化特点

随着人们生活水平和养宠数量的增多，宠物医疗专业作为畜牧兽医专业的分支日益发展壮大。下面以犬为例，来了解一些宠物的消化器官。

2. 犬的营养需要

同前面讲到的猪、牛、羊一样，在饲喂过程中同样需要注意其不同生长时期的犬的不同营养需要。

犬的消化特点　　　　宠物的消化特点　　　　犬的营养需要　　　　宠物的营养需要

我们已经了解了犬的消化特点和营养需要。下面请参考畜禽营养状况检查与分析方法，为案例中的这家狗场制订营养状况分析方案，帮助其完成犬的营养状况检查与分析，将任务书及其相关材料上传至课程资源库，并完成下述总结记录。

案例◎拓展任务

一家狗场之中的多只幼犬先后出现了生长缓慢、增重不明显等现象，并伴随着不同程度的排便不畅、萎靡不振等症状。

拓展任务收获：

任务5.2 饲料的配方设计

🧰 任务描述

吉林省四平市梨树县某养猪合作社，因原有的饲料报酬低，使猪生长速度慢，想更换饲料配方。作为饲料厂研发部的工作人员，请你帮助猪场重新进行饲料配方设计。

清晰的思路可以有效提升任务的实施成效，达到事半功倍的效果。不同种类和生长阶段的畜禽其饲料配方设计方法相似，如图5-2-1所示。通过任务分析、设计完成方案、完成知识储备和技能训练，并通过二维码为其知识点讲解微课等立体化学习资源，突破学习障碍，顺利完成任务和综合评价。

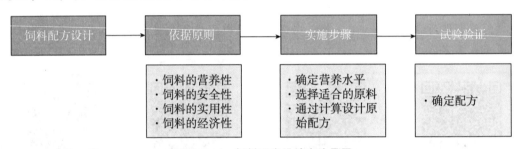

图5-2-1 饲料配方设计方法导图

🏆 学习目标

1. 掌握饲料配方设计原则。
2. 熟知饲料配方设计基本步骤。
3. 熟练掌握饲料配方设计方法。
4. 在配方设计的过程中，树立坚持在原有配方中求创新，在比较中求创新，在实践中求创新的观念。

⌨ 知识储备

一、配合饲料配方设计基本原则

1. 饲料的营养性

动物的种类、品种、年龄、生理状态、生产水平及所处饲养环境不同，其对营养水平的要求也就不同，因此在设计饲料配方时，必须以饲养标准为依据，对不同养分加以合理的调整，以满足不同动物的需求。同时应考虑养分间的平衡性，尤其是能量与其他营养素间的比例，如粗纤维的水平，饲料配合时要针对不同动物种类控制配方中粗纤维含量，以保证其他各种养分的消化利用。饲料原料的选择也是非常重要，在条件允许的情况下，饲料原料种类尽量多样化，而且要适合不同动物的需要，只有种类多样化，才能发挥饲料营养成分的互补作用，从而使饲料的养分有较好的平衡性。

2. 饲料的安全性及实用性

在选择饲料原料时，要注意饲料原料的品质，要求饲料原料品质新鲜，无发霉变质和酸败，本身不含有毒有害物质，质地良好，重金属等含量不能超过规定范围；含有毒素或抗营养因素的饲料应脱毒后使用或控制使用量；对于某些可能在动物体内产生残留的饲料添加剂应严格按照安全法规要求使用。饲料适口性直接影响饲料的采食量，对于适口性较差，有异味的饲料应限量饲喂，同时可以搭配一定量适口性较好的饲料，或加入一定量的调味剂以提高其适口性，保证动物的采食量。在选择饲料原料时还应考虑原料的体积大小，饲料体积大，能量浓度低，可造成消化道负担过重，影响动物对饲料养分的消化；饲料体积小即使能量等养分能满足动物的营养需要，但动物吃后无饱感，导致动物食后仍不安静，影响其生产性能。

3. 饲料的经济性

饲料配方设计在保证配合饲料质量的前提下应降低成本，为了达到降低配合饲料成本的目的，在配方的原料选择上应尽可能因地制宜，以减少不必要的运输费用等，同时在选择原料种类时不应过多，以减少不必要的加工成本。总之，从经济角度考虑应选取适用且价格低廉的饲料原料。

二、配合饲料配方设计基本步骤

1. 参照标准，确定营养水平

参照标准，但不完全照搬标准，确定营养水平最简单的方法是照搬饲养标准，但由于饲养标准很多，而且标准制定的条件与具体的生产实际尚有一定的差距，因而有一定的局限性，必须因地、因时制宜。饲养标准中指标很多，我国商品配合饲料国家标准中对于常量营养物质的含量，目前只规定了粗蛋白质、粗纤维、粗脂肪、粗灰分和钙、磷等几个指标。实际设计配方时，必须考虑氨基酸含量，至少应确定赖氨酸和含硫氨基酸的水平，维生素、微量元素一般由添加剂预混料提供。

2. 选择原料，并确定某些原料的限用量

为了满足动物的营养需要，单胃动物日粮饲料原料至少应包括能量饲料、蛋白质饲料、矿物质饲料、维生素及微量元素添加剂，为了平衡饲粮中的氨基酸，还要有合成氨基酸。根据我国大部分地区饲料资源情况，下列一组饲料原料可作为选料的基础：玉米、麸皮、豆粕、鱼粉、赖氨酸盐、DL－甲硫氨酸、磷酸氢钙或骨粉、石粉或贝壳粉、食盐，以维生素、微量元素为主的添加剂预混料。用这一组原料可以为绝大多数动物设计出全价的饲料配方；设计能量水平很高的配方时，还要选用油脂；设计含粗纤维较高的配方时，最好能有优质草粉或叶粉，一般猪、禽配合料时，各类饲料原料的用量比例，可参考下列数值。

（1）能量饲料：一般占饲料总量的 50%～70%（以谷实为主）。其能量要求低的用量为 50% 左右，高的用量为 70% 左右，大多为 60% 左右。

（2）植物蛋白质：一般占饲料总量的 10%～30%（以饼粕为主）。其蛋白质要求低的占 10% 左右，高的可达 30% 左右，多数为 15%～20%。

（3）动物蛋白质：一般占饲料总量的 0～8%，对高产、快速生长肉用动物适当添加，一般为 2%～5%，以不超过 8% 为宜，但鹌鹑、野禽、鱼类和食肉动物等不受此限制，常超过 8%。

（4）糠麸类：一般占饲料总量的 0～20%。能量、蛋白质要求很低时，可用到 20% 左右，一般为 10% 左右，对高产动物少用或不用。

（5）矿物质饲料：一般占饲料总量的 2%～10%（包括补充钙、磷和食盐的原料，也可将添加剂预混料的用量包含在内）。产蛋禽可达到 8%～10%；一般动物 2%～4%，其中食盐占 0.25%～0.4%，预混料占 0.2%～1%。

（6）合成氨基酸：一般占饲料总量的 0～0.2%。氨基酸要求高时，适量增加。生长动物一般以赖氨酸为主，产蛋、产毛动物多用甲硫氨酸。

3. 通过计算设计出原始配方

当营养水平和饲料原料确定以后，就可以利用各种计算方法设计出能满足营养要求的原始配方。但在计算之前尽量确定各种原料养分含量的实测值，如果不按饲料实际所含养分、水分量进行设计，往往造成养分不足或过多，则不能达到预期的生产效果。

4. 试验验证，最终确定配方

一个可供应用的配方，都应经过试验验证。若能达到预期效果，便可正式应用。在应用时，若发现畜禽生长不快、蛋壳质量不好、动物不爱吃或腹泻多病等情况，应立即分析原因，若确由饲料配方的缺陷引起，则应针对问题及时加以修正，并再进行试验，直到满意为止。配合饲料是工厂化大批量生产的产品，其品质优劣影响很大，除直接关系畜牧业发展外，与人类健康及环境保护也有密切关系。因此监督和规范配合饲料生产是十分必要的，这样才能保证配合饲料的营养性及安全性。

三、反刍动物精料补充料配方设计

反刍动物日粮组成常包括青、粗饲料及精料补充料。青、粗饲料具体选用的种类应根据各地区资源情况具体确定。精料补充料原料通常包括能量原料、蛋白质原料、矿物质原料、饲料添加剂。具体原料选用时需注意与单胃动物的区别，应主要选用单胃动物不能有效利用的饲料原料，如能量饲料可选用麸皮、米糠和糖蜜等加工副产品或大麦等麦类原料，蛋白质饲料主要用菜籽粕、棉籽相等杂饼粕原料及酒精厂、啤酒厂和味精厂的发酵废液、废渣等。设计反刍动物日粮时，应注意反刍动物日粮应以青、粗料为主，精料补充料为辅。青、粗料一般占采食干物质总量的 40%～90%，对于育成期肉牛和奶牛、空怀奶牛和非繁殖期成年种牛（羊）等生产力较低的动物，可以只供给青、粗料。

用青贮玉米、羊草干草、玉米、豆饼、麦麸、骨粉、石粉、食盐为体重 500 kg、日产奶量 20 kg 的成年奶牛设计全价饲料配方。

首先，查找体重 500 kg、日产标准乳量 20 kg 乳牛的饲养标准见表 5-2-1。

表 5-2-1　体重 500 kg、日产标准乳量 20 kg 乳牛的饲养标准

标准	饲料干物质/kg	产乳净能/MJ	粗蛋白质/g	食盐/g	钙/g	磷/g	胡萝卜素/mg
维持需要	6.56	37.57	488	15	30	22	53
产乳需要	8.0~9.0	62.80	1 700	24	90	60	—
合计	14.56~15.56	100.37	2 188	39	120	82	>53

其次，查出现有饲料原料的饲料成分及营养价值，见表 5-2-2。

表 5-2-2　饲料原料的营养价值

饲料原料	干物质/%	产乳净能/(MJ·kg⁻¹)	粗蛋白质/%	钙/%	磷/%	胡萝卜素/(mg·kg⁻¹)
青贮玉米	25.6	1.68	2.1	0.08	0.06	11.7
羊草干草	91.6	4.31	7.4	0.37	0.18	—
玉米籽实	88.4	7.16	8.6	0.08	0.21	—
小麦麸	88.6	6.03	14.0	0.18	0.78	—
大豆饼	90.6	8.29	43.0	0.32	0.50	—
脱胶骨粉	95.2	—	—	36.39	16.37	—
石粉	92.1	—	—	33.98		

然后进行初拟配方，根据乳牛的生理特点及饲养习惯，通常用粗饲料满足其维持营养需要，产乳营养需要靠混合精料来提供。因此应确定各种粗饲料的使用量：若为羊草干草 3 kg、青贮玉米 15 kg(对于乳牛来说，通常每 100 kg 体重饲喂干草 0.5~1 kg、青贮玉米 1.5~3 kg，两者具体比例取决于当地的饲料情况和乳牛的体况)，可提供的养分量见表 5-2-3。

表 5-2-3　粗饲料提供的养分含量

粗饲料	重量/kg	干物质/kg	产乳净能/MJ	粗蛋白质/g	钙/g	磷/g	食盐/g	胡萝卜素/mg
羊草干草	3	2.748	12.93	222	11.1	5.4	—	—
青贮玉米	15	3.840	25.20	315	12.0	9.0	—	175.5
合计	18	6.588	38.13	537	23.1	14.4	—	175.5
标准		14.56~15.56	100.37	2 188	120	82	39	>53
相差		−7.972~−8.972	−62.24	−1 651	−96.9	−67.6	−39	0

与饲养标准相比，不足的养分由精饲料玉米、小麦麸、大豆饼提供，其配比方法与单胃动物全价配合饲料一样。经过反复计算、对比、调整，首先满足能量、粗蛋白质的需要，其余指标最后用矿物质饲料补齐即可，各种饲料原料的配比结果见表 5-2-4。

表 5-2-4　乳牛饲料的组成

饲料原料	质量/kg	干物质/kg	产乳净能/MJ	粗蛋白质/g	钙/g	磷/g	食盐/g	胡萝卜素/mg
羊草干草	3	2.748	12.93	222	11.1	5.4	—	—
青贮玉米	15	3.840	25.20	315	12.0	9.0	—	175.5
玉米	4.5	3.978	32.22	387	3.6	9.45	—	—
大豆饼	2.35	2.129	19.48	1 010.5	7.52	11.75	—	—
小麦麸	1.8	1.595	10.85	252.0	3.24	14.04	—	—
脱胶骨粉	0.2	0.190	—	—	72.78	32.74	—	—
石粉	0.03	0.028	—	—	72.78	32.74	—	—
食盐	0.04	0.040	—	—	—	—	40	—
合计	26.92	14.548	100.68	2 186.5	120.43	82.38	40	175.5

最后列出体重 500 kg、日产乳量 20 kg 的成年乳牛设计全价饲料配方：羊草干草，3 kg/d；青贮玉米，15 kg/d；玉米，4.5 kg/d；大豆饼，2.35 kg/d；小麦麸，1.8 kg/d；脱胶骨粉，0.2 kg/d；石粉，0.03 kg/d；食盐，0.04 kg/d。

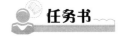 **任务书**

一、任务分组

填写任务分组信息表，见表 5-2-5。

表 5-2-5　任务分组信息表

任务名称			
小组名称		所属班级	
工作时间		指导教师	
团队成员	学号	岗位	职责
团队格言			
其他说明	分组任务实施过程中，各组内采用班组轮值制度，学生轮值担任不同岗位，确保每个人都有对接不同岗位的锻炼机会。在提升个人能力的同时，促进小组协作，培养学生团队合作和人际沟通的能力		

二、任务分析

饲料配方的方法比较多，一般分为两大类，即手算配方和计算机配方。手算配方多采用试差法（凑数法）、十字交叉法（对角线法）和代数法（联立方程法）。其中，试差法又称凑数法，是最基本和应用最普遍的一种计算配方的方法。它是以饲养标准的营养需要量为基础，根据经验初步拟出日粮各种组分的配比，以各种组分的各个营养素含量之和，分别与饲养标准的各个营养素的需要量相比较，出现的差额再用调整日粮配比的方法，直到满足营养需要量。本次任务实施应用试差法为体重为 60～90 kg 的瘦肉型生长肥育猪进行设计饲料配方。

三、任务实施

1. 确定饲料配方设计对象的营养水平

查阅《猪饲养标准》（NY/T 65—2004），为体重 60～90 kg 的瘦肉型生长肥育猪进行设计饲料配方，并填写表 5-2-6。

表 5-2-6　体重 60～90 kg 的瘦肉型生长猪的饲养标准

消化能/(MJ·kg⁻¹)	粗蛋白质/%	钙/%	磷/%	盐/%

2. 选择原料

只有各种养分达到表 5-2-6 中的饲养标准，才能满足 60～90 kg 的瘦肉型生长育肥猪的需要。本次配方设计主要选择玉米、高粱、小麦麸、豆饼、菜籽饼、玉米秸秆和贝壳粉，请查出有关饲料原料的营养成分，并填写表 5-2-7。

表 5-2-7　饲料原料的营养成分

饲料原料	消化能/(MJ·kg⁻¹)	粗蛋白质/%	钙/%	磷/%
玉米（北京）				
高粱				
小麦麸				
豆饼				
菜籽饼				
玉米秸秆				
贝壳粉				

3. 通过计算设计出原始配方

本次设计初步拟定玉米 55%、高粱 15%、小麦麸 11%、豆饼 8%、菜籽饼 5%、玉米秸秆 4.5%、贝壳粉 1%、食盐 0.%。请结合表 5-2-6、表 5-2-7，填写表 5-2-8。

表 5-2-8 初拟配方的计算过程

饲料原料	配比/%	消化能/(MJ·kg^{-1})	粗蛋白质/%	钙/%	磷/%
玉米(北京)					
高粱					
小麦麸					
豆饼					
菜籽饼					
玉米秸秆					
贝壳粉					
食盐					
合计					
与标准相差					
与标准比/%					

4. 配方调整

依据饲养标准,最终使配方中各养分合计与标准比不超过±5%。配方调制后填写表 5-2-9。

表 5-2-9 调制配方过程

饲料原料	配比/%	消化能/(MJ·kg^{-1})	粗蛋白质/%	钙/%	磷/%
玉米(北京)					
高粱					
小麦麸					
豆饼					
菜籽饼					
玉米秸秆					
贝壳粉					
食盐					
合计					
与标准相差					
与标准比(%)					

5. 完成饲料配方设计工作记录表

根据任务方案和任务分组信息表(表 5-2-5),明确各岗位(饲养标准查阅员、饲料原料营养成分查阅员、饲料配方设计员和信息录入员)职责,选出组长,组织各组员分工协作,将不同岗位的工作记录,填入饲料配方设计工作记录表(表 5-2-10)。

表 5 - 2 - 10　饲料配方设计工作记录表

岗位名称	岗位职责	工作记录	完成人
饲养标准查阅员	完成体重为 60～90 kg 的瘦肉型生长猪的饲养标准的查阅		
饲料原料营养成分查阅员	完成相关饲料原料营养成分的查阅		
饲料配方设计员	通过计算设计出原始配方		
信息录入员	记录各项检查项目结果，填写相关表格		
工作总结			

恭喜你已完成饲料配方设计任务的全过程实施。如果对于某些知识和技能要点仍有疑问，可扫码获取相应的微课资源。

饲料配方设计方法

四、任务评价

1. 小组自检

首先进行个人自检，即每名组员根据自己所在岗位，按照任务实施步骤进行复盘，并在下方空白处记录任务实施要点或关键数据。

个人自检记录：

完成个人自检的组员可以向组长提交任务完成审核申请。组长参照任务分组信息表（表 5 - 2 - 5），根据任务要求和实验室安全规范，进行组内检查，并组织开展组员间检查，填写组内检查记录表（表 5 - 2 - 11），完成组内检查。

表 5 - 2 - 11　组内检查记录表

任务名称			
小组名称		所属班级	
检查项目	问题记录	改进措施	完成时间
任务总结			
组员个人提出的建议		说明：如果本次任务组内检查中未提出建议，则不需要填写	
组员个人收到的建议		说明：如果本次任务组内检查中未收到建议，则不需要填写	

2. 提交验收

各任务小组完成组内检查后，将组内检查记录表提交至教师处。教师在各小组抽调学生组成任务验收组，针对各任务小组提交的材料进行验收，并指出各小组存在的问题，给予改进意见，并填写任务验收表（表5-2-12）。

表5-2-12　任务验收表

任务名称			
小组名称		验收组成员	
任务概况	问题记录	改进意见	验收结果(通过/撤回)
组员个人提出的验收建议		说明：如果未参加本任务验收工作，则不需要填写	
组员个人收到的验收建议		说明：如果本任务验收中未收到建议，则不需要填写	
完成时间			
是否上传资料			

3. 结果与评价

各小组根据验收意见进一步整改后，将任务相关材料上传至线上课程资源库，方便实时查阅。教师组织结果与评价会议，各小组展示任务完成结果（选一名组员介绍任务完成过程，可以配合任务完成过程中录制的视频或配合讲义、图片等辅助完成展示过程），教师组织完成组内自评、组间互评和教师评价，并填写任务考核评价表（表5-2-13）。

表5-2-13　任务考核评价表

评价项目	评价内容	分值	组内自评(20%)	组间互评(20%)	教师评价(40%)	第三方评价(20%)	总分
职业素养(40%)	工作态度积极	10					
	沟通能力良好，主动与他人合作	10					
	尽职尽责完成工作任务	10					
	做到节约饲料资源、降低饲料成本	10					

评价项目	评价内容	分值	组内自评 (20%)	组间互评 (20%)	教师评价 (40%)	第三方评价(20%)	总分
岗位技能 (50%)	根据客户需要进行饲料配方设计	10					
	依据营养需要选择饲料原料	15					
	熟练设计配方，计算结果准确	15					
	任务记录及时、准确，材料整理快速、完整	10					
创新拓展 (10%)	应用新技术（如发酵技术、纳米技术等）进行配方设计	10					

特色模块◎专业拓展

大型饲料厂主要应用专业的配方设计软件。中小型饲料厂和一些养殖场为了节约饲料生产成本、提高配方设计的效率与准确性，放弃手工配方设计，而采用计算机配方，主要采用 Microsoft Excel 的"规划求解"功能设计其配方。

Excel 设计方法

项目6 饲料的利用与畜禽养殖实用技能

知识框架

本项目以"新型饲料添加剂的使用"和"常用饲料的自制与利用"两个任务进行驱动，包含新型饲料添加剂的选用和注意事项、农家废弃物自制畜禽饲料的技术、不宜饲喂的10种饲料和米秸秆膨化微贮技术等畜禽养殖实用技能。此外，本项目设置"吉鹿通共享养殖专业合作社"和"'金玉良种'家庭农场建设"两个助农兴农项目，旨在发展种养结合，扩大家庭农场、养殖专业合作社等新型模式发展，助力为智慧农业、绿色农业发展。

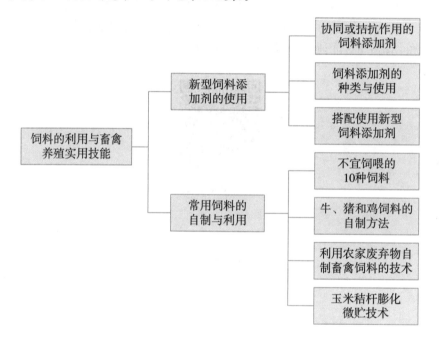

学习目标

知识目标

1. 掌握有协同或拮抗作用的饲料添加剂。

2. 掌握常见饲料添加剂的种类与使用。

3. 观察并分析成品饲料的添加剂使用情况，并提出改进措施。

4. 明确不宜饲喂的10种饲料。

5. 掌握牛、猪和鸡饲料的自制方法。

技能目标

1. 合理搭配使用新型饲料添加剂。
2. 掌握利用农家废弃物自制畜禽饲料的技术。
3. 掌握玉米秸秆膨化微贮技术。

素养目标

1. 厚植爱农情怀，锤炼兴农本领，将爱农助农，帮助农户增产增收做到实处。
2. 树立创新创业意识和专业服务意识。

⌨ 项目导入

党的二十大报告提出"构建全国统一大市场"，明确将食品安全纳入国家安全、公共安全统筹部署，要求"强化食品药品安全监管"。通过对红心鸭蛋事件的了解，我们切实感受到饲料安全直接影响肉蛋奶等动物食品安全，而添加剂的使用与饲料品质、安全性和适口性都有着密切的关系。

目前，吉林省四平市周边的多家养殖合作社和养殖农户，因为不了解市面上的饲料添加剂，在购买和自制饲料的过程中相继出现了畜禽养殖动物生病减产的现象。为帮助养殖户解决实际问题，将实用的饲料自制技术和创新养殖模式输送给养殖农户，助其增产增收，必须对新型饲料添加剂的种类和各自特点深入了解，合理搭配使用新型饲料添加剂，明确不宜饲喂的 10 种饲料，掌握牛、猪和鸡饲料的自制方法，掌握玉米秸秆膨化微贮技术，树立创新意识和服务意识，利用农家废弃物自制畜禽饲料，发展绿色农业生产。同时，通过"吉鹿通共享养殖专业合作社"和"'金玉良种'家庭农场建设"两个助农兴农项目，实现种养结合，实践新型农业发展模式，助力为智慧农业和现代化农业发展。

任务6.1　新型饲料添加剂的使用

🧰 任务描述

饲料添加剂是现代饲料工业必然使用的原料，对强化基础饲料营养价值，提高动物生产性能，保证动物健康，节省饲料成本，改善畜产品品质等方面有明显的效果。在饲料生产加工、使用过程中添加少量或微量的添加剂，就能达到显著的效果。目前，我国已批准使用的饲料添加剂品种有 220 多种。其中，国产制定标准的近 70 种，允许使用的药物添加剂 57 种。如何选择合适的添加剂搭配使用，在提升饲喂效果的同时，兼顾成本，确保饲料的安全性，已成为饲料厂研发部门的研究员所必备的能力。

研发任务所必需的创新性，要求研究员具备扎实的专业基础、丰富的专业视角、灵活的运用能力和缜密的逻辑思维能力，一张清晰的任务实施导图，往往能够发挥事半功倍的效果。新型饲料添加剂的使用任务的实施路径如图6-1-1所示。

图6-1-1　新型饲料添加剂的使用任务的实施路径

学习目标

1. 了解有协同或拮抗作用的饲料添加剂。
2. 掌握常见饲料添加剂的种类与使用。
3. 观察并分析成品饲料的添加剂使用情况，并提出改进措施。
4. 合理搭配使用新型饲料添加剂。

知识储备

一、有协同或拮抗作用的饲料添加剂

1. 有协同作用的饲料添加剂

通过扫码了解具有协同作用的饲料添加剂有哪些及其之间产生的协同作用。

有协同作用的饲料添加剂

2. 有拮抗作用的饲料添加剂

通过扫码了解具有拮抗作用的饲料添加剂的种类及其之间产生的拮抗作用。

有拮抗作用的饲料添加剂

二、我国饲料添加剂发展现状

通过扫码了解我国饲料添加剂发展现状。作为未来畜牧行业的从业者，为我国饲料添加剂的发展出谋献策，并把相应对策写在下面空白处。

三、新型饲料添加剂的种类、发展现状和作用

首先是能为养殖户增加经济效益的酶制剂，主要有淀粉酶、蛋白酶、脂肪酶、纤维素酶、植酸酶等。

我国饲料添加剂发展现状

而微生态制剂也是一类生物高新技术添加剂，常用的主要有乳酸杆菌属、链球菌属、双歧杆菌属、酵母菌、枯草芽孢杆菌和肠球菌等，可及时补充动物机体内部有益菌群；通过产生或合成溶菌酶或乳酸菌素等其他抗菌物质，抑制有害菌生长；在肠道内与有害菌竞争营养素；占据肠道位置阻止病原菌附着；刺激免疫系统，强化非特异性细胞免疫反应。研究证实，口服乳酸菌能提高干扰素和巨噬细胞的活性，从而提高动物免疫力；益生菌可净化肠内环境，减少氨及其他腐败物质的生成，维持其肠道菌群健康、平衡。

饲料的品质直接决定了动物的采食量和饲喂效果，如在养猪生产过程中，使用的一种促进瘦肉增长的添加剂——"瘦肉多"，这种品质改良添加剂，可提高胴体瘦肉率，改善猪肉品质，降低饲养成本。

由于饲料中某些成分暴露在空气中易被氧化，或在气温高、湿度大的环境中易于变质，人们会在饲料中添加脱霉剂和抗氧化剂，可有效地保护饲料品质，保证动物的采食量，防止造成霉菌中毒。目前危害谷物饲料的霉菌毒素主要有六种：黄曲霉毒素、呕吐毒素、烟曲霉毒素、赭曲霉毒素、T2毒素、玉米赤霉烯酮等。脱霉剂既要能抑制霉菌生长，又要要求无毒无害，且不影响饲料的适口性。因此，作为饲料脱霉剂，必须具备以下特点：具有较强的广谱抑菌效果；pH值低，能在低水分的饲料中释放出来；操作方便安全，无致癌、致畸作用，有效添加量不影响动物健康及饲料的适口性。

按照成分和脱霉原理的不同，市场上的脱霉剂可以分为七大类。

（1）矿物质类脱霉剂。以硅铝酸盐、蒙脱石为代表，通过矿物质的物理吸附原理，吸附部分的霉菌毒素，主要对小分子霉菌毒素如黄曲霉毒素的吸附力较强，对破坏畜禽繁殖系统和免疫系统危害最大的玉米赤霉烯酮、烟曲霉毒素和赭曲霉毒素等吸附力较弱，其吸附无选择性，同时会吸附大量的维生素和铜、铁、锰、锌等微量元素。由于成本较低，矿物质类脱霉剂在市场上应用比较普遍。这一类脱霉剂只能物理吸附部分霉菌毒素，霉菌毒素并没有消失，会随着粪便的排除残留在环境中，对牛群造成二度危害。

（2）酵母细胞壁类脱霉剂。酵母细胞壁中的甘露聚糖，通过化学作用吸附部分霉菌毒素，其对黄曲霉毒素的吸附力微弱于矿物质类脱霉剂，但对畜禽养殖危害最大的霉菌毒素如玉米赤霉烯酮、烟曲霉毒素和赭曲霉毒素等的吸附力是矿物质类脱霉剂的3～5倍，且基本上不吸附饲料中的微量元素和矿物质。但价格比较高，可被肠道内有益菌吸收利用，对霉菌毒素没有分解作用，不能解除畜禽已经产生的霉菌毒素中毒症状。

（3）防腐剂类脱霉剂。有效成分为丙酸钙、丙酸、山梨酸钾、苯甲酸、乙酸等，在饲料或原料贮藏过程中防止饲料发生霉变，对已经产生的霉菌毒素没有作用。一般应该由饲料厂来添加，养殖户在现用现配饲料时添加脱霉剂是没有什么意义的。

（4）分解酶类脱霉剂。有效成分为黄曲霉毒素分解酶等活性酶，有针对性的分解部分霉菌毒素，但酶活性不稳定，加工过程中易失活，且成本高。

（5）复合制剂类脱霉剂。由于单一成分的脱霉剂都只能吸附部分的霉菌毒素，于是市场上又出现了将矿物质、干露聚糖、霉菌毒素分解酶等进行复合，通过协同作用吸附尽可能多种类和数量的霉菌毒素。复合制剂类脱霉剂的效果明显优于单一成分的脱霉剂，可以有效减少霉菌毒素对牛群机体的侵害，但对已经产生的霉菌毒素中毒症状没有缓解和清除作用。

（6）新型生物脱霉剂。新型生物脱霉剂包括体外葡萄糖氧化酶直接抑制黄曲霉等多种霉菌。体内通过增进肝脏中微粒体的氧化作用，对霉菌毒素进行生物学转化，分解霉菌毒素，将毒素降解为无毒代谢物，被机体迅速排出。

（7）中草药制剂脱霉剂。中草药制剂通过提高动物肝脏本身对毒素的解毒能力来达到吸附霉菌毒素的作用。

中草药还可以作为抗氧化剂加入饲料之中，更好地防止饲料变质。如甘草、黄芪、山楂等中草药以其独特的抗寄生虫的作用机理，不易于产生抗药性和耐药性，并可长期添加使用等特点越来越受到人们的重视。中药宝库是中华儿女共同的财富，纷繁神秘的中草药世界等待着我们去发掘、传承和利用。

抗氧化剂包括抗坏血酸类、生育酚类等天然类物质，以及二丁基羟基甲苯、乙氧基喹啉等人工合成抗氧化剂。饲用抗氧化剂应具有高效、无毒、无异味、无异臭、成本低等特点。

除此之外，脱毒剂也是饲料之中必不可少的一种添加剂，如棉籽饼作为一种常见原料被添加到饲料之中，其中的棉酚如果出现超标，就会直接影响动物，出现食欲下降、体重减轻、腹泻、毛发脱落等现象，严重的甚至会导致动物心肌损伤，引起内脏充血和水肿，胸腔和腹腔体液浸出、出血而死亡。因此，需要在饲料之中添加硫酸亚铁、碱等脱毒剂去除棉酚。

最后，为防止畜禽排泄物的臭味污染环境，人们在饲料中添加0.5%~1%的硫酸亚铁作为防臭剂。而如薄荷或沙漠中生长的丝兰属植物体中也可提取某些具有特殊生理结构，对有害气体具有很强的吸附能力的物质，能抑制排泄物中有害物质的产生，降低其排放对环境的污染，改善动物的饲养环境，提高动物的生产性能，保持动物生产、自然环境、人类食品安全三方和谐，共同发展。

新型饲料添加剂

🧰 技能训练

饲料添加剂的品质检测技术包括以下五种。

1. 化学分析法

化学分析法是饲料添加剂品质检测技术中最常用的一种，具体可分为定性和定量两个不同层面的分析。其中，定性分析主要是鉴定饲料添加剂的元素，以及组成结构物质，确定是否含有有害物质。而定量分析相对比较复杂，需要对添加剂中的各组分含量进行逐一测定，确定是否存在含量超标的现象。

2. 感官分析法

顾名思义感官分析法即为利用人体的视觉和嗅觉等感官器官对饲料添加剂的外观、形态、味道等方面进行初步的判断。这种方法的优点在于操作简单，成本低，通常作为饲料添加剂样品检查的第一步检测。但其结果的准确率存在个体差异性，与检查人员的个体和经验息息相关。

3. 物理分析法

物理分析法主要就是利用饲料添加剂的某一特定的物理性质进行分析，比如硬度、粒度、熔点、质量等，从而对饲料添加剂的品质进行鉴定。

4. 生物检测法

生物检测法是近几年来比较新的一种检测方法，主要用于化学分析法无法检测的物质，现阶段比较常用的是生物检测法的免疫方法和聚合酶链式反应法。也可用于寄生虫、微生物的检测。

5. 仪器分析法

仪器分析法是指借助仪器，直接或者间接地利用一些物质的特性来进行检测，即通过仪器的各项功能，转化成可以直接感受到的物质成分和含量信息的分析方法。

在实际应用中，通常会将化学分析法与仪器分析法结合，从而达到扬长避短的效果，以此来获取最佳的检测效果。

 **任务书**

一、任务分组

填写任务分组信息表，见表 6 - 1 - 1。

表 6 - 1 - 1　任务分组信息表

任务名称			
小组名称		所属班级	
工作时间		指导教师	
团队成员	学号	岗位	职责
团队格言			
其他说明	分组任务实施过程中，各组内采用班组轮值制度，学生轮值担任不同岗位，确保每个人都有对接不同岗位的锻炼机会。在提升个人能力的同时，促进小组协作，培养学生团队合作和人际沟通的能力		

二、任务分析

1. 饲料添加剂的分类

本次任务需要掌握的饲料添加剂包括_____、_____、_____、_____、_____、_____、_____等不同种类。_____利用课程线上资源寻找收集资料，确定完成本次任务所需的知识、技能要点、材料和设备。

2. 所需知识和技能要点

本次任务所需的知识要点包括：

本次任务所需的技能要点包括：

3. 所需材料和设备

本次任务所需材料包括：

本次任务所需设备包括：

4. 常见饲料添加剂的筛选

通过查阅资料，结合所获知识和技能要点，根据不同饲料添加剂的使用情况和饲料厂的研发需要，确立本次任务的工作内容，并将具体信息填入表 6-1-2。

表 6-1-2　常见饲料添加剂的筛选工作内容记录表

常见饲料添加剂的筛选项目			
任务目标		人员信息	
饲料添加剂的采集			
名称	来源/类别	采集量/$(mg \cdot mL^{-1})$	完成时间

饲料添加剂的品质检查			
名称	检查项目	检查结果	完成时间

饲料添加剂的使用情况			
名称	使用情况	改进意见	完成时间

5. 新型饲料添加剂的试用

根据目前饲料厂添加剂的使用情况，已经无法满足新型饲料的设计与开发。为了研制适口性更好、成本更低、更加安全的饲料添加剂，结合养殖场实际情况，尝试引入几种新型饲料添加剂，勇于新型饲料的研发，并将具体信息填入表 6-1-3。

表 6-1-3 新型饲料添加剂的试用记录表

新型饲料添加剂的试用情况				
名称/用量	适口性	安全性	饲喂效果	问题与改进

使用人		完成时间	

三、任务实施

1. 设备和材料领取

根据任务方案，结合实验室实际情况，领取任务所需设备和材料，并填写表 6-1-4。

表 6-1-4　设备材料领取表

材料设备名称	规格/型号	数量	领取人

2. 完成饲料添加剂品质检查

根据任务方案和任务分组信息表（表 6-1-1），明确各岗位（表观检测员、化学分析员、生物检测员、仪器分析员和信息录入员）职责，选出组长，组织各组员分工协作，将不同岗位的工作记录填入表 6-1-5。

表 6-1-5　饲料添加剂品质检查工作记录表

岗位名称	岗位职责	工作记录	完成人
表观检测员	完成表观检查项目		
化学分析员	完成化学指标检测项目		
生物检测员	完成生物相关检测项目		
仪器分析员	利用仪器完成各指标检测		
信息录入员	记录各项检查项目结果，填写相关表格		
工作总结			

3. 完成饲料添加剂使用情况分析

根据任务方案和前期收集数据，结合养殖场实际情况，由组长分配任务，针对目前饲料厂的主要产品，分析饲料添加剂的使用情况，并将工作记录填入表 6-1-6。

表 6-1-6　饲料添加剂使用情况分析工作记录表

产品名称	工作记录	完成人
饲料添加剂使用种类		
饲料添加剂用量		
工作总结		
改进建议		

4. 新型饲料添加剂的评估与试用

根据已经完成的已有产品饲料添加剂使用情况分析，为了更好地研制出适口性好、成本低、安全、饲喂效果好的新型饲料产品，对熟悉的几种新型饲料添加剂进行评估，结合产品的实际情况，选择几种新型饲料添加剂进行试用，完成表6-1-7。

表6-1-7 新型饲料添加剂的评估与试用工作表

完成人	评估工作		试用工作	
	评估对象	评估结果	试用工作记录	注意事项
工作总结				

恭喜你已完成新型饲料添加剂的使用任务的全过程实施，学会了合理搭配使用饲料添加剂，在提升饲喂效果的同时，兼顾成本，确保饲料的安全性，具备了饲料厂研发部门的研究员的专业性和创新性。如果对于某些知识和技能要点仍有疑问，可自行查找资料，并完成本任务的相关习题，借助课程信息化资源（课程视频、课件、动画、文字资料）复习任务设计的关键知识点和技能点，寻找存在的问题，利用线上资源进行互动，寻求解决问题的方法并进行自检。

四、任务评价

1. 小组自检

首先进行个人自检，即每名组员根据自己所在岗位，按照任务实施步骤进行复盘，并在下方空白处记录任务实施要点或关键数据。

个人自检记录：

完成个人自检的组员可以向组长提交任务完成审核申请。组长参照任务分组信息表（表6-1-1），根据任务要求和实验室安全规范，进行组内检查，并组织开展组员间检查，填写组内检查记录表（表6-1-8），完成组内检查。

表6-1-8 组内检查记录表

任务名称				
小组名称			所属班级	
检查项目	问题记录		改进措施	完成时间
任务总结				
组员个人提出的建议		说明：如果本次任务组内检查中未提出建议，则不需要填写		
组员个人收到的建议		说明：如果本次任务组内检查中未收到建议，则不需要填写		

2. 提交验收

各任务小组完成组内检查后，将组内检查记录表提交至教师处。教师在各小组抽调学生组成任务验收组，针对各任务小组提交的材料进行验收，并指出各小组存在的问题，给予改进意见，并填写任务验收表（表 6-1-9）。

表 6-1-9　任务验收表

任务名称			
小组名称		验收组成员	
任务概况	问题记录	改进意见	验收结果（通过/撤回）
组员个人提出的验收建议		说明：如果未参加本任务验收工作，则不需要填写	
组员个人收到的验收建议		说明：如果本任务验收中未收到建议，则不需要填写	
完成时间			
是否上传资料			

3. 结果与评价

各小组根据验收意见进一步整改后，将任务相关材料上传至线上课程资源库，方便实时查阅。教师组织结果与评价会议，各小组展示任务完成结果（选一名组员介绍任务完成过程，可以配合任务完成过程中录制的视频或配合讲义、图片等辅助完成展示过程），教师组织完成组内自评、组间互评和教师评价，并填写任务考核评价表（表 6-1-10）。

表 6-1-10　任务考核评价表

评价项目	评价内容	分值	组内自评（20%）	组间互评（20%）	教师评价（40%）	第三方评价（20%）	总分
职业素养（40%）	具有创新意识和创业意识	10					
	团队意识强，互相学习，交流沟通能力	10					
	拥有"三农情怀"，爱岗敬业，爱农、助农的服务意识	10					
	具有安全意识，遵守行业规范和现场6S标准	10					
岗位技能（50%）	分析成品饲料的添加剂使用情况，并提出改进措施	20					
	常见饲料添加剂的种类与区别	20					
	合理搭配使用新型饲料添加剂	10					
创新拓展（10%）	运用绿色农业发展模式	5					
	设计家庭农场建设计划	5					

4. 反思与改进

通过新型饲料添加剂的使用任务的方案设计和实施，对所学知识和技能等收获进行归纳总结，并记录在下面空白处。

任务总结：

登录线上开放课程，完成本次任务的相关习题，借助课程信息化资源（课程视频、课件、动画、文字资料）复习任务设计的关键知识点和技能点，寻找存在的问题，利用线上资源进行互动，寻求解决问题的方法，并将相关内容记录在下面空白处。

存在问题：

解决方法：

1. "畜"势待发的绿色无抗养殖模式

通过任务的完成，我们较全面地了解了动物饲料的各类原料和添加剂，其中抗生素作为一种特殊的添加剂常被应用到动物饲料之中。我们不可否定，抗生素在高密度、集约化养殖过程中具有一定的积极作用，部分抗生素还具有促生长作用。但是，抗生素的盲目使用也带来了细菌耐药性增强、畜禽产品抗生素残留超标等不可忽视的消极影响。

养殖业过分依赖抗生素、激素，以及其他外源性药物，会导致这些药物通过畜产品将残留污染物质转移到人体，对人类健康造成重大安全隐患；同时，药物还可通过畜禽体、排泄物对生态环境造成严重的破坏。所以，抗生素在饲料中的使用已经成为全球农牧业和人类医学日益关注的公共卫生问题。

据世界卫生组织2014《抗菌素耐药：全球监测报告》，全球每年有70万人死于"超级细菌"感染，其中包括23万新生儿，到2050年，抗生素耐药每年将会导致1 000万人死亡，其中中国将占据100万。我们中的任何一个人都有可能成为抗生素耐药的牺牲者。

民以食为天，食以安为先。随着我国人民生活从"求生存"到"求生态"、从"盼温饱"到"盼环保"的转变，群众对农产品的要求也从"有没有"向"好不好""安不安全"转变。

故此，党的十九大报告中明确提出，"推进绿色发展""实施食品安全战略，让人民吃得放心"。这为现代畜牧业发展指明了方向。那么，如何才能既取代抗生素使用，又保证畜禽产量和质量？

从2020年1月1日起，国家就不允许添加药物饲料添加剂了，对于营养饲料的投入品来说，我们主要做的就是更加健康地提高动物的免疫力和抗病力，促进动物健康成长。在畜禽养殖过程中运用中草药添加剂及生物饲料做替抗，取缔抗生素。通过配套技术，促进牲畜健康产业，让百姓吃上放心肉。

2020年是抗生素时代和无抗时代的分水岭，按照农业农村部第194号公告：2020年7月1日起全面禁止促生长药物饲料添加剂。这是我国《遏制细菌耐药国家行动计划(2016—2020年)》和《全国遏制动物源细菌耐药行动计划(2017—2020年)》的重要措施。所谓无抗饲养或无抗养殖是指在做好疫苗接种、生物安全、优良饲养环境，如合理的生产布局，以及适宜的温度、湿度、通风、饲养密度等条件下，养殖的过程中不使用抗生素等药物作为促生长保健剂的一种清洁饲养方式。

无抗养殖又分为阶段无抗饲养和全程无抗饲养。阶段无抗饲养是指在动物幼龄阶段使用抗生素等促生长保健剂，而在饲养的中后期不使用抗生素，包括饲料、养殖环境、饮水等都不能有抗生素污染，而且动物食品中也不得含有抗生素残留。这种无抗不是完全的无抗饲养。比如对发病的动物进行隔离饲养、用药，然后经过规定的停药期，产品仍有可能达到抗生素零残留。

而全程无抗饲养是指从出生后到上市的整个饲养过程中，任何环节都不使用抗生素，从而实现畜禽产品抗生素零残留。

在农业农村部实施饲料禁抗令后，养殖企业普遍采用的做法是在停药期之前尽可能减量使用抗生素等，然后按停药期规定饲养。这虽然相比禁令之前用药少些，但距离全程无抗饲养还有较大差距。而国内还没有形成畜禽无抗饲料饲养技术。而国外的无抗饲养技术，并不适合我国复杂的环境和没有疫病净化的饲养情况。所以目前国内，"无抗"一词已经成为畜牧行业研究的热词。

吉林省作为农业大省，也把无抗肉示范试点工作与创建无抗品牌、发展无抗产业同步研究、同步设计。

无抗之路任重而道远。推广无抗养殖，既是政治责任，也是社会担当。作为农牧行业的从业者，一定要积极学习先进的无抗养殖技术，为"畜"势待发的绿色无抗畜禽养殖业做出自己应有的贡献。

吉林省无抗养殖的
发展状况

2. 建造"无疫小区"——阳光猪舍健康养殖模式

在合作养殖场完成新型饲料添加剂使用前后的饲喂效果分析任务，全面了解了包括养殖场布局、加工生产及原料与产品检测等方面的基本情况，也发现了养殖场存在管理粗放、设备传统单一等问题。

然而，随着我国社会经济的不断发展和人民的生活水平逐步提高，人们对食品质量要求也越来越高，同时也对生猪生产管理提出新的更高的要求。但我国大部分地区生猪养殖模式与这一要求极不匹配。

目前，我国在养猪生产中所占比重较大的中小养猪场（户），在全封闭猪舍建设、舍内设施配置及饲养管理上都无法满足人民日益增长的对优质猪肉的需求。

在饲养中经常会出现舍内通风不良、空气混浊、湿度较大等问题，尤其是我国北方地区冬季寒冷，猪舍内昼夜温差较大，猪很容易得病，造成一年养猪半年病，甚至出现猪只死亡率过高的不良状况，使养猪效益大大受损。

因此，自2013年阳光猪舍健康养殖模式被辽宁省财政厅列入中央财政农业科技推广示范项目，先后在辽宁省大面积推广。

"生容享"阳光猪肉现已成功注册辽宁品牌；同时，以优质、无药残的阳光粪肥为主导的阳光草莓、阳光大米等种养结合探索也卓有成效。

在此前提下，辽宁省畜牧业生态建设中心派技术人员就阳光猪舍建设情况及使用效果、阳光猪肉品牌建设、阳光系列全产业链发展等情况在辽宁省开展调研。

阳光猪舍是一种可充分利用太阳能进行养猪生产的猪舍，在传统塑料暖棚养殖模式的基础上进行了第二次的升级换代，能很好地调控猪舍内温度，起到防寒保暖的作用，降低猪的发病率，提高育肥猪的生长速度，增加养猪的经济效益。

建造阳光猪舍的采光材料为阳光瓦和阳光板等新型采光材料，其透光率≥70%，且猪舍均为南北方向位，东西走向，跨度大（一般为7～12 m），建造时充分考虑阳光猪舍的入射角、太阳高度、屋面角、投射角，所以阳光猪舍的透光性很好，能够有效提高猪舍温度。

此外，阳光中的紫外线能对猪舍内进行消毒杀菌，使养猪环境更优化，促进生猪更好地生长发育、加强其机体组织的代谢、提高对传染病的抵抗力和不同气候的适应性。而其舍内专属配套包含：猪舍电地热，可提高猪舍及猪的体感温度，可降低猪腹泻等发病率。地窗、天窗、通风带，可通风换气、排出舍内有害气体等。正压通风机，可辅助通风设备。卷帘机、卷帘被，起到冬季保温和夏季遮阳的作用。增效料槽，可增加采食率，减少饲料浪费。可调节饮水器，能够根据猪的体温来进行调节的饮水设施，可充分满足猪对饮水的需求。而喷淋设施，用于高温天气舍内的降温。这样一来，就可以在日常管理中实现对阳光猪舍内环境的有效控制，给猪提供优于传统封闭猪舍的生存环境。

（扫码可获取"猪舍健康养殖模式的优势与发展"相关资料）

阳光猪舍养殖模式立足的健康养殖、无抗养殖的出发点，符合国家发展理念；在养殖过程中表现出的优势，能够解决当下困扰中小规模养猪场的技术难题，对大型养猪场也值得借鉴；利用模式生产出的猪肉品质佳，种养结合的农产品质量好，符合国家农业供给侧结构性改革的大背景，符合人们对食品安全的关注和要求，符合生态环境的平衡发展，符合农民增产增收的期望，也符合农牧行业绿色健康的发展需要。所以，在未来，阳光猪舍养殖必将拥有更大的舞台、更广阔的应用前景。

猪舍健康养殖模式
的优势与发展

"无疫小区"——阳光猪舍
健康养殖模式

了解了两种新型的养殖模式，也体会到了科技发展为畜牧生产带来的绿色化、可持续化、信息化的革命式改变。为了更好地践行党的二十大报告中提出的"全面推进乡村振兴，坚持农业农村优先发展，加快建设农业强国，强化农业科技和装备支撑"的要求，将绿色种养循环农业作为推动畜牧业和种植业绿色高质量发展的现实需求，推动绿色种养循环农业深入发展，提升优势农产品品质，促进绿色农业高质量发展。我们一起来完成助农项目的拓展任务。

助农项目◎拓展任务

助农项目——"金玉良种"家庭农场建设，具体介绍如下。

本项目针对吉林省农业发展现状和计划实施的实际情况，结合农业发展领域相关企业，尤其是畜牧养殖和特色经济作物种植两个行业的企业，校企合作将资源最大化利用，通过"探索建立家庭农场管理服务制度""完善家庭农场的相关扶持政策""强化面向家庭农场的社会化服务""提供家庭农场人才支撑"等方面的研究，建立以黄金玉米带为基础的"金玉良种"家庭农场示范模式，寻求更加适应吉林省"乡村振兴战略"发展的新途径，更好地促进吉林省特色农业发展。

案例："金玉良种"
家庭农场建设项目
策划书

拓展任务收获：

任务 6.2　常用饲料的自制与利用

任务描述

党的二十大报告对农业生产提出了新的要求，"坚持农业农村优先发展，巩固拓展脱贫攻坚成果。"经过长时间与帮扶养殖农户的交流和实践，了解到目前制约小型养殖农户发展的两大难题包括饲料紧缺，导致养殖成本居高不下；饲料的废弃物再利用不足，造成巨大浪费。所以，养殖农户迫切需要能够将废弃物收集、加工成畜禽饲料，能够变废为宝的技术。这种简单易学的技术不仅能够扩大饲料来源，降低养殖成本，提高养殖效益，还能减少废物的处理成本，同时降低对环境的污染和破坏。而常用饲料的自制也作为本教材特色助农技术，旨在将实用、高效、简易的饲料加工技术输送给养殖农户，实践秸秆变肉工程，发展绿色生态养殖，践行党的二十大报告中"必须牢固树立和践行绿水青山就是金山银山的理念，站在人与自然和谐共生的高度谋划发展"的指导思想。

清晰的思路可以有效提升任务的实施成效，达到事半功倍的效果。需要掌握废弃物的利用方法、规避不能饲喂的饲料、掌握畜禽饲料的自制方法和关键技术。而对于常用饲料的自制与利用的实施路径如图 6-2-1 所示。

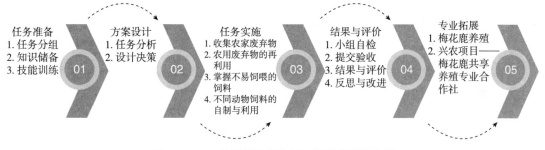

图 6-2-1　常用饲料的自制与利用的实施路径

学习目标

1. 掌握利用农家废弃物自制畜禽饲料的技术。

2. 明确不宜饲喂的 10 种饲料。

3. 掌握牛、猪和鸡饲料的自制方法。

4. 掌握玉米秸秆膨化微贮技术。

知识储备

一、常见农家废弃物的处理与利用

1. 菌糠饲料

人工栽培食用菌时，每 100 kg 培养料可剩余 60 kg 菌糠，可作为很好的猪饲料。其加工方法如下：首先，将菌糠中的霉变料清除，选用菌丝多而粗白、菇味浓的糠块，晒干后粉碎即可。在饲喂前每 100 kg 菌糠需要加入 40 kg 的米糠，并用适量水搅拌均匀，放入缸内发酵 1~2 d，待有香味时方可饲喂。

2. 禽畜类粪便

鸡、牛、羊的粪便之中含有丰富的有机和无机营养物质，可以很好地进行利用。例如，收集一头牛 1 d 所排的粪便，加入糠麸 15 kg、小麦粉 2.5 kg、酒曲 3.5 kg，用水调成半干半湿状，装入缸中或塑料袋内压实封口，在 26 ℃ 的温度下，发酵 1~2 d，呈黄色并微带酒香味时，再与 35 kg 饲料混合，可供 700~800 只鸡食用 1 d。再如，收集 350~400 只鸡 1 d 所排粪便，加入糠麸、小麦粉酒曲各 2.5 kg，也用上述方法发酵，待鸡粪呈黄绿色、无臭味时，再加入饲料粮 25 kg、青饲料 15 kg，可供 30~40 头猪饲喂 1 d。也可以把鸡、牛、羊粪便晒干或脱水，把干粪便粉碎后直接饲喂。而兔粪便中含有粗蛋白质 18.7%、脂肪 4.3%、灰分 2%，是猪的好饲料。可将兔粪便晒干粉碎后，按比例掺入饲料中投喂；也可将晒干或脱水的兔粪便用水浸泡、软化后拌入饲料中投喂，还可以尝试将当天新鲜兔粪便拌料投喂，每日喂小猪 0~2 kg，喂架子猪 0.3 kg，喂大猪 0.5 kg。

3. 玉米芯饲料

玉米芯含粗蛋白质 2.2%、粗脂肪 0.4%、粗纤维 29.7%，还含有丰富的矿物质、维生素及微量元素。将其晒干、粉碎成粉末状，加水浸泡，使之软化，按猪日粮的 5%~8% 拌入饲料中饲喂。

4. 向日葵残渣饲料

向日葵残渣包括花盘、秸秆、籽壳等，粉碎后可作为饲料。其喂量占猪日粮 30% 时，平均日增重 0.4 kg。用 2 kg 向日葵残渣代替 1 kg 粉料喂奶牛，日产乳量相同，但乳脂含量明显提高。

5. 果皮、壳、仁饲料

多数果皮、壳、仁均可用来喂养畜禽，如西瓜皮切碎后可喂猪、鸡、鹅、鸭，日喂量可占 30%，具有泻火去毒作用，有利于畜禽正常生长，而柑橘、甜橙等的皮晒干粉碎后，不仅是很好的饲料，还是泻火消毒的良药。

6. 煤灰饲料

煤灰中含钙 1%、钾 1.8%、磷 0.06%、钠 0.27%、镁 0.16%、铁 2%，以及铜、锌、锰等元素，这些都是畜禽生长所必需的矿物质。将充分燃烧后的煤灰粉碎过筛，按畜禽日粮 1%~3% 的比例拌入饲料中或撒在槽内让猪、鸡自由采食。

7. 泥炭饲料

水泡子、草甸子里面的泥炭含有丰富的有机质，是上等畜禽饲料。可以把含腐殖酸较多的泥炭晒干后粉碎，按 20% 比例添加到其他饲料中。

8. 烟梗饲料

烟梗中含有丰富的蛋白质、脂肪和微量元素。制法：把烟梗切碎、晒干后粉碎，按 10% 的比例加饲料中。

9. 锯木屑

利用水蒸气和催化剂把锯末经过高压处理，使纤维素水解成淀粉质和糖类，就成饲料。也可用发酵法制作，取无杂质的锯木屑 70 kg、米糠或麸皮 30 kg、发酵面团 0.2 kg、食盐 0.2 kg、水 50～60 kg，拌匀至半干半湿状，然后将其装入木桶或水泥池内压实，将顶部盖严，经发酵 1～2 d，当原料松散有酒香味或甜咸味时即可饲用，按猪日粮的 20%～30%、鸡鸭日粮的 20% 掺入饲料中饲喂。

10. 杂骨

杂骨含有丰富的钙和磷，是畜禽的优质矿物质饲料。将各种动物杂骨放入锅内，加草木灰水（按 10 kg 加 2.5 kg 草木灰配制）蒸煮，边煮边舀出上面的油和骨胶，并不断加入草木灰水，直到水面上基本没有油时，将骨头捞出晒干后，再进行粉碎过筛，即成面骨粉。也可将杂骨放入家庭做饭用的蒸锅内，连续蒸 6～12 h，如用高压锅，只需 2～4 h，便可脱出骨胶和脂肪，然后将骨头晒干、粉碎即可。用时按畜禽需要量添加到饲料中拌匀饲喂。

11. 松叶饲料

松叶含有蛋白质、脂肪和多种维生素及各种微量元素。制法：把收集起来的松叶去掉木梗，放入锅内加热烘干，然后粉碎，按 5% 的比例加入其他饲料饲喂。

此外，像豆腐渣、粉渣等副产品，都含有丰富的钙和磷及各种功能纤维，都是无须加工而直接可用作精、粗饲料的有用物质。

二、不宜饲喂的 10 种饲料

1. 玉米苗和高粱苗

这是指玉米和高粱的小苗或玉米和高粱的二茬苗，这些幼苗含有大量的氰苷糖苷，牛摄入后氰苷糖苷会通过酯解酶和瘤胃发酵作用产生有毒的氢氰酸，使牛出现中毒。牛氢氰酸中毒一般多为急性，快者 30 min 内便可出现死亡。

2. 玉米软皮

玉米在采收过后会留下不少的软皮，这种软皮带有甜味，牛很喜欢吃，但是软皮中含有大量粗纤维且韧性特别强，非常不好咀嚼和消化，牛采食后容易在瓣胃聚积，造成阻塞，长时间滞留在瓣胃内会出现发酵、腐败、产气等，还会产生大量有毒物质，若不及时救治会使牛中毒而亡。

3. 新玉米

新玉米中含有大量难以消化的抗性淀粉（大分子多糖），牛吃了新玉米后会引起消化不良，造成饲料利用率差、腹泻，腹泻主要是因为大肠杆菌利用产生毒素，要想用新玉米喂牛，应在脱粒晾干后存放至少一个月以上，进行二次成熟（也称淀粉化过程）之后方可喂牛。

4. 烫熟玉米面

牛的消化系统跟一般的动物不同，对于很多熟料的消化、吸收和利用不是很好。玉米面用开水烫熟之后会整块粘连在一起，牛吃了以后会在瘤胃里迅速发酵，严重的产生酸，致使牛瘤胃 pH 值升高，久而久之不但不利于牛的健康，而且浪费了大量的精饲料。如果想喂熟的玉米，可以用蒸气压片玉米来进行饲喂。

5. 半干不湿的红薯秧、豌豆秧及豆角秧

其中含有大量粗纤维，韧性比玉米软皮还强，难以咀嚼和消化，牛吃了后会造成瘤胃积食，不及时治疗患牛便会卧地不起衰竭而亡或酸中毒而死亡。

6. 霉变饲料

发霉是因为饲料储存方法不当。尤其是在阴雨天气，气温高，空气湿度大，特别适合霉菌的生长繁殖，导致饲料发霉变质。牛在大量采食这样的霉变饲料以后，常常会霉菌毒素中毒，出现急性胃肠炎和神经紊乱等症状，采食霉变饲料的数量越多、时间越长，中毒的情况就越严重。因此，要注意饲料的存放，一旦发现饲料霉变，不要饲喂给牛。

7. 短时间内喷洒过农药的牧草

刚刚喷洒过农药的牧草严禁喂牛，以防农药引起中毒。给农作物、树木和果园喷洒农药时，其田间、林间和园间的杂草万万不可喂牛，否则极易引起牛中毒。

8. 猪、肉鸡的饲料

猪、肉鸡的饲料中添加有大量未被保护的脂肪，饲喂以后会使牛采食量和纤维素消化率下降，极易引起胀气、胃膨胀。牛饲料中添加大量的瘤胃调控剂、瘤胃缓冲剂，而猪、鸡饲料中这些成分则没有，长期使用会导致瘤胃酸度过高，影响牛的食欲，影响生长。总之，如果长期饲喂猪、鸡饲料有可能会造成牛慢性中毒、腿软、不能站立、不拉架子、胃消化不良、后期生长速度慢，牛吃后还会出现烦躁不安、跳栏等不良现象。

9. 露水草

秋季的清晨和傍晚草叶上常挂满露水珠，牛吃了这种草会引发瘤胃臌胀病。所以秋季牧牛早晨要等太阳升高，露水消失后出牧，傍晚要在露水出现前回牧。

10. 霜打的蓖麻叶及茎

深秋季节被霜打的蓖麻叶及茎中含有一种叫作蓖麻碱的毒素，牛吃了后很容易发生中毒。

三、猪饲料的自制方法

在养猪饲喂管理上，常用的喂法有生料湿喂法、熟料稀喂法和干料干喂法三种方法。

1. 生料湿喂法

生料湿喂法即是在喂猪前，把粉碎的玉米、麦麸和其他饲料，按合适比例搭配好，然后就是把料和水按比例搅拌均匀，最适宜的比例是1∶1，不可超过1∶2，拌成的饲料，要以手握成团、放开即散为宜。饲喂前，可提前浸泡饲料，因为湿料易变质，必须现喂现拌，保持新鲜，增加饲料适口性的同时，刺激猪的唾液和胃液分泌，促进消化、吸收，提高饲料的饲喂效果。生料湿喂法可避免干饲料对肠壁形态学的破坏，提供养分的同时提供了水分，处理方法省钱、省工、省设备，可有效降低养猪成本；但生料湿喂法也因为水分过多，对猪的生理功能不利，如吃进胃内的饲料得不到相互摩擦而影响消化、吸收，胃液和唾液被冲淡，不能充分发挥酶的作用，降低了饲料营养的利用率。且必须现喂现配，否则容易发酸、霉变、滋生病菌，影响猪的健康。

此外，对于北方饲养农户，湿料在寒冬易结冰，使固定式食槽洗涤困难，不适用于大型养殖场。

2. 熟料稀喂法

熟料稀喂法是指把饲料煮熟后，再用水兑成粥状喂猪。此法，普遍应用于偏僻农村，其优点在于，饲料经过煮熟后粗纤维软化，在一定程度提高了粗饲料的消化率。饲料体积缩小，间接增加了猪的采食量，而熟化过程具有杀灭细菌和寄生虫卵的作用。但如玉米、大麦、麸皮等饲料的营养价值经过熟化后会降低10％左右，许多维生素也会遭到破坏，如果处理不当，还会引起亚硝酸盐中毒，消耗燃料，污染环境，不利于绿色养殖发展，而设备和燃料的消耗也会增加养猪成本。

3. 干料干喂法

干料干喂法是把粉碎的精粗料按比例混合均匀后，放入自动食槽内，让猪自由采食，可每天定时、定量加料，另设水管，自由饮水。饲料不需要调制，只需定时、定量地把配好的混合粉料加在食槽中，平时加喂些青饲料，及时打扫圈舍卫生即可。猪自由采食，不受人为影响，可进一步促进猪的生长发育，提高猪的日增重。大规模饲养时便于机械化送料。但存在采食速度变慢、适口性差、对胃有损伤、干料粉尘大，容易刺激呼吸道等缺点。

四、牛饲料的自制方法

能量饲料主要是玉米、高粱、大麦等，占精饲料的60％～70％。蛋白质饲料主要包括豆饼（粕）、棉籽（粕）、花生饼等，占精饲料的20％～25％。矿物质饲料包括骨粉、食盐、小苏打、微量（常量）元素、维生素添加剂。微量（常量）元素、维生素添加剂一般不能自己配制，需要从正规生产厂家购买，为防止各种微量元素对各种维生素的破坏，微量元素与维生素要先分开，再用配方中的少量玉米分别粉碎，然后对它们实行逐级稀释。方法是先将少量基础粉料加到被粉碎的添加剂中，并搅拌均匀；再加基础粉料，搅拌均匀，直到分3～4次加完基础粉料并搅匀，方可饲喂。

1. 犊牛饲料的自制方法

犊牛饲料应用含粗蛋白16％～8％、粗脂肪20％、粗纤维3％～5％、钙0.6％、磷

0.4%的配合饲料。其参考配方如下。

（1）玉米50%、麸皮12%、豆饼30%、鱼粉5%、骨粉1%、碳酸钙1%、食盐1%，早期补饲上述犊牛料和优质青饲料，1～6月龄平均日增重600 g以上。

（2）玉米48%、豆饼19%、麸皮29%、牡蛎粉2.5%、食盐1.5%，日采食1.25 kg，鲜奶（含干物质12.3%)5.3 kg，喂150 d，外加秋白草、青贮玉米，自由采食，6月龄内平均日增重600 g，12月龄体重273 kg，18月龄体重360 kg。

（3）豆饼40%、玉米22%、高粱20%、麸皮15%、牡蛎粉2%、食盐1%，日喂2 kg，鲜奶5.67 kg，喂90 d，外加秋白草、青贮玉米自由采食，6月龄内平均日增重549 g，12月龄体重268 kg，18月龄体重300 kg。

（4）玉米25%、麸皮25%、麦粉5%、豆麸40%、贝壳粉3%、食盐2%，1～6月龄喂奶量300 kg，后期渐渐由上述配合料代替，平均日增重725 g。

（5）玉米35%、麸皮22%、高粱5%、豆饼35%、骨粉1%、碳酸钙1%、食盐1%，1～6月龄除喂本料287.6 kg以外，初期喂奶133 kg，平均日增重680 g。

2. 妊娠母牛饲料的自制方法

妊娠母牛应以青粗料为主。怀孕后期禁喂棉籽饼、菜籽饼、酒糟等饲料，变质、腐败、冰冻的饲料不能饲喂，以防引起流产。母牛怀孕3月龄后，胎儿发育逐渐增快，应逐渐增加精料的饲喂量，可用黄豆40%、玉米30%、大麦20%、小麦10%，用温水浸泡6～8 h，磨成浆，再添加相当于黄豆等饲料总量10%～15%豆饼、5%～8%糠麸、1%食盐、3%～5%骨粉，每天给孕牛补喂2～3次，每次喂给混合精料0.5～2 kg，青年母牛还应适当地增加精料喂量。母牛怀孕6月龄后，孕牛喂料的总容积不宜过大，应少喂勤添。

3. 育肥牛饲料的自制方法

饲料不宜过多，需要按生长情况进行调节，能量饲料主要是玉米、高粱、大麦等，占精饲料的60%～70%。蛋白质饲料主要包括豆饼（粕）、棉籽（粕）、花生饼等，占精饲料的20%～25%。矿物质饲料包括骨粉、食盐、小苏打、微量（常量）元素、维生素添加剂，一般占精饲料量的3%～5%。青年牛育肥骨粉添加量占精饲料量的2%左右，架子牛育肥占0.5%～1%。体重300 kg以下饲料配方为每头牛日干物质采食量均为7.2 kg，预计日增重均为900 g，如黄玉米17.1%、棉籽饼19.7%、鸡粪8.2%、玉米青贮（带穗)17.1%、小麦秸36.6%、食盐0.3%、石粉1.0%；体重300～400 kg饲料配方为每头牛日干物质采食量均为8.5 kg，预计日增重均为1 100 g，如黄玉米10.4%、棉籽饼32.2%、鸡粪4.1%、玉米秸9.1%、玉米青贮（带穗)13.4%、白酒糟30.0%、石粉0.5%、食盐0.3%；体重300～400 kg饲料配方为每头牛日干物质采食量均为8.5 kg，预计日增重均为1 100 g，如黄玉米10.4%、棉籽饼32.2%、鸡粪4.1%、玉米秸9.1%、玉米青贮（带穗)13.4%、白酒糟30.0%、石粉0.5%、食盐0.3%，体重500 kg以上饲料配方为每头牛日干物质采食量10.4 kg，预计日增重均为1 100 g，如黄玉米42.6%、大麦粉5.0%、杂草7.0%、玉米青贮（带穗)28.5%、苜蓿草粉11.5%、食盐0.4%、白酒糟5%。

五、鸡饲料的自制方法

1. 雏鸡(1～60 d)配方

(1)玉米 62%、麸皮 10%、豆饼 17%、鱼粉 9%、骨粉 2%。

(2)玉米 60%、麸皮 10%、豆饼 22%、鱼粉 6%、骨粉 2%。

2. 年鸡(61～20 d)配方

(1)玉米 55%、麸皮 20%、豆饼 7%、棉籽饼 5%、菜籽饼 5%、鱼粉 5%、骨粉 2%、贝粉 1%。

(2)玉米 66%、豆饼 18%、葵花籽粕 11%、鱼粉 3%、骨粉 1.5%、食盐 0.5%。

3. 产蛋期饲料配方

(1)玉米 56%、杂粮 10%、麸皮 6%、豆饼 17%、鱼粉 5%、贝粉 3%、清子 3%(甲硫氨酸 0.1%、食盐 0.4%)。

(2)玉米 68%、麸皮 6%、豆饼 8%、鱼粉 10%、骨粉 2%、贝粉 6%。

🧰 技能训练

一、玉米秸秆膨化微贮技术

玉米秸秆作为肉牛的主要粗饲料资源,利用方式多以粉碎后直接饲喂为主,品质差、利用率低。玉米秸秆膨化微贮技术主要是通过机械挤压将玉米秸秆在高温、高压下形成喷放膨化,使秸秆纤维素、半纤维素与木质素分离,蜡质膜破碎,使细胞中可消化的养分充分释放出来。再将膨化的秸秆加入益生菌进行厌氧发酵,形成柔软细嫩适口性好、易消化吸收的粗饲料。其工艺流程如下。

(1)秸秆切碎。用铡草机将玉米秸秆切成 3～5 cm 长度。

(2)膨化。送到膨化机进行膨化处理,操作过程要适当加水。

(3)加菌。膨化后的秸秆含水量控制在 60%～75%。将每袋约 500 g 发酵菌剂倒入桶中,按 1:10 比例加入清洁的水,水温在 40 ℃左右,搅拌均匀后配成 5 L 的菌液。将每升菌液均匀地回注到 1 t 秸秆中。

(4)打捆。把加有菌液的秸秆打成捆。注意在打捆过程中秸秆含水量不宜过大,避免水分被挤压流出,损失营养成分。

(5)包膜。选用专用高品质包裹膜给秸秆捆包膜,包膜要缠绕 4 层以上。

(6)发酵。运至成品库发酵,冬季在适宜的温度下发酵 60 d 以上,其余季节发酵 30 d 以上即可使用。

玉米秸秆膨化微贮技术解决了常规玉米秸秆饲料利用存在的运输难、储存难、营养价值低、饲用品质差、适口性差、消化利用率低等诸多制约性难题。该技术成熟度高、实用性强,能够切实有效推动秸秆畜牧业高效快速发展,创造出良好的经济效益、社会效益和生态效益。

二、菌酶协同发酵技术

菌酶协同发酵是将秸秆在饲用微生物发酵工艺的处理下，再添加一定量的酶进行协同发酵，在微生物发酵和酶解双重作用下，将秸秆原料中的抗营养因子降解，改善饲料适口性，弥补单一微生物发酵产酶不足和酶解口味不佳等问题，促进动物采食，提高饲料消化吸收转化率和营养价值。

秸秆在发酵前要进行粉碎揉丝预处理。其揉丝长径比差异性要根据畜禽种类，以及生长不同阶段需求调整预处理秸秆的几何形状，以达到提高适口性和消化率的目的。发酵秸秆原料含水量建议不低于 25%。

采用饲用微生物和酶制剂作为发酵剂。发酵剂种类应符合《饲料添加剂品种目录》，目前饲用微生物主要有乳酸菌、芽孢菌、酵母菌、枯草芽孢杆菌和干酪乳杆菌等。

在混合发酵秸秆原料时选用卧式双桨混合机，其优点是不易分层，混合更加均匀。使用卧式双桨混合机将发酵原料与发酵剂充分混合成发酵物料。将秸秆饲料发酵物料按容积装入无破口、无沙眼、无污染的完整呼吸袋，并将其内部气体挤压排出后密封，以防止发酵过程产生大量气体使呼吸袋胀破。为了避免在运输和储存时，呼吸袋破损污染饲料，可以在呼吸袋外面套上普通饲料包装袋并封口。粗饲料粉碎后易刺破呼吸袋，不适合使用呼吸袋法生产发酵饲料。因此选用裹包方式包装。把包装好的物料放置于发酵场所，发酵场所定期消毒，保持清洁，避免阳光直射，防虫鼠，防雨。发酵过程中尽量减少物料与外界环境接触，减少污染概率，保证产品的稳定性。根据发酵秸秆原料和发酵剂特点，发酵场所温度控制在 10 ℃以上和常温两种，发酵时间不低于 10 d。

 任务书

一、任务分组

填写任务分组信息表，见表 6-2-1。

表 6-2-1 任务分组信息表

任务名称			
小组名称		所属班级	
工作时间		指导教师	
团队成员	学号	岗位	职责
团队格言			
其他说明	助农任务由养殖农户组队完成，旨在将实用、前沿的饲料养殖技术输送给养殖农户，推广绿色养殖技术，降低养殖成本，提高收益，助力乡村振兴		

二、任务分析

1. 观察对象分析

本次任务主要针对养殖农户的农家废弃物_____、_____、_____

_____、_____、_____、_____、

_____进行处理，转化为_____。通过知识点学习，获知动物饲料的主要营养

成分为_____、_____和_____。利用课程线上资

源寻找收集资料，确定完成本次任务所需的知识、技能要点、材料和设备。

2. 所需知识和技能要点

本次任务所需的知识要点包括：

本次任务所需的技能要点包括：

3. 所需材料和设备

本次任务所需材料包括：

本次任务所需设备包括：

4. 收集农家废弃物

通过查阅资料，结合所获知识和技能要点，根据不同种类的农家废弃物进行处理，确立能够利用的废弃物，并将具体信息填入表 6－2－2。

表 6－2－2　可饲料化的农用废弃物信息表

可饲料化的农用废弃物			
收集人员信息		收集地点	
收集物	收集量/(g·mL^{-1})	表观性状描述	完成时间

5. 农用废弃物的再利用

根据上述收集结果，结合养殖场实际情况，查阅资料，将农家废弃物的处理和再利用情况填入表 6－2－3。

表 6－2－3　农家废弃物处理和利用记录表

农家废弃物的处理			
废弃物名称	所需设备物料	处理方法	操作人/完成时间
农家废弃物的再利用			
废弃物名称	利用量	利用方向	注意事项

6. 掌握不宜饲喂的饲料

为了更好地完成自制饲料，必须掌握常见的不宜饲喂的饲料，查阅资料，结合生产实践，填写完成表 6－2－4。

表 6－2－4　不宜饲喂的饲料

饲料名称	来源	不宜饲喂的原因

7. 不同动物饲料的自制与利用

通过任务的完成，结合生产实践，针对常见生产动物牛、羊、猪和鸡，利用常见农产品及废弃物自制饲料，并将相关信息填入表 6－2－5。

表 6－2－5　不同动物饲料的自制与利用

动物	所需材料	技术方法	产量	完成人/时间

三、任务实施

1. 设备和材料领取

根据任务方案，结合实验室实际情况，领取任务所需设备和材料，并填写表 6－2－6。

表 6－2－6　设备材料领取表

材料设备名称	规格/型号	数量	领取人

2. 完成农家废弃物处理和利用

根据任务方案和任务分组信息表(表6-2-1),明确各岗位(操作员、检验员、信息录入员和资料分析员)职责,选出组长,组织各组员分工协作,将不同岗位的工作记录,填入农家废弃物处理和利用工作记录表(表6-2-7)。

表6-2-7 农家废弃物处理和利用工作记录表

岗位名称	岗位职责	工作记录	完成人
操作员	完成项目操作		
检验员	检测项目完成情况		
信息录入员	记录各项检查项目结果,填写相关表格		
资料分析员	利用线上、线下资源提供相关资料,并针对检查结果进行分析		
工作总结			

3. 完成畜禽饲料的自制

根据任务方案,掌握农家废弃物处理和利用及10种不宜饲喂的饲料,结合养殖场实际情况,由组长分配任务,针对不同牛、猪和鸡等不同生产动物,进行饲料的自制和配比,并将工作记录填入表6-2-8。

表6-2-8 畜禽饲料的自制工作记录表

岗位名称	工作记录	完成人
常规因素筛查组		
病理因素筛查组		
工作总结		

恭喜你已完成农家废弃物处理和利用,并在此基础上,完成了畜禽饲料的自制任务,明确了不宜饲喂的10种饲料,体验了农家废弃物变废为宝的神奇过程,利用新型饲料加工技术,按照不同种类、不同生长周期的动物营养需求合理配比,自制出成本低、操作简单、适口性好,营养均衡的实用性饲料。如果对于某些知识和技能要点仍有疑问,可自行查找资料,并完成本任务的相关习题,借助课程信息化资源(课程视频、课件、动画、文字资料)复习任务设计的关键知识点和技能点,寻找存在的问题,利用线上资源进行互动,寻求解决问题的方法并进行自检。

四、任务评价

1. 小组自检

首先进行个人自检,即每名组员根据自己所在岗位,按照任务实施步骤进行复盘,并在下方空白处记录任务实施要点或关键数据。

个人自检记录：

完成个人自检的组员可以向组长提交任务完成审核申请。组长参照任务分组信息表（表6-2-1），根据任务要求和实验室安全规范，进行组内检查，并组织开展组员间检查，填写组内检查记录表（表6-2-9），完成组内检查。

表6-2-9　组内检查记录表

任务名称			
小组名称		所属班级	
检查项目	问题记录	改进措施	完成时间
任务总结			
组员个人提出的建议		说明：如果本次任务组内检查中未提出建议，则不需要填写	
组员个人收到的建议		说明：如果本次任务组内检查中未收到建议，则不需要填写	

2. 提交验收

各任务小组完成组内检查后，将组内检查记录表提交至教师处。教师在各小组抽调成员组成任务验收组，针对各任务小组提交的材料进行验收，并指出各小组存在的问题，给予改进意见，并填写任务验收表（表6-2-10）。

表6-2-10　任务验收表

任务名称			
小组名称		验收组成员	
任务概况	问题记录	改进意见	验收结果（通过/撤回）
组员个人提出的验收建议		说明：如果未参加本任务验收工作，则不需要填写	
组员个人收到的验收建议		说明：如果本任务验收中未收到建议，则不需要填写	
完成时间			
是否上传资料			

3. 结果与评价

各小组根据验收意见进一步整改后，将任务相关材料上传至线上课程资源库，方便实时查阅。教师组织结果与评价会议，各小组展示任务完成结果（选一名组员介绍任务完成过程，可以配合任务完成过程中录制的视频或配合讲义、图片等辅助完成展示过程），教师组织完成组内自评、组间互评和教师评价，并填写任务考核评价表（表6-2-11）。

表6-2-11　任务考核评价表

评价项目	评价内容	分值	组内自评（20%）	组间互评（20%）	教师评价（40%）	第三方评价（20%）	总分
职业素养（40%）	具有严谨认真的科学态度、积极奋进的工作态度和精益求精的工匠精神	10					
	理解并践行校训中的"乐农精术，知行合一"，交流沟通能力	10					
	扎根农牧行业将爱农、助农做到实处	10					
	具有安全意识和服务意识	10					
岗位技能（50%）	利用农家废弃物自制畜禽饲料的技术	10					
	掌握玉米秸秆膨化微贮技术	10					
	掌握牛、猪和鸡饲料的自制方法	10					
	任务记录及时、准确，材料整理快速、完整	10					
	采用信息化手段收集信息，发现和解决问题的能力强	10					
创新拓展（10%）	物联网和互联网联合的智慧农业发展	5					
	专业养殖合作社策划	5					

4. 反思与改进

通过常用饲料的自制与利用任务的方案设计和实施，对所学知识和技能等收获进行归纳总结，并记录在下面空白处。

任务总结：

登录线上开放课程，完成本次任务的相关习题，借助课程信息化资源（课程视频、课件、动画、文字资料）复习任务设计的关键知识点和技能点，寻找存在的问题，利用线上资源进行互动，寻求解决问题的方法，并将相关内容记录在下面空白处。

存在问题：

解决方法：

随着人们对健康的追求和认识不断提高，野生动物养殖逐渐被限制，越来越多的人开始关注低脂肪、低胆固醇的高营养价值的肉类食品。鹿肉以营养丰富、味道鲜美而著称，具有极高的食用价值和药用价值。吉林省是梅花鹿养殖的发源地和主产区，梅花鹿产业一直是吉林省大力发展的优势产业。但是，梅花鹿的养殖门槛较高，存在饲料价格贵、技术难度大等问题。此外，制约梅花鹿产业发展的因素还有养殖方法不科学、病害频发、技术推广难、技术服务不及时、产品质量参差不齐、产品来源追溯难、相关生态旅游服务无特色等。因此，国内的梅花鹿养殖主要以小型养殖户为主，且有强烈的养殖知识学习愿望。随着梅花鹿养殖行业技术含量的提高和养殖户科学养殖观念的形成，对相关的技术服务必将产生巨大的需求，预计未来 5 年梅花鹿养殖技术服务市场将迎来快速增长。巨大的市场需求，让原有的单纯靠技术员个人经验解决问题的方式显得既不快速，又不经济，且因为技术员个人水平所限，往往不能准确判断问题，从而给生产带来损失。

但随着"健康中国"行动的推进，大健康产业不断发展，梅花鹿产业发展也迎来了新机遇。如今，食用梅花鹿产品发展加速，兼具药用价值的鹿茸、鹿胎、鹿角、鹿筋等被广泛应用于食品中。中国农科院特产研究所研究员邢秀梅表示，这一发现将提升梅花鹿茸在大健康产业中的地位，将刺激梅花鹿养殖业、加工业快速发展。

如果你也想养殖梅花鹿，需要先掌握下面的必备知识，包括前期准备工作、长茸期饲养管理、养殖的注意事项、梅花鹿鹿种的选择和养殖的优势等方面。

**吉林省梅花鹿养殖
相关政策**

梅花鹿养殖必备知识

兴农项目◎拓展任务

兴农项目——梅花鹿共享养殖专业合作社，具体介绍如下。

本项目运用互联网、物联网、人工智能、无线传感器，建设梅花鹿信息化养殖和销售合作平台，主要从事梅花鹿的繁育、养殖、销售和特色生态旅游等业务，实现梅花鹿养殖产业的规模化、标准化和智能化，提供优质的鹿产品和服务。同时，扩大宣传，提升平台影响力，吸引更多社会资本和个人参与其中，共富先行，打造梅花鹿信息化养殖销售样板。

项目策划书

拓展任务收获：

动物营养与饲料题库

参考文献

[1] 李克广，王利琴. 动物营养与饲料加工[M]. 武汉：华中科技大学出版社，2012.

[2] 杨凤. 动物营养学[M].2 版. 北京：中国农业出版社，2010.

[3] 杨久仙，刘建胜. 动物营养与饲料加工[M].2 版. 北京：中国农业出版社，2017.

[4] 张力，杨孝列. 动物营养与饲料[M]. 北京：中国农业大学出版社，2012.

[5] 陈代文. 动物营养与饲料学[M].2 版. 北京：中国农业出版社，2015.

[6] 马美蓉，陆叙元. 动物营养与饲料加工[M]. 北京：科学出版社，2012.

[7] 章世元. 动物饲料配方设计[M]. 南京：江苏科学技术出版社，2008.

[8] 冯定远. 配合饲料学[M]. 北京：中国农业出版社，2003.

[9] 陈明. 动物营养与饲料[M]. 北京：中国农业出版社，2019.

[10] 庞声海，郝波. 饲料加工设备与技术[M]. 北京：科学技术文献出版社，2001.

[11] 谷文英. 配合饲料工艺学[M]. 北京：中国轻工业出版社，1999.

[12] 饶应昌. 饲料加工工艺与设备[M]. 北京：中国农业出版社，1996.